石 油 技 师

广西石化专刊

广西石化公司 编

石油工业出版社

内 容 提 要

本书以文集的形式介绍了技能人才培养、班组管理、经验分享、现场疑难分析与处理、技术革新等内容。有助于一线员工提升业务素养、提高业务水平。

本书可供石油石化各企业基层操作人员阅读。

图书在版编目（CIP）数据

石油技师 . 广西石化专刊 / 广西石化公司编 . -- 北京 ：石油工业出版社，2024.12. -- ISBN 978-7-5183-7156-3

Ⅰ . TE-53

中国国家版本馆 CIP 数据核字第 20245XQ395 号

出版发行：石油工业出版社有限公司

（北京安定门外安华里 2 区 1 号楼　100011）

网　　址：www.petropub.com

编辑部：（010）64255590

图书营销中心：（010）64523633

经　　销：全国新华书店

印　　刷：北京晨旭印刷厂

2024 年 12 月第 1 版　2024 年 12 月第 1 次印刷

889×1194 毫米　开本：1/16　印张：17.25

字数：440 千字

定价：56.00 元

（如出现印装质量问题，我社图书营销中心负责调换）

版权所有，翻印必究

卷首语

高技能人才是支撑中国制造、中国创造的重要力量。习近平总书记在全国教育大会上强调："大力培养大国工匠、能工巧匠、高技能人才。"中国共产党第二十届中央委员会第三次全体会议《中共中央关于进一步全面深化改革、推进中国式现代化的决定》提出："着力培养造就卓越工程师、大国工匠、高技能人才，提高各类人才素质。"当前，推动高质量发展急需大批高素质劳动者和技术技能人才。适应新形势、满足新需求，需要多方协同、形成合力，激励更多劳动者走技能成才、技能报国之路，培养造就更多高技能人才。

高技能人才，既"高"在专业教学打下的扎实基础，又"高"在实践积累掌握的高超本领。近年来，广西石化不断推出政策、制度，推动技能人才教育培养和技能人才队伍的建设升级，从根本上保障了技能人才成长成才、梯队建设和新鲜血液的补充。作为经营主体，广西石化也为高技能人才提供了广阔舞台，保障其在解决生产难题、助推产业升级、攻克关键技术、转化创新成果等方面施展才华。广西石化注重高技能人才思想教育，组织高技能人才深入学习贯彻习近平总书记关于大力弘扬以"苦干实干""三老四严"为核心的石油精神的重要批示，持续开展石油精神和大庆精神铁人精神再学习、再教育、再实践活动，坚定高技能人才听党话、跟党走的信心。广西石化注重高技能人才成长机制建设，将"人才强企"作为公司六大战略举措之一，完善制度机制，形成了以《广西石化公司人才强企行动方案》为统筹、《人才成长通道建设实施方案》《高技能人才管理》等专业制度相互配合的制度机制，形成了整体协调、晋升有序、转换顺畅的人才成长通道体系，搭建了高技能人才成长成才的梯子。广西石化注重高技能人才创新创造阵地建设，以"劳模和工匠人才创新工作室""技能专家工作室"等为载体，与发明创造、技术革新、难题攻关等活动有机结合，积极在服务生产经营实践中开展技术创新，筑牢高技能人才成果孵化的平台。

心心在一艺，其艺必工；心心在一职，其职必举。近年来，从国家到中国石油天然气集团有限公司再到广西石化公司，制定的一系列有力举措、搭建的一系列载体平台，有力推动了广西石化培育更多高技能人才，成就更多创新创造成果。如今，依托《石油技师·广西石化专刊》，汇集了广西石化技能人才的智慧结晶，代表着广西石化一线员工的匠心匠艺，希望能够为广大读者启迪智慧、开发思维提供帮助。

目录 Contents

培训管理

深化六自管理 塑造卓越班组
企业班组自主管理模式的探索与实践……… 1
　◆ 苏 武 曹 璇 马元驸 刘春生 杨林森

实施党建+人才强企战略 打造企业高质量
发展双引擎…………………………………… 6
　◆ 王和景 许正财

浅谈五型班组创建与班组管理……………… 12
　◆ 王忠海 董四强 文 旭 杨林森 徐海龙

HSE 标准化装置"15941"安全管理法探索
与研究………………………………………… 16
　◆ 胡永宏 邓耀昌 柏义鸣 刘 莉 张 超

浅谈基层五型班组建设方法及经验分享…… 21
　◆ 卓英玺 陈建明 王文华 程东健 张林凯

"四抓"提升"四力" 建强生产准备班组… 25
　◆ 王雪枫 冯欣玲 顾荣华

发挥班组长引领作用 提高全员系统化
操作水平……………………………………… 28
　◆ 邵启超

以班组建设为抓手推进员工异地培训……… 32
　◆ 马天翼 惠 慧

浅谈石油企业班组文化建设中班组长的
素质培养……………………………………… 35
　◆ 秦文其 陈克栋

强化危险作业监护人作用的实践探索……… 39
　◆ 赵慧敏 戴福庆 刘 伟 沈 硕 何 伟

浅谈运行班组的建设和管理………………… 44
　◆ 张兴茂 戴福庆 何 伟 赵刚刚 于永旺

以五型为抓手 助推企业发展……………… 47
　◆ 张海涛 毛东辉 苏华康 刘冠层

量化管理、规范作业 助力班组高质量发展… 50
　◆ 王彦新 祁凯华 杨灵纯 刘 闯 刘 刚

创新"师带徒"传承长效机制的研究与探讨… 54
　◆ 韩云桥 李忠杰 王晓杰 唐发楷 蒋登森

浅谈如何推进本质安全型班组建设………… 57
　◆ 肖丹丹

经验分享

浅谈乙烯低温罐设计选型与基础施工
要点…………………………………………… 61
　◆ 陆虹江 曹 妍 王 臻 林和捷

柴油硫含量在线分析反算逻辑设计………… 65
　◆ 毛 威 董 标 高 飞 崔 海 樊 辉

探讨提高凝结水橇装回收效率的平稳运行
模式…………………………………………… 69
　◆ 刘学强 李志芳 李 鹏 尹 佳 蔡万超

炼油生产过程中节能减排技术的应用与效益
分析…………………………………………… 72
　◆ 蔡 晶 卢增飞 任 广

抽提蒸馏塔溶剂循环量的确定方法………… 77
　◆ 程志刚

输油臂紧急脱离装置结构原理及维保要点… 79
　◆ 王 通

多元素分析仪测定聚丙烯中添加剂含量…… 82
　◆ 赵 俊 路春玲 张双月 王 玲

操作压力对 MTBE 装置的主要影响及精馏
节能浅析……………………………………… 86
　◆ 徐国辉 吕志刚

残渣燃料油总沉淀物测定的两种老化法
对比分析……………………………………… 89
　◆ 路春玲

制氢装置提高中压蒸汽产量操作优化………… 92
◆ 张　勇　田春起　吕红滨　党　辉　杨　凯

浅谈制氢转化炉热效率的优化………………… 96
◆ 吕红滨　田春起　党　辉　张　勇　董　辉

SFBT7148新型破乳剂在常减压电脱盐装置的
首次应用………………………………………… 100
◆ 韩云桥　李　江　李忠杰　田永旭　王晓杰

浅谈加氢脱烯烃技术在催化重整装置中的
应用……………………………………………… 104
◆ 方昌文　杨宏涛　蔡亚飞　戴福庆　刘海龙

浅析分子筛纯化系统的常见故障与预防……… 107
◆ 杨福来

储运含油污水系统及减排管控措施探究……… 110
◆ 王　超　朱宜生　张　冲

提高掺炼渣油加氢柴油量对柴油加氢装置的
影响……………………………………………… 113
◆ 毛　威　董　标　高　飞　崔　海　樊　辉

量化操作应对电脱盐波动………………………… 116
◆ 李　江　田永旭　李忠杰　韩云桥　王晓杰

一种用于常减压减压塔底渣油泵的
灌泵方法………………………………………… 119
◆ 韩云桥　高志斌　张国辉　武　钢　柯春华

冗余润滑装置在高温热油泵的研制与应用…… 121
◆ 王彦新　付　冲　王宝鹏　史光辉　王爱民

浅析减顶系统泄漏的排查方法………………… 125
◆ 张　珂　任甲子　韩国柱　羊智鹏　周占红

降低常顶石脑油及酸性水中盐氨氮工艺的
应用……………………………………………… 128
◆ 田永旭　李　江　李忠杰　韩云桥　王晓杰

聚苯乙烯装置脱TBC床优化研究与工业化
应用……………………………………………… 131
◆ 秦文其　陈克栋

浅谈降低压缩机能耗与运行问题处理
建议……………………………………………… 135
◆ 梁英东　邵启超　潘　博　康文元　张兴茂

现场疑难

催化CO余热锅炉管束泄漏判断与防范
处置……………………………………………… 140
◆ 董四强　王忠海　文　旭　杨灵纯　徐海龙

轻汽油醚化装置甲醇回收塔控制参数优化…… 144
◆ 王文波　王爱民　张　乐　陈克念　马立朋

CO余热锅炉水保护段漏水分析及措施………… 148
◆ 王彦新　陈克念　刘秋海　杨林森　谢　鹏

Unipol聚丙烯工艺主催化剂系统故障原因
分析及应对措施………………………………… 152
◆ 刘　洋　毛东辉　周铜峰　张晓朋　刘冠层

全密度聚乙烯装置添加剂粉尘危害及治理
措施……………………………………………… 155
◆ 焦　琦　侯明言　王晓明　韦尧意

循环水水冷器腐蚀原因分析及对策研究……… 158
◆ 郑丽丽

催化裂化装置辅助燃烧室熄火的原因分析
与对策…………………………………………… 163
◆ 吴　磊　张超平　杨灵纯　付　冲　于永起

重质油品储罐突沸原因及优化防范措施……… 169
◆ 李　凯

阀门关键部位防腐措施探究…………………… 172
◆ 王　超　朱宜生　张　冲　张银霞　林和捷

VOCs源头控制与治理对策……………………… 175
◆ 张　珂　任甲子　韩国柱　马秉城　葛　奇

检修停工时急冷水的环保排放解决措施……… 179
◆ 廖本刚　蒋　瑞　文　军

高抗冲聚苯乙烯中的杂质影响因素分析……… 182
◆ 陈克栋　秦文其　于晓娟

常压储罐消防泡沫发生器密封玻璃修复
治理……………………………………………… 187
◆ 李　鹏　尹　佳　王印萌　李志芳　蔡万超

压缩机入口脱液包排凝线堵塞原因分析与
处理对策………………………………………… 189
◆ 谢　波　张　琢

高速离心泵机械密封泄漏故障分析⋯⋯⋯⋯ 191
◆ 张中达　王弘毅　袁崇辉　刘军明

火炬水封罐压差式液位计失准原因分析 ⋯⋯ 195
◆ 朱金平　赵　亮　闫少恒　满　雪　丛培涛

Unipol 聚丙烯生产过程危害分析及安全
防控措施⋯⋯⋯⋯⋯⋯⋯⋯⋯⋯⋯⋯⋯⋯ 198
◆ 张海涛　毛东辉　黄昌敏　张　聪　董高源

制约脱乙烷塔长周期运行原因分析及
对策⋯⋯⋯⋯⋯⋯⋯⋯⋯⋯⋯⋯⋯⋯⋯⋯ 202
◆ 王爱民　王文波　付　冲　蓝玉达　张　乐

液化气脱硫装置碱液再生系统风险分析与
措施⋯⋯⋯⋯⋯⋯⋯⋯⋯⋯⋯⋯⋯⋯⋯⋯ 206
◆ 文　旭　王忠海　董四强　张　胜　徐海龙

轻烃回收装置脱丁烷塔压降高的原因查找与
处理⋯⋯⋯⋯⋯⋯⋯⋯⋯⋯⋯⋯⋯⋯⋯⋯ 210
◆ 田永旭　李　江　李忠杰　韩云桥　王晓杰

丁二烯系统防自聚在设计阶段的几点优化
措施⋯⋯⋯⋯⋯⋯⋯⋯⋯⋯⋯⋯⋯⋯⋯⋯ 213
◆ 史　明　刘宏吉　王　薇　车良军　马天翼

UNIVATION 聚乙烯 PDS 系统阀门常见故障及
运行优化对策⋯⋯⋯⋯⋯⋯⋯⋯⋯⋯⋯⋯ 216
◆ 王雪枫　朱　靖　王　旭　陈秦君　莫少帅

重整还原段电加热器跳停原因分析及
对策⋯⋯⋯⋯⋯⋯⋯⋯⋯⋯⋯⋯⋯⋯⋯⋯ 219
◆ 潘　博　康文元　杨宏涛　赵刚刚　张敏超

聚丙烯给电子体流量波动原因分析及
处理⋯⋯⋯⋯⋯⋯⋯⋯⋯⋯⋯⋯⋯⋯⋯⋯ 222
◆ 毛东辉　张海涛　刘　洋　宋寿亮　周铜峰

脱丁烷塔压差高的原因分析及优化措施⋯⋯ 226
◆ 羊智鹏　张国辉　李　科　赵　帅　苏伟康

技术革新

聚丙烯装置火炬系统的技术改造和
应用⋯⋯⋯⋯⋯⋯⋯⋯⋯⋯⋯⋯⋯⋯⋯⋯ 230
◆ 李佳卓　翟学刚　吴　敌　陈自旭

浅析溶剂再生装置蒸汽能耗的优化⋯⋯⋯⋯ 233
◆ 马　飞　王清鹏　孟　勇　高　飞　王腾龙

基于严格模型开展丁二烯精制单元运行
优化⋯⋯⋯⋯⋯⋯⋯⋯⋯⋯⋯⋯⋯⋯⋯⋯ 240
◆ 马天翼　马元驸　于晓娟　齐国才　赖文君

氢气回收装置原料气工艺优化改造⋯⋯⋯⋯ 245
◆ 雷锡峰　焦敬雯　高　飞　崔　海　韩杰彪

电动执行机构视窗模糊修复自主创新与
应用⋯⋯⋯⋯⋯⋯⋯⋯⋯⋯⋯⋯⋯⋯⋯⋯ 248
◆ 满　雪　赵　亮　朱金平　李　昊　闫少恒

催化裂化装置烟机出口膨胀节应用分析
及优化⋯⋯⋯⋯⋯⋯⋯⋯⋯⋯⋯⋯⋯⋯⋯ 251
◆ 王彦新　史光辉　王宝鹏　付　冲　李海生

基于夹点技术的汽油加氢精制装置换热
网络优化⋯⋯⋯⋯⋯⋯⋯⋯⋯⋯⋯⋯⋯⋯ 255
◆ 王文波　陈克念　王爱民　马立朋　张　乐

间歇调整及停运循环水冷却塔的节能
实践⋯⋯⋯⋯⋯⋯⋯⋯⋯⋯⋯⋯⋯⋯⋯⋯ 263
◆ 王天启　赵文荣

轻汽油醚化催化剂换剂处理工艺改造⋯⋯⋯ 266
◆ 张　乐　李明刚　李亮亮　陈克念　王文波

《石油技师》编辑部

主　　编　刘丽　李丰

副 主 编　胥勇　吴莺

责 任 编 辑　吴莺

美 术 编 辑　孙晋平　张聪　任红艳

《石油技师·广西石化专刊》编委会

主　　任　王澍

副 主 任　曾斌　黄瑞

委　　员　王璐　王芝　王洪娟　邓剑　李科
　　　　　　戴福庆　崔海　刘道勋　张磊（炼油四部）
　　　　　　张磊（公用工程）　蒋敦艺　王通（储运二部）
　　　　　　孙秋杰　富莉　刘宁　郑天翔　颜子杰
　　　　　　李王健　刘婧　王天启　王臻

主　　办　中国石油天然气股份有限公司广西石化分公司

协　　办　石油工业出版社

编　　辑　《石油技师》编辑部

通 信 地 址　北京市朝阳区安华西里三区18号楼

邮 政 编 码　100011

投 稿 网 址　http://syuj.cbpt.cnki.net

编辑部电话　（010）64255590

出 版 日 期　2024年12月

深化六自管理 塑造卓越班组
企业班组自主管理模式的探索与实践

◆ 苏 武 曹 璇 马元驸 刘春生 杨林森

1 "六自"班组管理的研究背景与核心目的

本文研究在工业领域的激烈竞争和快速发展中，新型班组管理模式和员工素质提升策略对企业运营和安全生产的影响。在现有五型班组建设基础上，通过实践和研究空分空压三班的"六自"班组管理理念，为企业班组管理提供创新思路和方法，以提高生产效率、保障安全生产和企业可持续发展。

传统的班组管理模式主要依赖上级指令和监管，这限制了员工的自主性和自我约束能力，影响整体绩效和安全生产。空分空压三班基于多年经验，创新性地提出"六自"班组管理理念，包括思想自我教育、行为自我约束、安全自我控制、能力自我提升、管理自我规范以及任务自我完成。本研究旨在探究这一理念的实施效果，为企业提供新的班组管理思路。核心目的是：如何通过实施"六自"管理，提升班组自我调控能力，优化管理效能，确保企业安稳、"长满优"运行。

2 "六自"班组管理的核心

2.1 思想自我教育

"六自"班组管理的核心职责，在于达成思想层面的自我教育与提升。班组成员通过充分利用线上平台，例如"学习强国"和"铁人先锋"，得以在日常工作中持续学习并参与答题活动。同时，深入钻研党史、国史与军史，以深化对国家和民族发展历程的认知。大家还积极参与各类社会公益活动，如义务劳动和扶贫帮困，并通过年度"宝石花爱心互助基金"活动募集善款，以实际行动回馈社会，展现了强烈的社会责任感和自我价值追求。在中国石油天然气集团有限公司组织的"我为碳中和种棵树"线上活动中，班组成员踊跃参与，通过实际行动为环境保护贡献力量，践行了生态文明理念。另外，他们在业余时间积极参与各类体育运动，如慢跑、健身和篮球等，不仅锻炼了身体，也促进了身心健康，为高效工作和幸福生活打下了坚实基础。

2.2 行为自我约束

行为自我约束在六自班组管理中占据着举足轻重的地位。作为班组成员，每个人都应深谙自我约束的重要性，自觉遵守公司纪律和岗位规范，严格遵循工作流程和各项要求，确保任务的顺利完成。此外，班组成员们积极努力，携手共进，秉持团队精神，相互支持鼓励，共同迈向更高目标，实现共同进步。

为了进一步强化行为自我约束能力，班组建立了一套科学、公正的班组经济责任制，通过明确责任、量化考核、奖惩分明等方式，确保员工工作绩效得到公正评价，奖励先进，有效激励。为进一步鼓励班组成员积极学习，空分空压三班建立绩效与考试成绩挂钩的奖惩机制，坚持"月小考，季大考"，对培训成果进行验收。以考试的平均成绩、日常表现每月折算绩效分数，有效调动员工学习的积极性，提升员工对所在装置的知识掌握水平。

2.3 安全自我控制

在六自班组管理体系中，安全自我控制是至关重要的核心环节。每位班组成员都必须深刻认识安全生产的重要性，并将其置于所有工作的首要位置。为了确保这一目标得以实现，班组成员必须时刻保持高度警觉，及时发现并消除各类安全隐患，确保各项安全措施得到严格执行。

为了提高班组成员应对突发事件的能力，班组每月都会进行应急预案培训和演练。培训内容涵盖了桌面推演、现场实操等多个方面，旨在培养班组成员的理论素养和实践能力，使他们在实际工作中能够灵活运用所学知识，提高工作效率和质量。

根据12项应急演练计划，班组会随机进行演练。在"净水厂氢氧化钠大量泄漏事故应急""液氮大量泄漏事故应急"等模拟场景中，班组成员通过实践掌握了一系列紧急救援技能，包括穿戴隔离防护服、佩戴空气呼气器、使用灭火器和心肺复苏等。此外，通过"单兵对练"，班组成员还能够复习和巩固所学知识和技能，提高基础能力。

在工艺流程方面，班组成员对所有环节及其操作指标都有深入的理解。为了进一步提升班组成员对生产流程的熟悉程度，每周都会组织流程图默画活动。这不仅有助于班组成员精准掌握生产流程，还显著提高了他们在实际操作中的准确性和熟练度，从而确保生产过程的平稳高效，大幅降低因操作不当而可能引发的安全风险。

为了消除安全隐患并强化风险管控，班组进一步加强了装置运行过程中的"自查自改"工作。鼓励班组成员积极参与隐患排查，并通过内外操隐患记录台账详细记录发现的问题。这一举措确保了问题得到及时处理和解决，形成一个完善的闭环管理体系。同时，这也有助于提前发现和消除潜在安全隐患，从而确保生产过程的本质安全。

2.4 能力自我提升

六自班组管理模式强调班组成员个人能力提升，鼓励自主学习新技术、新知识，以提升专业技能和综合素质。班长负责收集员工在实际工作中的问题和困惑，结合反馈意见和实际需求，制订详尽的培训计划。该计划为全年全员培训提供"菜单"，确保员工按需补充、靶向提升，实现个人能力精准提升。此外，班组积极开展"老带新"活动，安排经验丰富的熟练工以"传帮带"方式对青年员工进行一对一指导。在现场，师傅讲解设备结构、日常维护操作及应急处理原则；讲堂授课中，案例分析与理论授课相结合，传授工作经验，实现"课堂＋现场"深入浅出、以点带面讲解，助力青年员工快速成长。

班组不定期安排员工互换角色，以讲促学。青工讲解工艺流程，师傅倾听，促使青工精心准备、深入学习、体悟知识要点，使其熟知工艺流程。讲解过程中，熟练工与班长提问补充解答，助力青工专业知识与工艺流程融会贯通，发现自身知识储备不足，为后续学习指明方向。同时，班组采用"线上＋线下""理论＋实践"相结合的培训方式。一方面，充分利用在线学习平台，如"中油e学"，坚持"每日一题""每周一练""每月一考"和"每季一评"等学习机制；另一方面，利用社交媒体工具，如"微信群""即时通群"，进行一对一辅导、在线答疑、专业知识分享与交流。

2.5 管理自我规范

为确保班组稳定高效，须遵循公司及部门规定，并结合实际制定日常管理规定，涵盖岗位纪律、安全管理、绩效考核等内容，保障工作有序规范。为实现此目标，各项规章制度、管理标准、工作标准及统计台账等基础性工作必须全面落实。每项规定均应具备可循之章、可依之标准，确保班组运行有序、高效。然而，管理规定非一成不变，需要根据实际情况调整更新，班组成员应积极参与，提出建议与意见。如此，管理规定方能发挥应有作用，推动班组工作规范化，提升管理水平。同时，分级管理与分工负责制亦不可或缺。通过定期检查与严格考核，确保各项工作有效执行，推动班组整体进步。

在构建绩效考核体系时，须坚持公平、公开原则，确保评估结果客观公正。绩效管理应以标准为依据、事实为基础，减少个人主观意志影响。如此，绩效考核方能充分发挥效能，激发班组成员的积极性与创造力。

实践中，采取多种措施推动班组自我管理。首先，明确各成员的工作职责与任务，确保了解自身职责范围和工作目标，有助于开展针对性工作，避免重复与浪费。其次，建立有效沟通机制，鼓励成员相互交流与合作。通过定期开展班组会议及工作汇报，及时了解成员的工作进展与问题，共同寻求解决方案。此沟通机制可提高工作效率，增强团队信任与默契。

2.6 任务自我完成

任务自我完成不仅是六自班组管理的核心目标，也是提升班组整体效能的关键环节。为实现此目标，班组成员紧密围绕工作计划与目标，通过高效的任务分解与安排，确保各项工作顺利推进。在此过程中，班组成员积极担当责任，发挥个人专长并紧密协作，共同促进班组持续发展。

自公司推行五型班组管理模式以来，班组在成员分工上明确了各自职责范围。五名班组成员分别负责安全、学习、清洁、节约、和谐五个专项工作，班长则负责总体跟进及辅助工作。全班紧盯降低全厂水耗、电耗、氮气消耗等关键指标，明确攻关目标、责任人及完成时间，人人细化措施落实情况。这种明确的分工使每位班组成员都能专注于自身专业领域，从而提升工作效率及质量。

在日常工作中，密切关注工艺流程变更、操作创新以及新设备引进投用，主动提出符合岗位操作的建议。同时，对操作规程及操作卡进行修订完善，确保其与实际工作需求同步。

为不断提升班组管理水平，在月度例会上进行工作总结与评估。这既是对过去工作的回顾，也是对未来工作的展望。通过及时总结与评估，可以迅速发现并解决问题，调整优化工作流程，从而提高任务完成质量和效率。这种持续改进的工作方式已成为班组常态，亦是追求卓越的动力源泉。

3 "六自"班组管理的实践成果

经过深入的自我思想教育，班组成员全面掌握了党和国家的最新方针政策、关键决策及重要讲话精神，对国家民族的发展历程有了深刻的理解。同时，通过系统学习业务和管理知识，班组成员对公司的发展愿景和战略有了更加深入的认识和认同。在传承中国石油"铁人先锋"的奋斗精神中，班组成员不仅受到了激励，实现了个人价值，还丰富了自身的业务和管理知识。

行为自我约束不仅能够对班组成员的行为进行有效评估，还能通过合理的奖惩制度激发其工作热情和责任心。在此机制下，班组成员更加自觉地投入工作中，为实现班组和企业的目标而努力奋斗。这一约束不仅是对班组成员个人素质的要求，更是六自班组管理得以顺利实施的重要保障。通过班组成员的自觉遵守和班组的科学管理，共同构建一个高效、和谐的工作环境，推动班组和企业的持续发展。

在安全自我控制方面，班组成员积极行动，有效识别和排除了潜在的安全风险，通过加强风险管控措施，确保了生产流程的内在安全性。这一举措不仅保护了班组成员的生命与财产安全，也提升了企业整体的安全生产标准。通过系统的应急预案培训和实战演练，班组成员应对突发事件的能力得到了显著增强。目前，班组两名员工已成功取得消防员设施资格证，为消防泵站的日常值守提供了有力保障。全体班组成员佩戴空气呼气器的速度已经提升至30s内，为应急响应赢得了宝贵时间。

在培训方面，现场培训与互动学习的结合使班组成员的能力得到了显著提升，培训过程更具生动性和实效性。在相互学习、相互促进的氛围中，员工们共同提高了技术水平。经过不懈努力，班组在气体分离技能鉴定资格考试中取得了优异成绩，成功培养出一名高级技师、两名技师和两名高级工。这些成果充分体现了员工个人能力的提升以及班组培训工作的实效性。班组将继续保持严谨、稳重的态度，不断优化培训计划，助力员工个人成长和企业健康发展。

班组管理水平的提升对企业稳定发展具有重要意义。一个管理水平高的班组能够确保工作任务的顺利完成，提高工作效率，增强企业竞争力。同时，规范管理也有助于营造良好的工作氛围，提高员工的工作满意度，降低员工流失率。通过班组自我管理的实践，班组在创建五型班组的道路上不断取得显著成绩，连续荣获"标杆五型班组"称号。

在未来的工作中，班组将继续深化自我管理的实践，不断完善和优化管理方式，为团队的发展注入新的动力。同时，通过任务自我驱动，2024年一季度实现空分单塔运行69天；空压压缩机一大一小高负荷运行，有效降低了电量消耗。回收雨水以替代外购原水，部门根据现有回收设施及班组实际运行模式制定了《雨水回收导则》，做到雨水应收尽收，近一年来，累计雨水回收总量超$150\times10^4m^3$。空分空压三班将继续坚持"一切成本皆可降"，牢固树立"全过程低成本"理念，精心对标对表抓优化，全力打造提质增效"精进版"。

4 总结

实施六自班组管理后，取得了显著成果。

提升了员工的自我管理能力，促进了团队协作，使班组能快速应对挑战。工作效率和质量均有提高，为公司创造了和谐稳定的发展环境。但面对复杂多变的工作环境，班组成员还需持续提升自身素质和能力，包括专业技能、沟通能力和知识面等，不断优化工作方式。相信通过不懈努力和创新，班组成员将为公司可持续发展做出更大贡献，共创辉煌未来。

参考文献

[1] 万永红. 自控型班组建设三年工程的调查与思考 [J]. 铁道运输与经济, 2010（1）: 57-59.

[2] 邢辉. 新时期做好企业基层班组思想政治工作的实践与探索 [J]. 中国石油和化工, 2013（6）: 75-76.

[3] 张文君, 宋亚辉. 培育企业核心竞争力的思考 [J]. 现代经济信息, 2019（1）: 105.

（作者：苏武，广西石化公用工程部，气体深冷分离工，高级技师；曹璇，广西石化公用工程部，气体深冷分离工，技师；马元驷，广西石化公用工程部，工程师；刘春生，广西石化公用工程部，气体深冷分离工，高级工；杨林森，广西石化炼油一部，催化裂化装置操作工，技师）

实施党建+人才强企战略 打造企业高质量发展双引擎

◆ 王和景　许正财

1　背景

随着中国经济的快速发展，企业面临着日益激烈的竞争和复杂多变的环境，许多企业因未能及时调整战略难以适应市场变化导致经营不善，员工晋升渠道受限，无法获得良好的发展机会，造成人才流失严重。在这样的背景下，实施党建+人才强企战略，成为企业高质量发展所面临的重要课题。

2　党建与人才强企战略对企业发展的重要性

2.1　党建的重要性和作用

在当前形势下，党建作为企业发展的重要支撑，对于企业的稳定发展起到了至关重要的作用。通过党组织的建设和党员的积极参与，可以使企业在市场竞争中更加具备优势，提高企业的凝聚力和创造力。同时，党建还可以促进企业文化的构建，加强企业的社会责任感，真正实现企业的可持续发展。党建工作对于企业人才队伍的建设具有重要意义，以党建工作为引领，可以提高人才素质，增强团队凝聚力，建立良好企业文化，加强干部培养和管理，以及营造良好的企业发展环境，推动企业不断壮大和发展。通过党组织的建设和党员干部的监督管理，加强企业内部的清廉作风和廉政建设，防范和杜绝腐败行为，维护企业的良好形象和声誉，为企业的可持续发展提供有力保障。

2.2　人才强企战略的内涵和意义

人才是企业发展的核心资源，而人才强企战略是指通过吸引、培养和激励人才，从而推动企业发展的战略。人才强企战略的意义在于，人才对于提升企业的竞争力、创新能力和可持续发展具有重要意义。通过实施人才强企战略，企业可以更好地吸引、培养和留住优秀人才，提升企业的核心竞争力和综合实力，实现持续、健康、稳定的发展。在实施人才强企战略过程中，企业需要进行人力资源转型。这包括改变传统的人力资源管理模式，注重人才激励和培养机制的构建，建立符合员工价值观和企业发展需要的人才选拔与评价体系。此外，企业还需要加强人才队伍建设，引进和培养高级管理人才和核心技术人才，构建具有竞争力的人才队伍。

3 党建与人才强企战略的融合实施

党建与人才强企战略的融合实施，需要确保目标一致、人才引领、共同发展、制度支撑和组织协同。通过党建工作的有效实施，可以推动企业人才队伍的建设和发展，提升企业竞争力和可持续发展能力。

3.1 具体实施方法和路径

3.1.1 建立健全党建机构和制度体系

建立健全党建机构和制度体系是加强和推进党建工作的重要任务，可以提高党的组织力和凝聚力，促进党的事业和单位的发展。

建立党建机构的关键是设立党组织，并按照党章和党内法规的要求，选举产生党组织的领导班子，并配备专职或兼职组织员工和工作人员。党组织负责协调并推动党建工作的开展，落实党的方针政策和决策部署，组织开展党员教育培训，推动党的理论学习、党风廉政建设和党的组织生活等各项工作。

建立健全党建制度体系的关键是通过制度规范和管理程序来约束并推动党建工作的开展，包括建立和完善党组织的组织建制，明确党内各级组织的职责和权限；制定党员发展和管理的规程，明确党员的权利和义务，推动党员队伍的壮大；建立党风廉政建设的制度体系，加强党风廉政建设和反腐败工作等。

3.1.2 加强基层党组织建设

加强基层党组织建设是确保党的领导地位和党的事业长期发展的重要举措，需要从提高组织管理能力、深化党务活动、加强党员教育培训、拓宽联系渠道四方面着手，需要各级党组织的共同努力和重视。加强基层党组织的组织管理能力，包括拓展党员队伍、加强党的干部队伍建设、健全党的制度等。培养和选拔优秀的党员干部，确保党组织的正确运行。举办各类党务活动，如党课、党员大会、民主生活会等，提高党员的思想觉悟和组织纪律性。通过这些活动，增强党员对党的理论和政策的理解，增进彼此之间的交流和沟通。开展针对党员的教育培训，加强政治理论学习，提高党员的综合素质和领导能力。组织培训课程、学习班或通过线上平台提供学习资源，确保党员能够不断更新思想，适应新的工作需求。搭建党员联系群众的平台，主动了解基层党员和群众的关切和需求。可以通过举办座谈会、走访活动、建立党员联系服务站等方式，密切与群众的联系，建立良好的党群关系。通过以上措施，能够提升党组织的凝聚力和战斗力，推动基层工作的稳步发展。

3.1.3 建设学习型党组织

建设学习型党组织是党的基本建设之一，旨在提高党员的政治素质和能力，加强党组织的学习氛围，建立良好的学习机制，推动党的工作创新和发展。

建设学习型党组织，首先要加强党员的思想政治学习。通过组织系统学习党的最新思想理论，深入学习马克思主义的基本原理和中国特色社会主义道路，提高党员的政治素养，增强党性修养。其次，要推进党组织的学习机制建设。建立健全党员参与学习的机制，包括组织开展专题讲座、集中学习、座谈交流等，加强党员之间的互动和学习成果的交流共享。另外，要注重建设学习型党组织的组织文化，通过党员志愿者服务、学习小组建设等方式，营造浓厚的学习氛围，激发党员自主学习的积极性。最后，要为党员提供学习资源和平台，建设具有创新的学习平台，通过网络学习平台、在线教育等方式为党员提供广泛、便捷的学习资源。在建设学习型党组织的过程中，要注重实际问题的解决，将学习与工作相结合，理论联系实际，推动工作创新和发展，提高党组织的凝聚力和执行力。

3.1.4 健全从严监督管理干部制度体系

健全从严监督管理干部制度体系是保证干部廉洁自律、履职尽责的重要保障。它需要从建立健全和完善干部选拔任用制度、加强干部培训教育和正确引导、建立健全和强化监督机制、加强廉政文化和信息化建设、加强考核评价和加大惩处力度五个方面发力，建立一个有效的从严监督管理干部制度体系，提高干部队伍的廉政风险防控能力，进一步营造风清气正、干事创业的工作环境。

（1）建立健全和完善干部选拔任用制度。建立健全涵盖全员、全过程、全方位的干部监督管理制度体系，明确各级领导干部监督责任和权力清单，确保监督职责的全面覆盖。建立公正、透明、科学的干部选拔任用制度，确保干部选拔过程公正公平，避免干部任命中的腐败和不正之风。

（2）加强干部培训教育和正确引导。为干部提供专业知识和道德素养培训，提高能力素质，增强履职能力和忠诚意识，减少违纪违法行为的发生。为干部提供系统、专业的培训，加强干部的道德、纪律和廉政建设教育，帮助干部树立正确的权力观和廉政意识。

（3）建立健全和强化监督机制。设立独立的监察机构，对干部的廉洁自律和履职情况进行监督，加强对权力滥用和腐败行为的查处力度，保证干部团队的纯洁性。加强党内监督和群众监督，建立健全相互制约、相互监督的机制，确保监督的全方位和多层次。

（4）加强廉政文化和信息化建设。培养、弘扬廉政文化，强化干部的廉政意识和自律意识，提升其道德修养和良好行为习惯。推动信息化技术在干部监督管理中的应用，提高监督的时效性和精准度。

（5）加强考核评价和加大惩处力度。建立科学、客观、公正的干部考核评价制度，将绩效考核与任前任后的监督结合起来，对干部的工作表现、廉政素质、群众评价等进行全面评估。构建完善的追责机制，对违反廉洁纪律、职业道德及法律法规的干部要依法严肃处理，形成警示作用。

3.1.5 做好新时代人才工作

做好新时代人才工作对于企业的长远发展、变革能力以及构建竞争优势具有重要意义。重视人才、培养人才，是企业持续发展的有效途径和必然选择。它有助于推动企业创新发展、促进组织变革与转型、强化企业核心竞争力、培养领军人才和人才队伍、增强员工满意度和忠诚度，企业可以更好地吸引、培养、激励和留住优秀人才，为企业的可持续发展提供有力支持。

3.2 效果评估

3.2.1 人力资源管理水平的提升

通过实施党建+人才强企战略，可以更好地发挥党建的引领作用，充分调动员工的积极性和创造力，提升人力资源管理水平，为企业的可持续发展提供有力的支持。通过党建工作和人才培养机制的优化，确保人才的合理配置和岗位的适配，提高组织的效率和流程的顺畅度；有助于培养和引进高素质人才，提升员工综合素质和技能水平，从而增强企业的核心竞争力；有助于积极践行社会主义核心价值观和企业文化建设；有助于塑造企业的良好形象，吸引各界人才的关注和青睐，为企业的发展提供良好的外部环境和口碑。

3.2.2 人才队伍建设的成效

实施党建+人才强企战略能够有效推动企业人才队伍建设，带来多方面的积极成效，从企业文化建设、人才选拔培养、学习交流平台搭建，到与外部合作的拓展等，都能够有效提升企业的竞争力和发展潜力。通过开展党建活动可以提供良好的学习和交流平台，搭建党建学院、党支部、党员团队等组织，促进党员之间的互动交流，企业人才队伍得以不断提升自身素质和能力，更好地适应企业发展的需求。提升员工的工作素质和团队协作能力，进一步促进企业的发展。党建+人才强企战略还可以加强企业与党政机关、高等院校等单位的合作，推动产、学、研实践结合。通过与政府、高校等合作，企业可以引入更高水平的人才资源和技术支持，提升企业的创新能力和发展活力。

3.2.3 对企业高质量发展的推动作用

党建+人才强企战略对企业的高质量发展起到了重要的推动作用，通过加强组织建设、人才培养和选拔、队伍建设、完善激励机制、塑造企业文化等方面的工作，有助于强化党组织对企业的决策和指导，提高企业的组织协调性和执行力，提高员工的工作积极性，激发人才在推动企业发展中的创造力，营造积极向上、和谐稳定的企业文化氛围，提升企业的综合竞争力、创新力和可持续发展能力，推动企业实现更加稳定、快速和可持续的高质量发展。

4 案例分享

广西石化储运二部为将党史学习与生产工作有效融合，部门以党建为引领，通过加强生产操作、检维修施工作业管理、人员培训等提升部门管理水平，以"四条主线一档案"的管理模式杜绝生产安全事故，确保各项工作向好发展。通过实施党建+人才强企战略，部门正式员工用工人数下降了27.8%，码头作业承包商费用每年节约500万元左右，库区承包商外协员工实现通岗率100%（含新员工），2023年公司上岗考试通过率达到100%。

4.1 以党建融合共建为主线

修订完善党建融合共建方案，发挥党支部和各生产小组强管理、抓生产的双重作用，将党建工作与日常生产、设备管理、创新创效、人员培训以及"五型"班组创建紧密结合，将党建工作与班组运行、承包商作业有效融合，使党建工作与生产经营工作一体化组建、一体化运行、一体化考评。坚持以加强基本组织、组建基本队伍、落实基本制度建设为中心，以夯实部门基础管理为重点，以提高队伍素质为根本，通过"党建进家庭、党建进专业、党建进班组、党建进承包商"的工作措施，系统化推进党建"三基本"建设与"三基"工作有机融合，为公司高质量发展打牢坚实基础。

4.2 以安全生产受控为主线

为实现部门各项生产运行工作全员、全过程、全方位受控，确保各项生产工作本质安全，结合部门实际工作，制定生产受控"1234"管理原则，完善各项规章制度，形成工作合力，全员落实措施，促进生产高效平稳运行。

4.3 以设备现场管理为主线

为加强设备管理，落实"台台设备有人管、人人头上有设备"的全员设备管理理念，部门按照属地划分原则，将码头及库区的各项设备设施管理具体到每个人头上，组成检查小组定期对设备管理进行检查，根据检查结果进行评比，在月度考核中予以兑现。按照"日检查、周总结、月分析"的设备管理要求，对存在的问题分类汇总，对高频次出现的设备隐患提前制定检维修方案，有效避免因设备故障影响安全生产。

4.4 以人员培训管理为主线

为打通部门人员成长通道，及时修订年初的培训计划，制定以四个主体、四个梯度、四种形式、四个标杆、四有标准的"五四"培训管理理念。结合操作规程、规章制度、应急预案及提质增效、设备包机、"五型"班组建设、支部创建等重点工作，建立各专业的培训档案，修订考试题库，内容贴近工作实际，涵盖各岗位。

4.5 依托"四条主线"，建立专业档案管理

要求工艺、设备、安全、党建管理各专业根据工作实际，及时修订完善各项规章制度，将专业文件、材料分类分级，并根据工作开展情况及时更新，做到原始材料"齐全完整，有据可查"，对资料文档集中统一管理，提升专业管理水平，促进部门管理再上台阶。

5 存在问题及对策分析

（1）党建与业务发展之间的平衡问题。一些企业在实施党建时可能会面临党建与业务发展之间的平衡问题。党建工作需要时间和资源，这可能会对企业的业务发展产生一定的影响。因此，需要在党建与业务发展之间找到平衡，合理安排资源和时间，确保两者的协同推进。企业可以通过制定明确的党建工作计划，并与业务发展的各项计划相结合，合理安排资源和时间。同时，注重党建与业务发展的有机结合，将党建工作融入企业的战略和目标中，使党建工作成为促进业务发展的有力支撑。

（2）人才引进与培养的配套机制问题。实施人才强企战略需要引进和培养一批高层次、创新型人才，但在一些企业中可能缺乏完善的人才引进与培养的配套机制。为此，企业可以从以下几个方面着手解决这一问题。首先，建立完善的人才引进机制，通过多种渠道引进优秀的人才，同时注重与大学、科研机构等合作，开展人才引进和交流活动。其次，建立健全的人才培养机制，通过内部培训、外部学习、专业认证等方式，提高员工的专业能力和创新能力。最后，建立激励机制，提供具有竞争力的薪酬福利和职业晋升机会，吸引和留住优秀人才。

（3）企业党建工作缺乏针对性和实效性问题。一些企业在党建工作中存在缺乏针对性和实效性的问题，党建活动虚化、形式主义等现象较为突出。企业可以采取以下措施改善党建工作的针对性和实效性。首先，建立健全的组织机构和工作制度，明确党建工作的责任和任务，确保党建工作有人负责、有计划、有检查。其次，注重实际效果，强调实际工作成果，而非形式主义。重视对员工的培训和教育，帮助他们提升思想觉悟和综合素质。最后，注重党员队伍建设，加强党员组织的引领和服务作用，提高党员的积极性

和创造力。

6 结论

党建+人才强企战略的双引擎相互支撑，共同推动企业高质量发展。党建提供了稳定的组织保障和政治保障，为人才引进和培养提供良好的发展环境；而人才强企战略引进和培养了高素质的人才，为党建工作提供了有力的人力资源支持。党建与人才强企战略的有效融合，可以形成党建"肌体"和人才"骨骼"的有机结合，推动企业高质量发展。

实施党建+人才强企战略是企业实现高质量发展的重要路径之一。企业应该充分认识党建和人才的重要性，制定相应的战略规划，合理配置资源，加强组织能力建设和人才引进培养，不断优化企业的发展环境和条件，为企业的高质量发展提供坚实的支持。

（作者：王和景，广西石化储运二部，油品储运调和操作工，技师；许正财，广西石化储运二部，设备助理工程师）

浅谈五型班组创建与班组管理

◆ 王忠海　董四强　文　旭　杨林森　徐海龙

班组是企业的细胞，是企业生产经营活动的落脚点，是企业改革发展稳定的基石。创建五型班组有助于安全环保，实现生产受控，使各项技术经济指标稳步提升。广西石化自2019年开始，在基层生产车间开展五型班组建设。在各级干部的领导与全体员工的共同努力下，广西石化五型班组取得了优秀的成果，完成了五型班组框架的搭建、制度的细化和实际运行过程中问题的总结，实现了广西石化五型班组从零到一的转变，逐一落实了学习型、安全型、清洁型、节约型、和谐型的标准。

1 虚心好学，终身学习，共创学习型班组

班组坚定树立终身学习的理念，全体成员积极踊跃地投入学习，制订了全面的学习计划。每日举行"每班集中学习30min"活动，并且开展一问一答的学习互动。检查学习效果，对相关学习内容进行考试，并将学习成果纳入绩效考核。

根据每个成员所从事的岗位对其业务能力进行评估，并采取了强弱联合、新老搭配的2人组合模式，以互相帮助、互相学习的方式来提升技能。制订个性化的学习计划，并开展多种形式的岗位培训活动，每个循环班都由一人带头组织一问一答的岗位培训。要求问题涉及学习计划内容，而练兵形式则为讲解或讨论模式。每月进行一次班组级操作规程培训，以及一次政治学习活动。每个学习阶段结束后都会进行一次考试验收，当学习成果得到部门考评认可后，进行换岗深入学习，以取得实质性的效果。

班组的学习氛围浓厚，每个成员都积极主动地参与学习和岗位培训活动。不同岗位的员工虚心向他人学习，乐于分享自己的工作经验，努力提升自身技能和素质。大家也积极参与换岗继续深入学习，以取长补短提高技能，实现一岗精多岗通。例如，在解吸塔重沸器换热效果不佳的情况下，大家共同探讨，向部门提供解决方案，并

协助进行研究。

班组及时组织各类事故事件的传达和培训，培养事故应急能力。定期进行预案培训和演练，并及时讲评和总结。

全体成员都积极学习党史。积极利用"铁人先锋"平台，参与答题竞赛。通过学党史，员工们不断提高自身的素质和修养，明晰思想，践行动，达到了学党史、悟思想、办实事、开新局的目标。

2 汲取经验，严守底线，共创安全型班组

班组将安全分享视为常态，旨在树立全员的安全意识。每月坚持开展安全主题月活动和HSE培训，促进HSE工作的持续优化。为了确保全员履行安全环保责任，每位成员都签署了安全环保责任书。通过学习各类事故案例，汲取教训，开展违章行为专项整治工作。为加强对生产操作、检维修施工作业的管理，还制定了违章行为专项整治方案，以杜绝因违规操作而导致的事故风险。

定期的应急演练活动帮助员工提升了应急处置能力，使其能够熟练掌握"1min"应急处置的要领。

不断强调"识别风险、控制隐患、消除事故"的工作要求，持续加强设备风险管控，严密推进隐患排查和治理工作，并加强日常巡检质量。所有巡检人员都要认真负责，确保隐患排查工作的彻底性和及时性。

在日常工作中，安排白班人员进行安全经验分享，并进行记录。由专人负责现场能量隔离作业的检查，并绘制能量隔离图。每次能量隔离必须由2人以上检查确认，在危险作业前，进行工作前安全分析，并由班组人员和施工人员共同确认，确保作业安全受控。定期进行安全事故案例学习和班组级事故应急演练。

针对易出现问题的环节和部位，制定了具体的措施和分工责任制。每位班组成员都承担着隐患排查和治理的责任，并要求不做表面文章，确保排查掌握的隐患及时上报并处理。

在日常工作中，强化全员安全生产责任考核，填补安全生产制度方面的短板，努力构建全员知责、履责、尽责的安全生产履职机制。始终坚持"防"为先，从"严"管理，覆盖要"全"，并以人为本，严守安全生产底线和生态环保红线。致力于绿色低碳发展，深入落实安全生产三年行动专项整治，努力打造绿色、健康、安全的企业。

3 分工明确，履职尽责，共创清洁型班组

清洁型班组的创建旨在树立一种理念，即通过协调班组与环境之间的关系，实现班组的清洁生产目标和环境保护责任。同时，加强对污染源的管理，努力实现岗位、设备和环境的清洁，并提升班组管理工作，以树立良好形象，营造美好工作环境。

实行属地区域划分、分片包干、个人包机的设备管理模式。班组及时对责任区问题进行汇总，要求每个白班对设备包机责任区自检自查一次，每个月对小接管检查以及对阀门润滑保养，每个月不定期对巡检质量情况进行抽查。为进一步推进部门的"反三违"专项整治行动提供了支持，并促进部门"无泄漏"工厂建设和气分装置"零泄漏、零污染、零隐患、高标准"示范区建设的发展。

在检修作业中，监护人员严格履行监护职责，认真记录设备切换、故障处理等事项，并确保交接规范。在日常工作中，检修作业完成能量隔离后及时进行锁箱上锁，公示当班作业票据，保持工作环境的清洁。

班组还建立了清洁型整改台账，实行动态管理。确保检修作业现场的介质排放到合理地点，及时发现并处理责任区内的跑冒滴漏现象。坚定树立"生产、环保一盘棋"的理念，杜绝了紧急放火炬、加热炉烟囱冒黑烟等问题。严格落实炼化板块的要求，并对涉及易燃易爆、高温高压、有毒有害介质的设备、管线等小接管进行定期全面排查。

4 精益管理，提质增效，共创节约型班组

认真宣传和解读公司的节能降耗指示精神，组织全员学习部门制定的节能降耗方案，并制定本班的具体节能降耗指标，将其分解到个人，形成规章制度。形成一套"三节一降"的操作法。每个班都有专人负责物料平衡系统核算，并熟练应用绩效平台，将其作为班组"过程管理"的有力工具，使班组的管理更加规范。此外，每个班还有专人负责监控绩效平台系统，对班组装置能耗指标和生产技术指标进行比较分析，总结经验和不足。根据年初公司的经济生产要求，制定提质增效任务，并将其分配到每个操作岗位，直接纳入考核系统，与个人收入捆绑在一起。

坚持精益管理，深化提质增效，日常工作中要"解放思想、志存高远，树立高标准、严要求，持续上台阶，创造一流"。牢记"两个排头"建设目标，对不合格点实施改善措施，不断优化控制效果。还要开展节能降耗工作，优化运行增效指标，努力提升生产经营水平，持续深入推进提质增效专项行动。

在各个班组层面开展"双维度班组对标"和"月度劳动竞赛"，确保班组指标落实落地。"双维度班组竞赛"为班组每班次开展装置能耗、物耗、平稳率等统计，每两个班次开展一次班组间横向绩效指标对标、本班两个轮班纵向指标对标，查漏补缺。每月度开展一次班组绩效指标分析总结，巩固优势、提升短板，绩效指标实现班统计、周分析、月总结。此外，强化"月度劳动竞赛"管理。基于绩效管理系统开展平稳率监控、加热炉运行管理、报警管理等专项劳动竞赛，对班组指标落实情况进行跟踪评比。

在大检修期间，严格遵守环保停工，绿色开工的原则。特别是在停工期间，确保不让一滴油落地，不让一缕气上天。以精细管理获取效益，通过提高丙烯收率等措施取得了提质增效的成效。优化了蒸汽系统，配合公司的"停动力锅炉"计划，制定了相应的应急预案，承担起全厂"蒸汽枢纽"的重任。

除此之外，还开展了醚化装置氮气调整优化的提质增效攻关项目。以效益为中心，在装置技术人员的指导下，从工艺技术、过程管控等方面入手，响应公司"一切成本皆可降"的号召，精准控制氮气用量。每个月都进行优化总结和反思跟进，全员发力，从细微之处着手，杜绝不必要的消耗，以完成提质增效目标。

5 凝心聚力，奖惩有序，共创和谐型班组

关于和谐型班组建设，班组始终将团结员工、合作协调置于首位。自从推进和谐班组建设以来，在思想行动和岗位操作配合等各方面都取

得了显著进步。首先，整体思想素质得到了提升，通过每月一次的组织政治学习，使得群众以党员为榜样，积极向党员同志学习，并且建立了党员示范责任区，通过高标准严要求，起到示范引领作用。其次，在岗位操作方面，上下游岗位之间的操作配合更加默契。催化是多个岗位联合装置，只要有一个岗位有事或者人手不足，其他岗位的人员就会积极协助，不再各干各的，减少了抱怨，就像一个大家庭。同事之间的私下感情也十分融洽，彼此关爱，有困难时大家都会伸出援手，班组成员在工作时是同事，下班后是朋友。每个月都会举行一次班组工作会议，了解员工的工作情况，让员工及时了解并学习公司传达的各项工作。

为了增强班组的凝聚力，加强各项纪律，进一步实现公开、公正、公平的班组量化考核，制定了班组的考核细则。根据班组量化考核打分，实行有序的奖惩制度，确保公平公正。

班组还开展了职业道德规范教育，大家都认真负责，进取贡献，五型负责人更是为班组建设付出了努力。在工作中，大家团结协作，互帮互助，党员、团员同志发挥带头作用。

在生活中，班组成员相处融洽，班组利用休班时间组织友谊活动，增进了大家的感情，彼此关爱，互帮互助。同时，开展一些娱乐性的活动，如仿宋字比赛、安全警句征集、五法答题等。班组还组织了走访慰问员工家属的活动，让员工更加像一家人一样紧密相连。

6 结束语

自开展五型班组创建以来，以创建"五型班组"为基础，全方位、多层次、多角度开展各项工作，为实现五型班组的目标做出不懈的努力。通过企业大力推广绩效平台的建设，部门不断发掘、班组持续应用，不断深入分解部门指标、不断压实班组员工责任、不断总结优化提升，使部门管理更有思路、班组建设更有抓手，班组从一大堆"繁文缛节"的报表中解放了出来，班长从月底奖金发放"一遍一遍解释"中解脱出来，班组管理由"结果管控"转变为"过程管理"，班组实现了"谁积极性高、负责任、干活多"就多拿钱，员工积极性大幅提高，班员之间形成你追我赶的学习、工作氛围。

（作者：王忠海，广西石化炼油一部，催化裂化装置操作工，高级技师；董四强，广西石化炼油一部，催化裂化装置操作工，高级技师；文旭，广西石化炼油一部，催化裂化装置操作工，高级技师；杨林森，广西石化炼油一部，催化裂化装置操作工，技师；徐海龙，广西石化炼油一部，催化裂化装置操作工，高级工）

HSE 标准化装置"15941"安全管理法探索与研究

◆ 胡永宏 邓耀昌 柏义鸣 刘 莉 张 超

近年来,随着国家对工业安全生产要求的不断提高,企业安全管理工作面临着新的挑战和要求。尤其在石油化工领域,生产过程中潜藏着高危风险,如何有效预防和控制安全风险,增强基层 HSE 管理和作业服务能力,保障员工生命安全和企业生产安全成为基层管理的重要议题。基于此背景,广西石化炼油三部结合自身实际,积极探索安全管理方式,创新并实施了 HSE 标准化装置"15941"安全管理法,详细划分安全生产责任,引入五个关键安全管理措施与九大执行要求,以及四项综合安全管理任务,实现安全管理目标。进一步分析表明,该方法显著提高了员工的安全意识,规范了安全行为,有效促进了安全生产管理水平的持续稳定提高。

1 "15941"安全管理法产生的背景

1.1 公司安全生产要求

面对日益严峻的安全生产形势,广西石化公司在质量健康安全环保工作会议上多次部署明确新要求,提出了进一步筑牢 HSE 思想理念根基、强化安全环保责任落实及生产作业风险管控、深化 HSE 体系建设、提升干部员工履职能力等要求,强调了创建绿色低碳企业、保障员工健康的重要性。

1.2 学习借鉴先进企业经验

炼油三部研究了杜邦、壳牌等国际先进企业的 HSE 管理经验,通过整体推进,完善以危害识别、风险控制为核心的 HSE 制度系统;以培训需求识别、培训计划实施、培训效果评价为重点的 HSE 培训系统;以过程考核为主、奖惩并重的 HSE 绩效考核系统。应用"个人安全行动计划、安全经验分享、工作安全分析、作业许可证发放、安全观察与沟通"等 9 种风险控制工具,实施具体的安全措施,如:详细规定个人应采取的安全措施和应对紧急情况的行动指南;定期组织交流会,分享安全事故案例和预防措施,强化安全意识;针对每个作业流程进行风险评估和安全要求制定,识别潜在风险并提出预防策略;在进行高风险作业前,确保所有安全措施均已部署到位，并签发作业证许可方可开始作业；鼓励员工在工作中互相监督，及时沟通发现的安全隐患，以在工作中预防和控制潜在的安全风险，有效加强作业安全管理，构建一个更安全、更高效的工作环境，确保现场人员的健康不受威胁。

1.3 面对装置安全管理现实挑战

考虑渣油加氢装置换剂消缺任务的繁重性与现场作业类目的繁杂性，针对现场作业风险，落实安全环保工作会议要求，抓牢安全风险管控的核心关键，从完善制度规定、落实安全生产责任、强化职业健康管理、规范作业管理等方面总结提炼"15941"安全管理法，并按照该管理法开展实施。

2 "15941"安全管理法的具体做法

"15941"安全管理法从压实安全生产第一责任人到明确安全管理的具体措施（五项基本措施和九项具体要求），再到完成四大安全管理任务，穿透了安全管理的各个层面。其实施方法包括但不限于："1"即压实安全生产第一责任、"5"即五项安全管理基本措施、"9"即九项安全管理具体要求、"4"即实现安全管理四个任务、"1"即实现安全管理示范装置目标。

2.1 压实安全生产第一责任

定期开展"学安全、通安全"活动，及时传达落实国家、地方、中国石油天然气集团有限公司关于安全生产工作的安排部署，通过安全知识科普，深入学习相关法律法规、制度文件，进一步增强员工的参与感和安全意识，做到安全管理与生产运行同频共振、步调一致。持续完善安全管理履职清单，通过管理者岗位安全履职清单执行、安全过程管控履职为抓手，运用激励、考核和问责机制，抓好安全履职评价常态化，激发全员参与安全生产工作，促进全员立足岗位安全履职。

2.2 五项安全管理基本措施

无危则安，无损则全。安全管理工作不是空中楼阁，需要一点一滴耕耘，更需一砖一瓦积累。部门牢固树立"发展绝不能以牺牲安全为代价"的理念，将细化各类岗位的职责及工作区域划分、强化应急处置能力建设、安全教育与培训、优化安全风险管理台账、强化现场安全设备设施管理作为日常管理工作的首要目标。

（1）全面细化各类岗位的职责及工作区域划分，完善安全生产相关的规章制度，按照生产风险等级结合加氢装置生产特点，将规章制度在分类分级的基础上再进行风险性划分，确保规章制度的高清晰度、高执行度、高应用度。并结合《中华人民共和国安全生产法》和安全生产"十五条"硬措施，按横向到边、纵向到底的方式进一步细化所有部门全体员工的安全生产责任清单及考核标准，将安全生产责任清单作为履责、追责依据，以考核促提升，切实推动全员安全责任制、重大危险源包保等责任制有效落实，打通安全责任落实的"最后一公里"。

（2）强化应急处置能力建设，健全落实各班组"135"原则（1min岗位应急处置、3min班组应急响应、5min消防联动），定期组织部门、班组级演练，常态化开展"四不两直"应急活动，确保员工能够按照"135"原则及时正确处置异常和紧急工况。同时，结合岗位责任要素，把安全素质、业务范围内的专业知识以及业务延伸的相关知识作为岗位培训、考评内容，不断提高基层员工安全素质能力。

(3) 结合加氢装置生产实际，持续开展安全教育与培训，进一步加强安全管理人员业务技能培训。积极适应国家新的安全技能培训要求，利用公司现有安全应急实训基地培训资源平台，采用虚拟现实技术开展安全培训，提高培训的互动性和现实感，帮助员工更好地理解复杂的安全程序和紧急情况下的正确反应。同时在安全素质提升和技能培训中，重视三个层次的教育培养。采取班组安全学习、岗位练兵、技能比赛等多种方式，督促和帮助岗位员工掌握操作规程、应急操作卡、设备操作等应知应会知识，增强员工对风险的辨识和自我防范能力。抓好经常性的应急演练与安全操作规程、风险防控等技能的训练，逐渐养成良好的安全意识和安全习惯，提升员工安全技能，逐步增强"我要安全""我能安全""我会安全"的行动自觉。

(4) 进一步优化安全风险管理台账，全面推动全员、全方位、全过程、全天候风险辨识管控和岗位日巡、部门周查、月度审核、专项检查"四位一体"隐患排查机制融合，对现场隐患风险进行评估后，按照安全风险等级、风险类型、影响属性等要素统一进行汇总，在减轻记录负担的同时，进一步强化各类安全问题记录的统一性，提高整改效率。

(5) 强化现场安全设备设施管理，根据各装置介质属性及环境因素，对现场灭火器、消防栓、消防炮、水气服务点、洗眼器、防火服等各类安全设备设施开展长期有效的检查，按照"抓一个、改一面、查一类"的要求，对问题即发现即整改，全面确保现场安全设备设施完好可用。

2.3 九项安全管理具体要求

部门牢固树立"大平稳出大效益"的理念，坚持"从严管理出效益、精细管理出大效益、精益管理出更大效益"的原则，不断增强见微知著本领，通过安全经验分享、作业预约与工作前安全分析、作业现场检查、作业危害辨识、作业分析逻辑构建、安全观察与沟通、违章行为管理、作业行为和过程控制、作业标准化等9大方面，科学、系统推进装置安全高效管理，持续提升装置"安稳长满优水平"。

常态化开展交接班安全经验分享。建立完善的交接班机制，高质量推进"班前五分钟"经验分享，管理技术人员和班组人员结合自身经历和工作环境，轮流在交接班会上分享同行业、类似装置的安全生产事故案例，通过对案例剖析讲解，总结和分享安全经验和教训，提高全员的安全意识和技能水平。全方位开展作业预约、工作前安全分析、作业现场检查、作业危害辨识。以高温、高压、高硫化氢、临氢的装置特点、特色，结合作业现场实际情况，对每项作业进行严格的预约和前期分析，逐渐形成一套与装置相关的分析逻辑，确保作业方案的安全可行性，对潜在的风险进行识别和控制。同时加强对作业现场的实时监控和检查，及时发现并纠正不安全行为和隐患，确保作业场所的安全。深入分析作业环境和条件，准确辨识出作业过程中可能出现的各类危害，采取有效措施进行控制和管理。深入观察与沟通，加强违章行为管理。通过加强现场观察和有效沟通，提升员工对安全管理的认知和理解，构建积极的安全文化氛围。充分发挥曝光台的作用，坚持"一个不放过"的原则，全面排查现场作业的违章行为，通过分析总结报告进行日常学习和培训，从思想上杜绝违章行为的发生。进一步强化作业行为和过程控制、作业标准化，建立"以制度管现场、以标准除风险"的工作原则，不断强化现场各类作业行为和作业过程的管控，不断优化现场作业管理，并形成相关标准，统一管理各类作业，从行为上谋求安全生产管理的提升，降低作业风险。

2.4 实现安全管理四个任务

一是厚植"倾尽所能，平安加氢"特色的安全文化理念。安全文化是实现安全生产和安全生存的基础和灵魂，安全文化的核心是以人为本，而人是生产过程中最活跃的要素，是安全生产的实践者。通过推进"倾尽所能，平安加氢"特色的安全文化建设，鼓励全员参与安全管理，营造开放的沟通环境，动员全员对生产经营、工艺操作、设备管理等各项工作献言献策、倾尽所能，在日常工作中遇到隐患故障时平静思考，工艺生产调整上要安全操作，认真完成每日工作，做"倾尽所能，平安加氢"安全文化的传承者和实践者。通过理念传导、文化灌输，不断促进部门员工形成安全生产的意识，引导全员将安全生产意识汇聚一点、精准发力，形成装置独有的安全生产思维。

二是优化职业健康管理，按照"生产、生活两不误"的职业健康管理要求，安全专业管理人员要实时掌握部门全员的身体健康情况、工作情况及业余生活爱好等健康数据，形成健康管理清单并做到实时更新。加强与员工的沟通和交流，定期组织健康讲座、培训和活动，提供健康咨询和指导，帮助员工养成良好的健康习惯和生活方式。

三是进一步强化员工履职能力提升。要充分认识员工履职能力提升与促进公司高质量安全发展的辩证关系，将"人"作为最核心、最关键、最重要的因素，积极推进员工队伍建设。结合基层"三基本"建设与"三基"工作，持续探索理论学习与技能培训融合、党建责任与安全责任落实融合新途径，通过典型选树、重点培养等方式，全面推动员工履职能力提升，确保能岗匹配，为全面提升公司安全管理水平夯实基础。

四是开展好安全健康管理宣传，积极利用公司及部门网页、公众号、抖音、微博等媒体平台，定期发送安全健康管理的优秀方法以及管理成效，形成"人人论安全、人人学安全"的良好氛围。

2.5 实现安全管理示范装置目标

通过以上"1594"安全管理，不断优化完善制度，压实安全生产责任，从而达到员工的安全素养不断提升，员工自觉规范安全生产行为，减少和杜绝作业人员"三违"现象，促进现场各类隐患排查治理，推进安全生产长效机制建设，实现安全管理带动生产技术管理延伸至设备维护管理，最终实现HSE管理"三三零"目标，即安全环保管理向"零"出发（零事故、零伤害、零污染）、生产技术管理向"零"看齐（零差错、零违章、零波动）、设备维护管理向"零"奋斗（零缺陷、零返工、零故障）。

3 "15941"安全管理法带来的效果

（1）推动了全员行为规范养成，增强了安全环保责任意识，守住"零事故、零污染、零伤害"的安全环保底线。通过HSE示范岗的建立，近五年无一般C级以上的事故发生，基层队站风险防控、隐患排查、违章纠正的意识逐步增强，体系管理持续改进的理念渐渐深入。

（2）增强装置员工的安全素养，规范员工的安全行为，减少和杜绝作业人员"三违"现象，促进现场各类隐患排查治理，推进安全生产长效机制建设，预防和遏制事故事件的发生，促进装置安全平稳运行。

（3）完善纵向到底、横向到边的全员安全生产责任制，织密织细全方位、一体化的安全生产防护网，建设工作开展后，基层现场管理进一步规范、工作安全分析等风险控制工具广泛应用、HSE管理与生产经营进一步融合、安全目视化管理的理念方法得到普及、员工自主管理意识进一步增强，基层队站风险得到有效防控。

（4）增强了员工参与热情，HSE体系在基层落地生根，基层的基础工作不断夯实，安全生产、施工质量和经营业绩显著提升，通过全员的努力，渣油加氢装置四个班组都通过公司五型班组的验收工作。

4 结语

通过深入研究与实践证明，广西石化炼油三部的"15941"安全管理法是一种高效、系统的安全管理机制。未来，将继续跟踪和评估"15941"安全管理法的执行成效，不断深化该安全管理法，把现场作为提升安全管理水平的"练兵场"，及时发现、整治安全风险，持续增强广大员工安全行为能力和安全理念，致力于将"15941"安全管理法的应用推向新的高度、更广泛的领域，以达到安全生产管理的更高水平，为保障生产安全和促进企业可持续发展作出更大贡献。

（作者：胡永宏，广西石化炼油三部，渣油加氢装置操作工，技师；邓耀昌，广西石化炼油三部，渣油加氢装置操作工，技师；柏义鸣，广西石化炼油三部，渣油加氢装置操作工，技师；刘莉，广西石化炼油三部，综合管理员，高级工；张超，广西石化炼油三部，渣油加氢装置操作工，技师）

浅谈基层五型班组建设方法及经验分享

◆ 卓英玺　陈建明　王文华　程东健　张林凯

发展优质生产力、实现高质量发展是各大企业的发展目标与方向，落实安全生产观、降碳减排成为了企业的重大责任，而班组是实现目标的有效载体，班组建设直接影响企业的发展。班组是企业的基本单位，是企业生产、经营工作的落脚点，班组建设涉及清洁生产、质量管控、安全管理、经营业绩等各方面的内容，"上面千根线，下面一根针"，班组便是针眼，穿针引线，落实企业的各项规章制度、工作任务、业绩指标等工作内容。

1　五型班组的由来

2005年辽宁省总工会决定，在全省推广抚顺石化分公司石油三厂"王海班"的经验，开展创建"技能型、效益型、管理型、创新型、和谐型"班组（简称五型班组）的活动。

2007年经中国石油天然气集团有限公司（简称集团公司）党组研究决定，在生产一线的班组深入开展创建学习型、安全型、清洁型、节约型、和谐型班组活动。集团公司创建的五型班组与"王海班"的五型班组内涵基本相同，只是强调的重点不同。班组作为生产、经营、科研的基本单元，是集团公司提升核心竞争力的基础，公司发展战略、经营决策、生产任务和各项工作都要靠基层来实施。建设五型班组是集团公司应对严峻挑战，肩负起重大历史使命的迫切需要和重要举措。五型班组建设为提高基层队伍素质指明了努力方向和途径。

2　五型班组之间的相互关系

五型班组是个有机整体，既相互独立又相互依存，五型班组各型之间只是工作内容侧重点不同，但目的都是强化班组管理。学习型是前提，通过学习才能不断提高个人的岗位技术水平、职业德行、自身素养，陶冶爱岗敬业、乐于奉献的高尚情操，学习是增强队伍实力的最直接有效的途径。和谐型是关键，起到凝心聚力，营造团队精神的作用，其他四型均是建立在和谐的基础之上，有和谐的班组氛围才能更好地完成班组建设工作。安全型是重点，支撑起整个装置的安全平稳运行，安全第一，没有安全保障，一切的生产经营活动都无从谈起。节约是目的，一切生产活动都以提高效益为目标。清洁是基础，一个清洁有序的工作环境不仅能改善员工的情绪，提高工作效率，还能提升企业形象。将班组工作内容总结归纳为学习型、和谐型、安全型、节约型、清洁型，更加突出工作的中心任务，更合理有效地进行班组管理。

3 五型班组建设标准的思考

在不同的企业、不同的生产部门，基层班组的工作任务及工作方式方法均不相同，五型班组建设并不需要专门制定标准文件，需要落实的标准，就是当下正在执行的公司、部门明确发布的各种制度、规范、标准、文件，特别是与班组直接相关的那部分内容。在创建五型班组过程中，要定期检验并总结吸收优秀的做法，让标杆变标准、示范变规范、经验变制度，将工作亮点、成果及时固化，有利于孕育班组特色文化。

4 五型班组建设步骤

4.1 做好五型班组建设宣传舆论导向

创建五型班组工作量大、难度高，班组成员难免会存在抵触心理。在建设初期，公司内部、各个部门领导及班组长需要做好舆论导向，尽量减少员工的抵触心理，不断提高班组人员对五型班组建设的积极性，让大家逐渐接受。当班组成员都从内心接受五型班组建设的时候，五型班组建设就具备了落地生根所需的土壤。

4.2 做好顶层设计

构建五型班组建设顶层设计，公司提出班组建设要求，部门牵头落实，班组长带领班组员工进行分工，设立五型班组每一型的推进干事，形成"部门领导负责人—技术骨干专项负责人—推进干事负责人"这样的线性负责机制，必须确保五型班组中的每一型都有专门的部门领导、装置技术骨干、推进干事负责人负责到底，从上至下、以点带面，扎扎实实地把五型班组建设工作任务细分到个人。同时要建立考核奖励及问责机制，定期检查工作任务完成情况，对检查结果及时兑现奖罚，如此才能真正做到责任清晰，目标明确，考核激励共同发挥作用。

4.3 树立五型班组建设愿景目标

创建五型班组工作，首先必须让班组人员搞明白要干什么，怎么干，自身有何影响，对班组、对公司有何影响，奋斗的方向是什么。愿景目标就是围绕这些问题展开思考，让班组人员共同商量讨论寻求答案，归纳总结后便形成所谓的远景目标。例如学习型：是以提升技能为导向，建设成为技能过硬、岗位全能、勤学苦练、品学兼优、勇于创新的一流班组。员工岗位技能水平提升有利于班组安全平稳生产，有利于班组节能降耗、提质增效工作的开展。对于员工自身而言，学习过硬本领有利于岗位上争优争先，在职业生涯中能更好地实现自己的人生价值。例如和谐型：要团结和谐，凝心聚力，将班组建设成为以人为本、沟通顺畅、团结和谐的一流班组。例如安全型：坚持安全环保底线，实现"零伤害、零污染、零事故"工作目标，建设成为制度健全、遵章守纪、安全生产的一流班组等。制定好班组愿景目标，班组员工就有了明确的工作方向、奋斗目标，知道如何去实现自己的人生价值。

5 五型班组建设方法

五型班组本身就具备基本创建规范及要求，

从这些规范要求中提出主干构建好班组管理的基本骨架，这就是所谓的定型。其次是提炼，先统计烦琐的日常工作任务及工作要求，事无巨细越详尽越好，从实际工作出发，将工作内容及任务提炼出来，按照学习型、和谐型、安全型、节约型、清洁型的基本要求分类管理，填充五型班组工作内容，在不增加基层员工的工作量、不降低班组管理要求的前提下，将班组工作内容分类管理，不断夯实班组管理内容。再者是对标，这是一项长期的工作。标就是工作标准，是公司的规章制度，是部门的各项管理规定。将班组日常工作内容进行对标，找出班组日常管理中存在的不足补充完善，不断丰富五型班组建设的内容。最后是考核，大制度后要有小规定，小规定要得到大家的认可，大家认可的规定要严格执行，做到考核有依据，做事有章程，真正做到有功必赏、有过必罚，做好一段奖励一段，做好一件奖励一件，及时兑现奖励才能最大程度调动员工参与班组建设的积极性。

5.1 学习型班组建设

学习型班组建设要紧密结合部门的各种培训计划进行，同时要考虑各层面技能水平的员工培训需求，定期开展学习内容调查问卷，真正做到"用什么就学什么，缺什么就补什么"的培养原则。根据需求制定合理的学习计划，设计好涵盖工艺、设备、仪表、安全等各个方面的学习内容，强化班组学习培训，目的是要不断提升员工的岗位技能水平。在学习培训过程中，要注重实效性，例如岗位练兵，可以把练兵内容制作成小卡片，随时可以拿出来相互提问，互相学习共同进步。班组还可以举行每日一题活动，每天对自己岗位上的重点难点工作内容提出一个问题，大家坐一起讨论，这样的学习气氛既轻松又效果显著。另外，还可以将复杂的工艺流程图剪切成小片段，每月坚持画几个片段的流程图，久而久之，再看流程图时就会变得简单。

5.2 和谐型班组建设

和谐价值观包括个人自身和谐、人与社会关系和谐、人与自然关系和谐等，涵盖了自身诚信、自尊、自立、自强、公平公正、爱国守法、团结友爱、爱岗敬业等价值观念。奉献并不是每个人与生俱来的，在五型班组建设初期，应确立好愿景目标，让大家知道做好班组建设对自己个人和集体的意义，通过合理的激励措施，强化集体荣誉感，调动大家积极参与班组建设，奉献自己的力量；通过积极的舆论导向宣传，树立正确的世界观、人生观、价值观，真正做到人与人、人与社会、人与自然和谐共处。和谐型在班组建设中起到统领全局的重要作用，主要是围绕员工行为规范、民主管理、班组文化建设、员工关爱等方面进行。在和谐型班组建设中，还可适当将党建工作融合到其中，以先进党员带动群众，引领示范，能起到事半功倍的效果。

5.3 安全型班组建设

知法才能守法，懂规矩才能守规矩。班组通过不断学习安全生产法律法规，学习公司各项安全规章制度，加强员工安全培训，提升员工安全风险识别能力，提高员工安全意识，树立安全自主管理理念，让每位班组成员从"要我安全"向"我要安全"的观念转变，同时要严格落实"谁操作，谁负责"的工作原则，压实安全生产责任，实现"零伤害、零污染、零事故"的安全生产工作目标。在炼化企业中，班组工作涉及最多的危险作业有受限空间作业、用火作业、临时用电作业、高处作业、脚手架搭设作业、设备管线打开作业、挖掘作业、吊装作业等，各种危险作业涉及的标准规范多而复杂，班组人员在工作过程中如何管控好现场危险作业成为困扰大家的难题。班组就此问题开展了多次讨论，最终大家觉得，把每个危险作业的规范、标准、细节制作成小卡片，每次执行监护工作任务时，拿出相应的卡片，对现场风险一一对照识别，这样就能快速找出各种违规、违章行为。经过几年的实践，证明这样做确实能有效降低现场作业违章率。

5.4 清洁型班组建设

清洁型班组建设包括清洁生产、三废达标排放、产品质量合格、现场设备完好、工作环境卫生良好，做好清洁型班组建设的目的是改善员工情绪、减少资源浪费、提高员工工作效率、提供安全保障、凝练团队精神、提升企业形象。班组的做法是将现场分区域进行包区包机负责制，对现场问题分为低老坏、漏点隐患等内容，负责人对自己负责区域的卫生、设备完好情况等负责到底，把现场问题记录在案形成隐患台账。

结合安全型的双重预防机制建设，将现场设备、管线、仪表和清洁生产等实行包机包区制度，将风险分级管控与隐患排查治理和清洁型班组建设融入到表格中形成一站式管理。另外，每月初要对上个月的台账进行统计，综合打分后实行绩效考核激励，提高班组成员的积极性。

5.5 节约型班组建设

节约型班组建设本着"一切成本皆可降"的理念，从水、电、风等各种生产要素着手，合理有效降低生产成本，充分利用绩效系统平台，通过生产成本控制、质量在线监测、平稳操作控制等生产要素进行实时在线监测，并制定好奖励措施，对节能降耗作出奉献的员工和班组及时兑现奖励，形成良性竞争，持之以恒，养成良好的节约行为。某班组对汽提、溶剂再生塔的工艺参数进行优化卡边操作，在保证产品质量合格的前提下有效降低水、电的消耗，每年节约成本约65万元。班组技术攻关，以自产低成本的凝结水替代除盐水来生产除氧水，同时降低生产除氧水使用的1.0MPa蒸汽，每年可降低成本约70万元。根据气温变化，适当停运空气冷却器，有效降低电耗，每年可降低成本约18万元。根据季节性变化调整现场照明，可以降低电力损耗。另外，规范个人行为习惯，办公区域人走灯闭、空调停运等。一系列的降本增效措施执行下来，积少成多，节约成本效果明显，真正达到节约型班组建设的目的。

6 总结

五型班组建设是以班组日常工作为要素，经过提炼总结，完善班组建设内容，在此过程中并不需要增加班组工作内容，只是将班组日常工作进行有效分类管理，思路清晰明了，强化班组管理效果。以强化班组执行力为重点，以提高员工综合素质为核心，以培养技能型人才为目标，不断增强基层队伍的凝聚力和战斗力，实现石油化工行业的安全生产和高质量发展。

（作者：卓英玺，广西石化炼油四部，硫磺回收操作工，高级技师；陈建明，广西石化炼油四部，硫磺回收操作工，技师；王文华，广西石化炼油四部，硫磺回收操作工，技师；程东健，广西石化炼油四部，硫磺回收操作工，技师；张林凯，广西石化炼油四部，硫磺回收操作工，技师）

"四抓"提升"四力" 建强生产准备班组

◆ 王雪枫　冯欣玲　顾荣华

班组是企业生产运行的基层组织，是一切工作的落脚点。通过"四抓"提升"四力"，建强生产准备班组，能够高效地完成各项生产准备任务，不断提升班组管理水平和员工队伍素质，为装置建成后快速投入生产打下坚实基础。

1 抓准目标，提升工作学习动力

生产准备人员主要由内部培训转岗、兄弟单位支援、校园招聘、系统外招聘等组成，具有年龄差异大、工作经验不一、生活习俗不同等问题。生产准备班组以"志存高远、志创一流"的劲头抓准班组目标，统一员工思想，提升员工工作学习动力，激发员工奋进动能。

1.1 抓准目标，提升动力

公司锚定建设世界一流炼化一体化企业目标，稳步推进炼油生产和炼化一体化转型升级项目建设。世界一流炼化一体化企业需要一流的员工，一流的员工要有坚定的目标引导，坚定的目标引导可提升一流的工作学习动力和效率。身处炼化一体化转型升级项目建设一线，通过高标准、严要求的项目建设，引导生产准备班组成员以"志存高远、志创一流"的劲头不断强化个人行动力，以能参与到项目建设中而感到光荣自豪，以更自觉主动的姿态工作学习，力求干得更好、学得更透。

1.2 统一思想，争先创优

为进一步统一班组争先创优思想，不管是在外实习，还是实地建设，积极组织班组中的党员、团员和青年骨干参与"三会一课"和党建团建活动，用党的理论知识武装思想，助力员工锤炼出鲜明政治品格，引导员工将爱国、爱党热情转化为立足岗位奋发进取的实际行动。在外实习培训时，动员班组成员提高自我要求，克服各种苦难，静下心来学习以及完成其他任务，在各项考试比赛中力争上游。在项目建设攻坚期间，充分发挥党员榜样模范作用、团员表率先锋作用，让班组一起冲锋在一线，啃下"硬骨头"，在困难中锻炼成长，在成果中增强荣誉感。

2 抓实安全,提升应急处置定力

安全是企业管理的重中之重。创建安全型班组是追求更加科学、安全、高效、和谐的管理方式,班组以"严格严肃、严谨细致"的态度抓实班组安全建设,不断提升班组整体及个人应急处置能力,既保证实习期间的安全,也确保建设期间的安全,为稳步推进实习培训和项目建设工作打下坚实基础。

2.1 明确安全为谁,提升安全自觉性

安全无小事。班组安全建设明确"以人为本,安全至上"理念,将"严管就是厚爱"牢记于心,以"严格严肃、严谨细致"的态度完成各项安全工作任务和程序。通过班组集体学习不断提升安全自觉性,对于安全规范"不少走一步、不多加一点"。班长及党员团员骨干带头自觉培养安全行为习惯,主动接受安全培训,主动分享安全经验,主动开展安全演练,做到人人讲安全,事事为安全,时时想安全。

2.2 增强团队协作,提升安全技能

在实习建设期间,相互监督、互帮互学,认真学习每周安全活动内容,新进大学生员工不能理解的内容及时请教班组有经验的老师傅,老师傅遇到不明白的地方及时请教安全工程师,做到"安全培训全覆盖、安全知识无死角"。根据安全培训计划,进行应急方案和应急处置操作卡学习和演练,对各项应急方案和应急处置操作卡入心入脑,不断提升班组应对事件事故的团队处理能力,让班组具备"一分钟应急处置、三分钟退守稳态、五分钟消防联动"能力,做到遇急不乱、定如泰山。

3 抓细培训,提升技术技能水平

重视班组人员的系统学习与全面培养,注重培训效果转换,结合人才强企活动方案,以"细致入微、精益求精"的精神抓培训,不断细化培训计划,提升班组全员技术技能水平,打造一支素质全面、作风过硬的技能人才团队。

3.1 细化人员培训计划

根据对生产准备人员"全面学、系统学""干什么学什么、缺什么补什么"的要求,制定、优化符合实情的培训计划表,做到"一装置一计划"。班组进一步结合个人学习情况,找准培训难点和知识盲区,初步定位个人角色,制定在自习室、仿真室、装置现场三个地方的学习方案,将课堂搬到现场,背书转为操作,不断提升工艺流程、设备维护、安全管控等方面的知识储备,将理论知识与实际操作相结合。

3.2 提高人员培训效率

严格落实"师带徒"制度,为新进大学生匹配责任心强、专业知识精的技能导师。技能导师根据培训计划和大学生个人情况,指导其完成阶段学习任务,带领新员工进现场、识设备、查管线。鼓励上一届大学生员工总结提炼实习经验,将所学与所悟传授给新员工,让新员工少走弯路,快速掌握所学知识。对于表现突出的大学生,推荐参与实习人员培训讲课,适当安排参与相关技术工作。

3.3 推荐骨干参加专项培训

积极推荐技能骨干参加各级专项培训,选派技能骨干参加中国石油天然气集团有限公司炼化新材料业务技能骨干培训及广西石化公司班组长培训。技能骨干在各种专项培训中,与大国工

匠、地方工匠、公司工匠面对面交流，开阔眼界视野，学习精益求精的工匠精神，提升专业水平、综合素质和管理能力，为其成为合格专业的技能担当和班组长打下坚实的基础。

4 抓活文化，提升队伍全员凝聚力

班组文化的建设是将班组每个员工的心连在一起的线，是班组成员的润滑剂，是班组氛围的催化剂。以"凝心聚力、团结一致"的理念，抓好班组文化建设，提升队伍全员凝聚力，大大提升班组的集体归属感、认同感、荣誉感。

4.1 规范行为，形成集体意识

班组是一个集体，切实落实公司部门规章制度，规范个人行为，有序地开展班组活动，让每一名员工在实习期间能够顺利舒心地工作学习，让班组成员形成班组集体意识。形成班组总结，开好班组会议，做好月度考核、考勤统计，积极采纳合理化建议，让班组"班有班规、公平公正"，坚决杜绝自由散漫、无组织无纪律的行为和意识。

4.2 以人为本，形成活跃氛围

班组由一个个成员组成，班组长应了解掌握每个人的个人情况，发挥个人特长，鼓励员工积极参与公司和社会的业余活动，形成有特色、有创造性的工作学习氛围。班组文化建设还要做好班组个人档案，了解班组成员工作学习生活情况，做到"五必访五必谈"。根据班组成员家庭情况、生日时间，定期组织班组活动，让班组人际关系家庭化，做到相互理解、相互帮助、共同成长。

5 结语

通过抓准目标、抓实安全、抓细培训、抓活文化来抓生产准备班组建设，提升班组员工的战斗力和凝聚力，克服人员能力素质不一、难以开展工作的难题，提高班组合力，完成开工生产运行中各项任务，从而提升装置在各种工况下长周期平稳运行的能力，按计划顺利完成装置开工排产的目标。

（作者：王雪枫，广西石化PMT3，聚乙烯装置操作工，高级技师；冯欣玲，广西石化PMT3，聚乙烯装置操作工，初级工；顾荣华，广西石化PMT3，工程师）

发挥班组长引领作用 提高全员系统化操作水平

◆ 邵启超

班组是炼化企业生产经营管理的基础。中国石油广西石化公司有将近90多个基层班组，分布在各个生产环节，基层班组是企业的执行者，企业的所有工作都需要通过班组来落实，班组的好坏直接影响公司的效益水平。班组是企业管理的风向标，班组长管理的好坏直接反映出企业的管理水平。基层班组是人才历练学习的练兵场，班组建设对员工的思想认识、工作习惯、成长发展等影响深远。

1 基层班组面临的困难

当前基层班组在生产运行过程中，面临着如下的一些实际困难：

（1）随着炼化企业的工艺、设备自动化程度越来越高，班组人数越来越少，班组的管理水平有待提高。

（2）班组每年要接收一些新员工，新员工需要完成从书本上的理论知识到车间职业技能知识的转变，这个转变适应过程时间较长。

（3）班组员工随着工龄的增长以及自身年龄的增大，不愿学、不想学新知识的想法日益明显，这为以后适应新岗位增加了困难。

（4）随着炼化一体化项目人员逐步配备完成，一部分其他专业的转岗人员进入班组，需要尽快让他们适应新的工作环境并学习新的专业知识。

（5）班组长和高技能人才在班组定位不清晰，不能有效发挥作用。

2 采取的措施

2.1 提高思想认识，明确责任目标

班组建设与企业高质量发展有很大关系，是安全、环保、平稳生产的基础，结合班前会议、党小组会议加强员工思想政治水平。员工的思想、观点、立场问题会在平时工作当中展现出来，要加强班组长和党小组组长对思想波动员工的重点关注。同时班组长、党小组组长也要加强日常政治学习。

班组建设要与和谐型班组紧密结合。要确定班组自己的文化，也要与企业文化相结合。建设

和谐型班组不仅可以使员工更了解企业各项制度的建设意义，也能促进班组之间更加和谐、互相帮助、奋发向上。

在实际工作中，要运用好"五必谈六必访"，使班组思想工作逐步统一，明确班组成员的职责和任务。通过目标的设定和职责的划分，使班组工作更加有序和高效。

2.2 完善培养机制，促进全员素质提升

围绕"岗位精、装置通、部门懂"的系统化操作，以学习型班组建设为抓手，多措并举，全面提升班组人员能力的提升。

一是聚焦班组技能骨干人才培养，以岗位练兵为抓手，探索"学分制"培训。在以往岗位练兵过程中，培训内容不明确培训效果差，应付了事，造成大家对学习技能知识不重视。通过"干什么，考什么""缺什么，补什么"来进行培训，将培训内容分为现场工艺流程、DCS控制方案、SIS联锁、日常调节和产品质量、大机组启停、应急处置方案、本装置生产波动事故事件等进行学习，进一步提高班组技能骨干人员的专业知识水平、创新创效能力和解决实际问题的能力。

二是聚焦新员工培养，要利用好师带徒模式，选配优秀的高技能人才作为师傅，对新员工进行一对一培训，建立"一人一策"培养方案，强化"理论＋实践＋轮岗"培训方式，并针对学习情况明确培训模式、考核频次、要求。新员工1年达到一套装置内外操顶岗能力，3年内达到装置通岗能力。

三是聚焦老员工不愿意学的问题，党小组组长在老员工转变观念过程中做好谈心谈话。首先是端正学习态度，养成学习习惯，日久必见成效。其次是改进岗位练兵模式，注重"理论＋实践""通用＋专项""培训＋自学"相结合，统筹制定计划、滚动开展练兵，持续强化基本功训练，解决工学矛盾。

四是聚焦转岗员工如何适应新岗位的问题，利用班组高技能人才"夜校"辅导班，以岗位职责为培训蓝本，采用"通用＋专业""现场＋理论"的培训方法，帮助转岗人员快速满足生产需要，达到"转岗即顶岗"的效果。

高技能人才在日常工作中，发挥传帮带作用，将人才培养纳入年底考核中，签订师徒协议，通过定期检查、考核，激发高技能人才对于班组员工培养的动力。

2.3 强化关键少数，突出引领作用

火车快不快，全靠车头带，强化班组长和高技能人才的引领作用。班组长在日常工作中应具备良好的管理和沟通能力，能够有效组织并指导班组工作。根据每个人的能力合理分配任务，切忌能者多干导致能力强的员工工作越来越多，不利于班组人才的培养。班组长也需要将员工思想动态、生活重大事项第一时间向上级反映，及时解决班组员工与上级领导的矛盾，发挥领导与员工之间桥梁的作用。

在班组员工培养上，只有认同公司文化、工作积极向上、有良好职业操守的高技能人才才有资格做员工师傅，才能达到员工培训的效果。由师傅对徒弟制定专门的培训计划，从重点设备的"四懂三会"开始，坚持"因材施教""因地制宜"，明确时间、频次、考核要求，内外结合，使一线技能人员在岗时间实现工作、学习的有机结合。

在竞赛培训上，班组长和优秀高技能人才作为竞赛教练，采取"赛前严格选拔，班组集中学习"的方式，创新培训模式，通过翻转课堂、岗位标准化操作培训视频、问卷星、应急演练角色

扮演等方式，利用夜班对员工进行授课，讲课过程中既可以巩固所学的知识点，又可以促进班组员工共同学习与交流。两位选手最终在 2023 年集团首届技术技能大赛催化重整装置操作工竞赛中获得一银一铜的好成绩，班组其他成员在参加公司举办的各类竞赛中获得 1 次二等奖、4 次三等奖的好成绩。通过竞赛可以促进班组优秀技能人才脱颖而出，同时在班组中营造"劳动光荣、技能宝贵"的浓厚氛围。

2.4 强化班组制度，提高工作效率

在班组制度的建立上，班组长要结合班组的文化、氛围、技能水平、年龄结构等完成制定。班组长主抓大方向，由组员来参与制定详细规则，最好全员参与提高班组参与度。班组制定的制度也要根据实施效果不断完善，所有制度的制定在初期考虑的都是正常情况下的实施，当出现特殊情况就会导致制度不适用，如在班组人员有休假的情况下如何分配内外操人数、班员监盘效果不好时可以侧重增加对于报警率和平稳率的考核。在初期就要把特殊情况考虑进去，并不断完善制度。所有班组制度的制定都是要提高组员工作的能动性，提高班组工作效率。

在重整生成油脱烯烃项目中，班组建立专项考核，考核内容包括设计漏项、工程质量隐患、施工安全等方面，量化个人积分，表现突出的班组人员要进行一定奖励，将不合理的平均变为合理的不平均，促进班组干事创业的活力。

2.5 以问题为导向，实现岗位技能成果转化

解决生产一线的"疑难杂症"一直是高技能人才最重要的工作。针对装置异构级二甲苯产品质量不稳定，班组采用"1+2+N"模式进行攻关。"1"是由部门主要领导负责，"2"是以装置技术专家和班组长或高技能人员为牵头人，"N"是以班组生产骨干和后备力量为基础组成攻关团队。落实工作任务清单，开展提质增效工作，以节约型班组建设为切入点，牢固树立"敢想敢干，善作善成"的停锅炉精神，深度优化极限，逐步探索调整芳烃重整油分离塔和二甲苯塔的工艺参数到达最佳状态。班组总结出可复制、可借鉴、可推广的操作方法，2023 年实现长周期生产异构级二甲苯 $20.67×10^4$ t，创效 3658 万元。

2.6 发挥头雁效应，精准助力提质增效

班组以班组长及高技能人才作为提质增效带头人，采取经验交流、专家授课等形式，及时分析总结生产以及提质增效中出现的各类问题，带动全员特别是班组骨干，广泛参与"合理化建议征集""提质增效专项劳动竞赛"等活动，形成"劳模引领，全员参与"的良好局面，全力打赢提质增效攻坚战，打造提质增效"升级版""精进版""增值版"。

3 班组管理取得的成果

（1）通过努力，班组通过广西石化公司首批五型班组验收，并连续 3 年保持五型班组审核，目前是标杆五型班组。

（2）目前班组共有员工 12 名，高级技师 3 人、技师 4 人，在聘企业级技能专家 1 名，在聘技师 1 名，6 人考取了第二工种，第二工种占比 50%。班组全部实现装置内外操通岗。

（3）近五年，班组成员荣获集团公司先进个人 1 次，公司技能专家、公司"十大杰出青年"、集团公司催化重整竞赛银牌、集团公司催化重整竞赛铜牌、公司优秀共产党员 1 次，公司级先进个人 6 次、优秀毕业生 2 次，流程图竞赛二等奖

1次，三等奖3次，班组长竞赛三等奖1次。

（4）在班组长和高技能人才的引领下，班组积极参与公司提质增效活动，近三年利用集团公司一线生产难题平台共申报6项公司级难题，发挥班组群策群力，解决全部难题并坚持"解决一个难题，完成一份总结"的理念，形成可持续、可分享的模式。

4 结束语

通过提高班组长和高技能人才作用的发挥，班组全员"系统化操作"水平不断提高，班组执行力不断增强，班组管理水平发生质的飞跃。接下来班组将以更加坚定的信心和务实的作风，持续推进班组建设，为公司高质量发展作贡献。

参考文献

孙栏峰.关于加强高技能人才培养工作的思考[J].中国管理信息化，2019（19）：81-82.

（作者：邵启超，广西石化公司炼油二部，催化重整装置操作工，高级技师）

以班组建设为抓手推进员工异地培训

◆ 马天翼　惠　慧

PMT4部是广西石化炼化一体化转型升级项目的重点部署机构，未来将承担起PO/SM装置、SBS/SSBR橡胶装置等4套装置的试开车及长周期运行工作。2023年3月，部门134名生产准备人员赴四川、新疆、天津三地实习，与已投产的部门相比，培训工作存在远程、百人、多地、长期四个特点。而班组作为部门管理的最小单位，在此次异地培训中承担着重要的职责，特别是在2025年4套装置同时面临试车开工任务的压力下，如何在培养合格内操、外操的同时，快速培养出一批能解决运行问题的高素质骨干成为现阶段异地培训的主要目标。

1 班组建设与异地培训工作有机融合的要素分析和路径选择

1.1 要素分析

从表1中可以看出以下问题：

（1）2022—2023届没有生产经验的新分大学生占比70%，从阶段一的实习阶段考试成绩中可看出，这部分人员理论考试与现场考试成绩存在两极化脱节的问题，如果要提升班组建设的硬实力必须建立扎实有效的培训机制，让新分职工懂原理、会操作。

表1　人员结构分析表　　　　　　　　人

管理人员	操服人员			
	新分大学生		企业内调	
	2022届	2023届	普通职工	高技能人才
31	32	85	13	5

（2）操服人员中企业内调人员共18人，高技能人才5人。"十一五"规划中明确提出更多更快地培养高技能人才，是我国提升国家核心竞争力的战略举措。在满足高技能人才储备后，才能带动班组高级、中级、初级技能人员的梯次发展。为此部门内部通过考试遴选重点培训人员，并制定"多岗通一岗精"的高技能人才培养方向。

（3）部门负责的4套装置目前正处于前期

建设阶段，部门内部134名操服人员分别于四川石化实习基地、新疆独山子石化实习基地跟班实习，与企业中常见的生产型班组相比，部门现有班组具有异地管理、人员教育及经验背景差异大、长期培训、脱离生产压力、思想波动大的问题，如何统一思想，安定人心成为班组建设的首要难题。

1.2 路径选择

（1）抓好培训首先要提高政治站位，统一思想，安定人心。结合党建引领、工建聚力的总体布局，内部认真组织深入学习贯彻习近平新时代中国特色社会主义思想主题教育，支委深入班组内部带头讲党课，以班组为单位开展中国共产党第二十次全国代表大会精神知识答题、岗位讲述、党史故事以及背靠背调研等形式多样的活动，让员工切实增强了责任感和使命感。此外还邀请兼职讲师进行企业文化宣讲，通过学习让实习员工了解广西石化的历史、文化和传统"三老四严"的石油精神，激发了员工主动学习、提升技能的热情，进一步强化学用结合的政治责任。

（2）放权为班组赋能，紧扣高质量培训部署，激发建功立业的动力。为解决异地实习存在点多面广、难以集中培训、管理人员短缺的问题，部门在统一培训进度后赋能班组培训。本次在独山子实习主要以橡胶部现场岗位学习为主，113名实习人员分散到2套装置10个班组。部门培训组进行管理权下放，由班组负责开展日常培训，包括制作培训课件、单元测验。班组长依据日常表现完成班组成员的综合考评，个人学习成绩、工作纪律和班长绩效挂钩。由培训组统一把控培训进度与考试验证，按照"统一步骤，综合学习"的方式，统一安排一个循环周期内的重点学习任务，力争学一个单元精通一个单元。

（3）细化班组人员定位，逐步实现"多岗通一岗精"。部门围绕班组实际操作需求将培训目标分为三个阶段：在初级阶段不分岗位，实习人员以3个月为期轮换学习前岗、后岗各单元流程；在阶段二根据实际掌握情况，分岗侧重学习岗位单项作业、工艺操作调整、单个设备系统开停、单元开停车、生产线开停、异常情况分析处理、单元应急处理、安全风险辨识等内容，逐步实现"多岗通"；在阶段三根据掌握情况进一步定岗，按照前岗、后岗、DCS操作定岗定人，着重培养班组"一岗精"操作人员。

（4）师带徒发挥班组内部"老师傅"的经验优势。为在班组内部充分发挥企业调入人员的技术能力、工作经验优势及22届毕业生学习经验，采取班组"师带徒"的形式进行培训。选用各企业调配人员、22届优秀学员与23届毕业生师徒结对，奖惩与共，无论在装置内还是在装置外充分发挥师傅的督促和指导作用。

（5）丰富竞赛活动，打造班组人员出彩舞台，实现"以赛促学"。PMT4部在班组培训工作中大力提倡技术比武、技术交流、学习成果展示等劳动竞赛活动，努力创造"比、学、赶、帮、超"的良好学习氛围。由班组长统计实习人员流程图上交、学习笔记检查、劳动出勤、经验共享、技术课件、主动授课、师徒传帮带效果等情况，领队人员每月底结合理论考试成绩、现场考试成绩，根据《PMT4部员工异地实习管理及考核细则》进行综合考评，建立各阶段的培训档案和考核档案，并将考试成绩列入个人培训档案，作为评先选优的必要条件。

（6）尊重"话语权"，提高班组人员管理参与度。部门通过制定《PMT4党外干部作风联络员管理办法》《PMT4主任信息员管理办法》等制度，面向班组员工广开言路，在打造沟通桥梁的基础上结合常态化深入开展学习贯彻习近平新时代中国特色社会主义思想主题教育活动，主动做好部门干部作风党外监督机制、PMT4维稳信访轮值机制、首问负责制等工作机制的执行，难点问题上报同级党支部集体协商协同推进，推动民主管理工作提质增效，确保事关职工权益的各项措施走深走实。在各项制度支持下，PMT4部工会在调研期间得知四川实习基地的员工反映饮食偏辣以及周考题型偏理论等问题，积极与四川实习基地临时党支部汇报，并在安抚员工情绪的前提下提出合理化建议，稳定了实习员工队伍。

2　培训成果

通过近一年的异地培训，部门实习人员全员通过上岗考试。共56人参加年底的技能鉴定，通过多项考评，部门新增5名技师，6名高级工，9名中级工，36名初级工，其中3名转岗职工取得双岗证书。

3　工作总结与思考

人才培养是班组建设的重要职责之一，它既依托于班组的管理机制，也能反作用于班组文化的形成。面对点多面广的异地培训，既要开展思想文化教育保安定，又要通过赋能班组、细化定位、班组师带徒等制度提高职工技能水平，更要拓宽窗口，合理搭建"讲台与舞台"，给予班组职工发声与展示自我的渠道，以评先选优引导促进青年职工的成长，通过班组管理传递部门的凝聚力，让驻外的实习职工也能时刻与"家"建立情感上的连接，思想上的统一，在和谐温暖的环境下努力学习，为完成公司炼化一体化转型升级项目打下基础。

参考文献

[1] 王卓冉. 将"五措联动"融入班组建设[J]. 班组天地，2024（2）：66-67.

[2] 丁妮娜，丁建博. 国有企业人力资源管理中员工培训模式分析研究[J]，企业研究，2024（2）：48-51.

（作者：马天翼，广西石化PMT4，橡胶装置操作工，技师；惠慧，广西石化PMT4，工程师）

浅谈石油企业班组文化建设中班组长的素质培养

◆ 秦文其　陈克栋

广西石化一体化项目为推动企业由"生产型"向"经营型"转变,实现炼油、化工、有机材料等业务一体化协同发展,需要培养更多德才兼备的员工成为管理者,其中也需要大量基层管理者——班组长。

班组长不仅要求工作经验丰富、技术素质过硬,还需要清晰地认识并促进班组文化建设,推动班组文化在传承中发展、在发展中创新。培养一支技术过硬、执行力强、竞争力强的优秀班组长队伍,对于石油企业的稳定发展和高效运作起着决定性作用。本文将通过分析和研究,提出具体的培训方法和管理建议,探讨如何系统地提升班组长的管理能力和领导素质。

1　班组长在石油企业文化建设中的核心作用

班组长既是生产业务技术骨干,又是基层生产管理工作的组织者和实施者,其在企业文化建设中扮演着枢纽角色。企业文化的传播与实践,很大程度上依赖于班组长的领导与示范作用。班组长不仅是企业文化的传递者,更是企业文化的实践者和创新者。其行为模式和管理风格,直接影响班组成员的工作态度和行为习惯,从而影响整个企业文化的落地生根。主要核心作用有以下几点。

(1) 班组长能够通过直接管理和日常交流,将企业的核心价值观和文化理念传递给每一位班组成员。在石油企业中,班组长在工作中展现出积极的态度和解决问题的能力,能够成为团队成员学习和模仿的对象。例如,当班组长在安全生产和质量控制中展现出严谨的工作态度时,这种行为模式会潜移默化地影响班组成员,使得整个团队能够更加重视安全和质量标准。

(2) 班组长在解决工作中的冲突和问题时,展现出的领导能力和决策能力,是塑造团队氛围和提升团队协作效率的关键。同时,也能够增强团队成员对企业文化的认同感和归属感。

(3) 班组长的学习能力和创新精神,也是推动企业文化创新和发展的重要因素。在石油企业的运营过程中,面对不断变化的市场和技术环境，班组长需要不断学习新知识、新技能，引领团队适应并掌握新的工作方法。长此以往，不仅能提升团队的技术能力和解决问题的能力，还能在团队中树立持续改进和创新的企业文化。

（4）班组长的情感智能在企业文化建设中同样占有重要位置。其如何理解和调节自己的情绪，如何准确地感知和影响团队成员的情绪，直接影响团队的工作氛围和团队成员的心理健康。班组长通过有效的情绪管理，能够建立一个支持性和积极向上的工作环境，促进团队成员间的信任和合作，进一步强化企业的整体文化氛围。

综上所述，班组长在石油企业文化建设中的作用不可小觑。通过日常管理实践，不仅可以有效传递和加强企业文化，还能通过个人的领导力和情感智能，推动企业文化的持续发展和创新。因此，加强班组长的素质培养，尤其是在领导力和情感智能方面，是提升企业文化建设成效的重要策略。

2 班组长素质影响因素与培养需求分析

班组长的素质直接影响石油企业的团队管理效果及企业文化的落实。班组长素质的形成受多种因素影响，这些因素包括个人成长背景、教育水平、工作经验以及接受的培训等。因此，对班组长素质的提升，需要从多个角度进行综合分析和系统培养。

（1）个人成长背景对班组长的领导能力有重要影响。这包括班组长的成长环境、早期教育和大学生活锻炼等。例如，学习教育阶段就开始被任命班干部或大学教育期间成为校学生会成员的班组长，可能更容易理解团队合作的重要性。此外，他们可能从小就接触到了有效的沟通和解决冲突的方法，这些都是作为班组长不可或缺的技能。

（2）接受教育水平也是影响班组长素质的一个关键因素。接受较高的教育水平通常意味着拥有更好的理论知识基础，能够更快地理解复杂的管理理论和实践。在高压和技术密集的石油行业，对于班组长而言，接受的教育水平极其重要。因此，企业在招聘或晋升班组长时，通常会考虑候选人的教育背景和专业技术教育情况。

（3）专业技能水平和工作经验是另一个重要因素。较高的专业技能和实践经验可以让班组长在处理日常工作中的突发事件时更加得心应手，经验丰富的班组长通常能够更有效地管理团队，解决技术和人之间的问题。此外，他们也更容易获得团队成员的尊重和信任，这对于维护团队稳定和提升工作效率至关重要。

（4）为了系统培养班组长的素质，企业需要设计具体的培训计划，这些计划应覆盖技能提升、情感智能开发以及领导力强化等方面。技能提升主要关注班组长在专业技术和管理技能上的增长，包括安全管理、质量控制以及效率优化等方面的培训。情感智能的开发则帮助班组长更好地理解和管理自己的情绪，同时识别和影响团队成员的情绪状态。领导力强化则侧重于提升班组长的决策能力、团队激励和冲突解决技能。

综上所述，对班组长素质的提升是一个多方面的需求分析和综合培养的过程。企业需要根据班组长的成长背景、接受教育情况、专业技能水平和工作经验，设计出符合实际需要的培训方案。通过持续的培训和实践，班组长不仅能够提升个人的管理能力，还能有效地推动企业文化的实施和团队的整体表现提升。

3 班组长领导力与情感智能的培养

领导力与情感智能是班组长必备的能力。对于石油企业来说，这两者的培养不仅影响班组长个人的发展，也关系团队的效率和企业文化的传承。系统的培养路径可以从多个维度进行规划和执行，确保班组长能够在面对管理挑战时展现出高效的领导力和良好的情感智能。

（1）领导力的培养可以通过定期的领导力训练营和研讨会来进行。这些训练通常包括决策制定、团队动态管理、危机处理以及如何激励团队成员等内容。通过情景模拟和案例分析，班组长可以学习和实践这些技能，从而在实际工作中更加得心应手。此外，领导力的培养也应包括对伦理和道德决策的教育，确保班组长在面对道德困境时能有正确的判断。

（2）情感智能的培养需要从自我意识、自我管理、社会意识和关系管理四个基本维度出发。企业可以通过工作坊、心理辅导和团队建设活动来强化这方面的能力培养。例如，自我意识的提升可以通过日常的反思日志和心理辅导来实现，帮助班组长识别和理解自己的情绪，以及这些情绪如何影响到他们的行为和决策。自我管理则侧重于教授班组长如何在压力或挑战面前控制自己的情绪，保持冷静和专注。在社会意识方面，班组长需要被培训如何更好地理解和感应他人的情绪。这包括提高对团队成员情绪和非言语行为的敏感性，以及如何有效地进行情绪调节，确保团队的和谐合作。关系管理的培训则应包括冲突解决、沟通技巧和如何建立及维护人际关系的策略。这些技能的提升可以帮助班组长在团队中建立更加稳固和积极的关系。

通过上述多维度的培训和实践，班组长将逐步掌握如何在管理中有效运用领导力和情感智能，从而提升个人的管理效率，增强团队凝聚力，促进企业文化的健康发展。

4 班组长素质培养的成效与挑战

石油企业每年组织的人才培训机会有很多，比如"十佳班组长培训""技术骨干培训""优秀员工培训"等，培训内容涵盖了领导力理论、团队管理技巧、沟通与冲突解决等方面。在培训结束后的调查中，大多数班组长表示，其在领导团队、处理工作冲突和激励团队成员方面的能力有了显著提升。团队成员也对班组长的领导能力和团队凝聚力给予了积极评价。

然而，班组长素质提升过程中也面临一些挑战。首先是时间和资源的限制，在繁忙的工作环境中，班组长往往难以抽出足够的时间参与培训和学习。此外，企业在提供培训资源和支持方面也存在一定的局限性，例如缺乏专业的培训师资，以及单一的培训内容，都可能影响培训效果。

另一个挑战是培训成果的持续性和转化。即使班组长通过培训获得了提升，但如何将这些理论知识转化为实际行动，并在日常工作中持续应用，仍然是一个值得关注的问题。在快节奏的工作环境中，班组长往往容易回到熟悉的操作模式，而忽视培训中学到的新技能和理念。

针对这些挑战，石油企业可以采取一系列措施来加强班组长素质培养的效果。首先是增加培训资源的投入，包括招聘专业的培训师资及提供优质的培训设施。其次是注重培训内容的多样性和实用性，结合具体的案例和实践操作，帮助班组长更好地理解和应用所学知识。此外，企业还可以建立持续的反馈机制和跟踪制度，及时评估培训效果，并提供持续的支持和指导，确保班组长的成长和发展得到有效的支持和引导。

5 结语

班组长在石油企业中的角色至关重要，其领导力与情感智能的提升对于团队效能与企业文化的塑造具有深远意义。尽管面临挑战，但通过系统的培训与实践，班组长的素质可以得以提升。企业应不断加强培训资源投入，注重培训内容的实用性，建立持续的反馈机制，以确保班组长的成长与发展。班组长的成长推动班组文化在传承中发展、在发展中创新，以文化力提升执行力、竞争力，为企业高质量发展站排头提供强大动力。

参考文献

[1] 王明.石油企业班组文化建设研究[J].中国石油勘探，2020，25（2）：127-130.

[2] 张强，李华.组织文化对石油企业发展的影响分析[J].油气田地面工程，2019，38（4）：45-50.

[3] 李娟.班组长素质培养路径探究及实践[J].中国石油化工，2021，48（6）：98-102.

[4] 王磊，刘亮.石油企业班组长素质提升策略研究[J].油田工程，2018，37（3）：67-72.

[5] 赵丽，陈明.石油企业组织文化塑造下的班组长素质提升策略[J].油田化学，2022，41（1）：33-38.

（作者：秦文其，广西石化PMT3，聚苯乙烯装置操作工，高级技师；陈克栋，广西石化PMT3，聚苯乙烯装置操作工，技师）

强化危险作业监护人作用的实践探索

◆ 赵慧敏 戴福庆 刘伟 沈硕 何伟

GB 30871—2022《危险化学品企业特殊作业安全规范》中明确指出，在作业期间应设监护人。监护人应由具有生产（作业）实践经验的人员担任，并经专项培训考试合格，佩戴明显标识，持培训合格证上岗。因此，在特殊作业过程中必须设置监护人，监护人检查现场作业条件是否满足，纠正作业人的违章行为，检查作业人员防护装备是否满足防护需要等。实际工作中如何有效发挥监护人的作用，最大限度减少事故发生是各个企业探索的问题。

1 监护人监护过程存在的问题

1.1 监护人风险识别能力不足

在危化品企业现场作业过程中，作业人员面临的危险因素较多，主要来自作业环境、作业人员违章作业、作业场所特种设备的伤害等，需要监护人员掌握较为熟练的专业知识，才能在监护过程中识别潜在的环境风险，纠正作业人员的违章行为。但是，由于监护人员缺乏专业的系统培训，导致识别风险能力不足，不能及时发现作业人员的违章行为，进而纠正违章行为。

1.2 监护人缺乏交流沟通技能

在监护过程中，作业人员往往与监护人并不熟识，相互较为陌生，且由于监护人处于监督位置，往往引起作业人员的反感与不理解，无法取得作业人的信任。在监护过程当中，监护人对作业人员生硬提醒和大声呵斥是不可取的，这容易引起作业人员的抵触心理，激化监护人与作业人员之间的矛盾，导致作业不能顺利完成。

1.3 监护人责任心不强

目前各个危化品企业监护人基本以属地操作人员为主，各个企业对操作人员管理更注重生产操作技能，对于操作过程的考核管理制度较多，针对监护人考核制度往往不够具体明确。其次，特殊作业过程容易发生安全事故，监护人在监护特殊作业过程肩负较大的安全责任。而每次监护人的选择也具有很大的随机性，以上因素导致操作人员往往不愿意充当监护人员，部分人员在充当监护人期间出现了责任心不强、工作不够认真、不能有效发挥监护人作用的现象。

1.4 监护人不能提前预知作业

由于危化品企业基层人员大多采用倒班模式，有四班三倒以及五班三倒等上班模式，申报作业、落实安全措施、制定作业方案等环节往往在作业前一天进行，当天当班人员并不参与，只能在上岗当日匆忙参与作业前的各项活动，导致当班人员上岗前不清楚部门安排的特殊作业项目和内容，也不知道应当落实哪些安全措施。监护人上岗前对当日作业内容处于懵懂状态，不清楚当天作业项目及内容，因此在实施安全交底、检查作业票签发、安全措施落实等环节容易出现纰漏。

1.5 监护人缺少考核手段

监护人对违章作业人员进行劝导时基本会出现三种现象。第一种为作业人及时纠正了自己的违章行为，听取监护人的意见。第二种为作业人听取监护人的意见，但是相似违章行为屡劝屡犯。第三种为作业人根本不听取监护人意见，认为监护人意见纯属多余，况且监护人往往没有处罚权，震慑作用有限，对于严重不听劝阻的违章只能叫停作业，手段较为单一。对作业人员没有全面的考核手段，也是造成监护人职责难以落实的原因之一。

2 采取的措施

2.1 提升监护人安全技能

2.1.1 落实监护人培训制度

（1）目前大多数公司采取人员集中培训的方式，学员考试合格后发放监护人证件。公司级培训材料范围比较广，主要有危化品企业相关的危险作业管理规定文件，本企业所涉及的危化品危害性以及防护措施，监护人在监护过程中的职责，并结合各种事故案例教育学员，这种培训授课内容较多，而授课时间相对较短，具有面广但不深入的特点。

（2）在通过公司级培训后，应当举行部门级监护人培训，培训内容主要针对本部门所涉及到的危化品知识详细讲解，培训内容应当包括危化品的种类与数量，具体的危害性，遇到突发状况如何采取防护措施。其次，总结本部门的作业特点，频繁进行的特殊作业重点讲解，特殊作业开始前的准备工作，在开具作业票的过程应当重点注意的事项，每个作业单位的工作特点，容易出现违章的方面，作业过程中遇到违章行为如何进行纠正等。部门级培训内容具有针对性强，应用频繁，重在应用等特点，应当常态化推进定期培训制度。

2.1.2 鼓励操作人员考取注册安全工程师

危化品企业所面临的各种危险因素较多，生产过程复杂，这导致日常作业危险性大，国家针对危化品企业制定有相对应的管理办法以及管理规定，学习材料包括安全生产法律法规、安全生产技术基础、安全生产管理方法、安全生产专业实务，学习内容囊括了危化品企业所涉及的较为全面的安全生产知识，通过系统学习能够使操作人员全面掌握安全生产方面的法律法规，了解各种危险作业的特点，深刻认识到自己所从事工作的危险性以及接触到危化品的危害性，掌握各种危化品的防护措施。现场监护人员运用所学到的安全生产技术知识，有利于全面识别危险因素，提出安全措施，制止各种违章作业，对危险作业过程进行全面指导和监护，这样能够充分发挥监护人的作用，保障作业安全、顺利完成任务。但由于学习内容广泛，难度较大，不适合强制推广，应当鼓励操作人员根据自己的实际情况自主考取证书。

2.2 推进监护人沟通技能培训

安全观察与沟通是人员在装置现场发现问题、解决问题的一项技能，它从观察、表扬、讨论、沟通、启发、感谢6个过程来进行，并且从正面和负面以互动方式进行沟通交流。它从人员的反应、个人防护装备、人员的位置和姿势、工具和设备、作业程序与工作环境6个方面观察人员、环境、设备对人的影响，在工作中有意识地关注人员作业行为、作业环境、设备设施，首先以鼓励的态度肯定被观察人员的安全行为，以诚恳的态度阻止被观察人员的不安全状态及行为，并对可能导致事故的物的不安全状态及作业环境条件提出改进建议，启发被观察对象认识到自己的不安全行为，接受改进建议，最后对接受改进建议的人员表示感谢[1]。采用此种沟通过程，能够让作业人感受到充分的尊重，理解监护人的最终目的，使作业人能够快速接受监护人的建议，有效增进作业人与监护人工作关系，促进现场作业安全、工作顺利进行。

2.3 提升监护人荣誉感

在部门内部可以设立监护人分级制度，将监护人设为初、中、高三级。每年根据监护人在监护过程中的实际表现，结合年底的安全技能考试成绩对操作人员进行等级评定。授予表现良好人员高级监护等级，对表现一般的授予初级监护等级。对于危险性大、作业面广、施工难度复杂的作业选用高等级监护人进行监护，危险性较小、作业内容简单、施工面小的作业选用较低等级监护人进行监护。每年对等级进行动态调整，实行监护人分级制度一方面能够优化班组用人，另一方面有利于作业安全，提升监护人责任心。

其次，建立每个人的监护档案，定期进行分析讨论评比，对于表现良好的给予表扬及物质奖励，对表现不好的进行批评教育，表现较差的可以取消监护人资格，重新进行监护人培训，合格后发放监护人资格证书。因其监护人的重大责任以及巨大作用，在年底的评优选先过程中应当考虑表现良好人员，使监护人员的付出得到回报，提升他们的责任心、荣誉感。

2.4 完善部门工作流程

2.4.1 实施监护人确认卡

由于作业监护人在作业前需要坚持确认的项目较多，需要检查安全措施是否落实到位，作业票填写是否合规，作业人防护装备是否合格有效等，在具体监护过程中可能会有遗漏项，发生检查不到位的情况，给作业带来安全隐患。因此在落实监护人制度过程中，某些单位实行监护人确认卡制度，如表1所示，安全管理人员对每项特殊作业可能涉及的危险因素进行分析，每项危险因素逐条解读陈述，列举出危险因素应当采取的安全措施，作业票是否准确有效签发等需要检查确认的项目，监护人逐条对照检查，对于发现的不符合项目督促作业单位进行整改，同时对发现的问题进行记录，直到全部作业项目满足要求后允许作业。

监护人确认卡是作业开始前监护人用于核查作业现场的汇总表，其次也是记录作业过程发现问题的汇总表，能够真实记录作业从开始到结束的作业过程，能够发挥提前预知危险因素，消除隐患的作用。

2.4.2 提前预知监护人

特殊作业安排应当考虑当班班组的人员结构，提前与当班班长沟通，确定当班人员结构及人数，假如当班班组人数较少无法满足多个特殊作业同时进行，则需要提前调配上班人员或者对作业时间节点、作业面进行合理安排。另一方面

表 1 监护人检查表

\	\	受限空间作业监护人检查表		
作业单位				作业时间
作业内容				监护人
检查确认内容				
	检查项目	检查内容	符合	不符合
	气体检测	1. 作业前30min内，应对受限空间进行气体采样分析，分析合格后方可进入，超过30min仍未开始作业的，应当重新进行检测		
		2. 取样点应包括空间顶端、中部和底部。取样时应停止任何气体吹扫。测试次序应是氧含量、易燃易爆气体、有毒有害气体。监测点应有代表性，容积较大的受限空间，应对上、中、下各部位进行监测分析		
		3. 取样和检测应由培训合格的人员进行；必须使用国家现行有效的分析方法及检测仪器；检测仪器应在校验有效期内，每次使用前后应检查		
		4. 受限空间作业时，作业现场应当配置移动式气体检测报警仪，连续检测受限空间内氧气、可燃气体及有毒有害气体浓度，并2h记录1次检测数值		
		5. 对可能释放有害物质的受限空间，应连续监测		
		6. 涂刷具有挥发性溶剂的涂料时，应做连续分析，并采取强制通风措施		
		7. 取样长杆插入深度原则上：在一般容器取样插入深度为1m以上；在较大容器中取样插入深度3m以上；在各种气柜、储油罐、球罐中取样插入深度4m以上		
		8. 氧气含量为19.5%～21%（体积分数），在富氧环境下不应大于23.5%（体积分数）		
		9. 对于盛装（过）易燃易爆或有毒有害物质的受限空间，首次分析必须采用色谱法进行分析		
		10. 在气体检测合格之前，严禁任何人员将头伸入氮气吹扫过的容器内		
	资质确认	监护人员自身已接受专门培训，并获得相应监护证书		
	票证检查	1. 检查能量隔离清单		
		2. 检查JSA分析表		
		3. 检查受限空间作业许可证		
		4. 检查气体分析单（氧气、可燃气、有毒有害气体）		
		5. 检查作业许可证		
		6. 票证第三联是否清晰		
		7. 票证不允许涂改、代签		
		8. 涉及其他特殊作业的，应办理相关作业许可证		
		9. 确认票证已摆放到现场		
		10. 进入受限空间作业的人员及其携入的工具、材料登记表		

特殊作业各项工作完成部署后，管理人员可利用各种交流工具提前与班长沟通。班长可以根据作业复杂程度以及危险系数确定监护人，危险系数较高的特殊作业可以安排责任心强、技能熟练的员工进行监护，作业面广的特殊作业安排多人进行监护，并且告知班员当天作业内容以及需要检查落实的安全措施，甚至可以详细到作业单位、特殊作业等级、具体作业步骤、作业工具、涉及的特种设备等，这样监护人员对当日的监护内容能够提前熟悉，有利于快速进入工作状态，在

JSA分析、安全交底、作业监护等环节发挥更好的作用，做到有的放矢、有条不紊地完成监护任务。

2.5 赋予监护人考核权限

针对作业人态度恶劣且不服从监护人提出整改意见的行为应当给予一定惩罚，因此可以考虑给予监护人一定考核权利，监护人可以根据作业人在本次作业中的综合表现给予评定，对于态度恶劣拒不配合工作的申请给予一定的惩罚，对于违章次数较多、整改敷衍的给予批评，通报所在单位。监护人对安全措施落实严密到位、整改彻底、密切配合的作业人员可以给予一定的奖励申请和表扬。总之应当把作业人员在作业过程中的客观表现真实地反映出来，同时采取的考核措施能够起到积极的引导作用，督促作业单位、作业人员积极主动的提高作业质量，提升作业安全系数。

2.6 监护人职业化

有些部门推行监护人岗位制度，将监护人职业化。监护人每天的工作内容就是监护各种特殊作业，每天上班前掌握当日进行的特殊作业，了解应当采取的安全措施，上岗后及时确认检查采取的各项安全措施，有遗漏项及时补充。对违章现象以及人员进行统计，对违章突出单位和个人给予安全教育。由于监护人每天都在从事特殊作业监护工作，接触频次高，因此，有利于熟练掌握特殊作业专业知识，能够全面识别危险因素，提出有针对性的防护措施，并及时发现违章现象，提出纠正措施，最大限度保障各项作业顺利完成。但此项制度适合每日作业项目较多的部门，作业项目较少的部门容易出现人力资源浪费情况。

3 结论

属地单位监护人代表了属地单位，是属地单位全程监护作业过程的属地直接责任人，认真负责的监护人能够很大程度上避免特殊作业过程中事故事件的发生，在管理过程中通过不断探索新办法、新制度、新思路提升监护人的安全意识与技能可以进一步减少事故事件的发生，通过赋予监护人一定的考核权限也能够起到积极的作用。因此在作业过程中强化监护人的作用，落实监护人职责，是减少事故事件发生的有效手段。

参考文献

陈明.浅析安全观察与沟通和安全监督在石油化工企业的有效运用[J].化工安全与环境，2022，（27）：5-10.

（作者：赵慧敏，广西石化炼油二部，汽煤柴加氢操作工，高级技师；戴福庆，广西石化炼油二部，安全工程师；刘伟，广西石化炼油二部，汽煤柴加氢操作工，高级技师；沈硕，广西石化炼油二部，催化裂化装置操作工，高级技师；何伟，广西石化炼油二部，连续重整装置操作工，高级技师）

浅谈运行班组的建设和管理

◆ 张兴茂 戴福庆 何 伟 赵刚刚 于永旺

班组是一个企业最基层的组织，企业的各项任务最终都要通过班组去开展落实并完成，班组的工作能力直接关系整个企业的发展质量。

广西石化始终以"保证安全生产，培养复合人才，确保工作质量，打造品牌班组"作为班组建设的目标，以"点燃激情，放飞梦想，激扬奋斗，挥洒人生"作为班组文化的核心，以"培养懂技术善管理的人才"为己任，时刻牢记"做更安全的事情，做更优秀的我们"，同时与"细节决定成败，思路决定出路"的工作理念相结合。在班组建设过程中，大家团结一心，在巩固优良传统的基础上，开拓创新，多措并举，打造出具有特色的品牌班组。

1 加强政治理论学习，发挥党员先进性

深入学习贯彻习近平新时代中国特色社会主义思想和党的二十大精神。认真贯彻落实"转观念，勇担当，新征程，创一流"主题教育活动学习计划，组织党小组成员学习相关文件精神。将重要设备包机、急难险重任务与党员创先争优活动结合，号召党小组成员发扬"严细实"的工作作风，在设备管理和维护上主动靠前，为有效提升现场设备管理水平，确保转动设备长周期安全稳定运行，发挥党员的先锋模范作用。

2 强化执行能力，保证工作质量

积极落实各级管理制度，强化三大纪律执行。在工艺调整、设备启停等工作中，严格按照操作规程操作，重点步骤执行双人确认。突出班组工作闭环管理，做到有指示、有执行、有反馈、有总结。通过建立工作内容清单、人员轮换等方式，合理分配工作内容与工作时间，保证巡检和各项定期检查的工作质量，成立安全管理小组、质量管理小组、生活管理小组等班组领导小组。为了发挥每一名员工的作用，更好地落实责任制，层层签订责任状，进一步明确每个岗位所承担的责任与应尽义务，打造一支"抓安全、重质量、讲时效"的新型企业班组。

依据公司现行 QHSE 管理体系要求，完善现

场管理基础资料，将现场的各类资料划分为管理职责、文件控制、能力与培训、危害辨识与风险控制、设备设施、作业控制、应急管理等项目，并将每一项目内容细分，建立记录管理明细表，明确岗位负责人，方便现场资料管理与责任划分；定期开展班会，在开班会前，各岗位人员按照属地管理和巡检路线进行岗前检查，在班会上按照工作任务布置、巡检问题汇报、施工注意事项和风险识别的内容，布置下轮班的工作任务和重点，做到各岗位心中有数，保证工作安全顺利开展；对于危险系数较大的作业，班组人员还要一起讨论施工各个步骤的风险，进行工作前安全分析，识别出需要控制的风险，强化员工安全施工的意识。班组人员的安全意识明显提高，从根源上杜绝了"三违"现象，保持班组长周期安全生产纪录，保证不发生质量、安全、环保、设备和人身伤害事故。

班组在每月的质量会议分析中，对上个月的生产进行总结和分析，找出生产中存在的问题，并对下个月进行计划和布置。建立分析制度，推动班组的质量工作逐步完善，对质量问题及质量过程管理中出现的问题及时分析，找出其原因，并制定解决方案。

3　强化班组教育，提高岗位技能

严格落实公司质量培训计划，开展职工质量教学。通过"质量月"活动宣传引导，牢固树立质量意识和服务意识，为班组在现场工作质量添一份保障。

在班组内营造学习气氛，开展基层自我培训。按照计划实施培训项目，要求员工自觉学习理论知识、工作技能，以提高自身综合素质和业务水平。在公司开展的技术比武活动中，班组成员积极参加，在活动中锻炼成长，技术水平得以提高。在班组培训工作中，讲求实效，形式较以前更具多样化和实际性，同时注重全面质量管理的学习和培训，从各个方面提高班组成员的综合素质，做到由经验型向科学型转变。以技术问答、提问讲解、实际操作等为主要方式和内容，要求被培训人员认真做好学习笔记，充分发挥每一个人的积极性、创造性。员工的主人翁意识得到体现，工作积极性得到提高，有效地保证了工作质量，提高了班组的生产效率。

4　绩效考评推进，促进和谐竞争

为了营造"比、学、赶、帮、超"的竞争氛围，随着公司绩效管理工作的推进，班组员工共同制定绩效考核标准，明确班组考核制度，及时追溯，做到奖惩分明，不留糊涂账。把生产任务、安全要求、劳动纪律等各项考核内容细化到每个职工的生产工作上，规范作业人员现场的工作行为，细化班组人员的责任分工，量化班组的日常工作目标，制定班组工作实施计划。按承担责任与工作量获得绩效，实现多劳多得。实施班务公开，公开绩效考核打分和评先评优，并定期在班组内部公布。绩效考评过程的透明化让大家既体会到了班组管理的人性化，又确保了激励制度的严肃性。

5　创新培训形式，打造学习型班组

人是决定工作质量的关键因素，工作质量是作业人员的业务素质、理论知识以及工作态度的综合反映。持续长效地保持一支业务精、能力强、拉得出、顶得上的一流学习型班组，是创新培训工作的目标。

5.1 多种形式进行员工行为规范教育

班组要因地制宜地建立一套完整的培训机制，确保每名职工在工作前都明确自己行为规范的重要性，坚持工作质量第一所产生的安全性和长远性，避免盲目追求数量所导致的重复劳动、耽误工期等种种恶果，最终牢固树立安全质量第一的工作理念。

5.2 开展"人人当老师，课堂搬现场"活动

转变培训观念，坚持缺什么补什么，以工作随手记、技术总结为落脚点，将日常工作中的管理要求、操作技术、安全提示等记录在案，定期回顾总结，提高分析、解决问题的能力。大力加强人员业务技能交流和计算机应用水平培训，加强班组日常工作、资料和设备台账的信息化管理，实现全班业务上人人都是负责人。

5.3 落实安全管理制度，提高应急处置能力

以安全型班组建设为抓手，定期组织开展安全学习、应急演练等活动。强化一分钟应急能力，全员参与应急操作卡编制，针对易出现的事故事件，加强预案学习，并通过桌面推演、事后复盘等方式，切实加强应急处置能力。提升班组危险作业管理水平，强化监护人职责，倡导班长、副班长带头确认作业条件，参与工作前安全分析，开展作业巡查。

6 总结

班组建设和管理工作是企业适应"现代化管理，健康发展"的重要组成部分，班组建设和管理工作的好坏也成为一个企业是否成熟的标志，是保证企业安全生产并取得较高经济效益的重要环节。

(作者：张兴茂，广西石化炼油二部，催化重整装置操作工，高级技师；戴福庆，广西石化炼油二部，安全工程师；何伟，广西石化炼油二部，催化重整装置操作工，技师；赵刚刚，广西石化炼油二部，催化重整装置操作工，高级技师；于永旺，广西石化炼油二部，催化重整装置操作工，高级技师）

以五型为抓手 助推企业发展

◆ 张海涛 毛东辉 苏华康 刘冠层

随着市场经济的发展，生产企业为了完善组织建设，加强员工队伍发展以及保障企业安全平稳运行，不断加强安全型、学习型、节约型、清洁型、和谐型班组建设的管理，通过五型为抓手提升企业的核心竞争力。

1 充分认识开展"五型班组"建设的重要意义

班组是企业最基本的组织，是一切工作和管理的落脚点，加强班组建设是公司一项长期的战略举措，是加强基层建设的重要内容和关键环节。以"苦干实干""三老四严"为核心的石油精神为优良传统，坚持固本强基、求真务实，强化班组执行力为重点，以提高员工综合素质为核心，不断增强队伍的凝聚力和战斗力，按照企业精益管理的要求进一步提升班组的整体素质，为打造国际一流石化企业奠定坚实基础。

2 强化措施精心组织"五型班组"建设，促进企业健康平稳发展

2.1 固化安全意识，坚持底线思维

安全是企业生命线，而班组安全工作更是企业安全的基石，班组加强安全管理工作持续推进，强化安全建设为导向，认真落实建立岗位责任制，严守安全规定，厉行规程标准，不断强化培养安全行为习惯，提升全员安全意识，有效防范不安全行为及事件。班组每位成员都成为管理者，各项管理工作由专人负责，大家合理分工，明确职责，全员参与。班组每月开展一次应急演练，提升员工应急处理能力和技能水平。

安全管控，没有最好，只有更好。每年年初班组认真总结以往安全工作方面的优势与不足，强化属地管理、监护人职责培训，班组严格把控现场准入制度，形成良好的闭环管理。同时对现场作业进行风险识别，强化风险管控，让"我的属地我负责，你的安全我有责"的理念深入人

心。每周组织班组成员认真学习公司安全监督周报，举一反三，消除隐患，加强班组成员安全意识，在工作中主动查找装置隐患，做到及时发现、及时登记、及时跟踪处理。学习分析工作中存在的问题，找到消除安全风险的途径与措施，为装置的安全生产保驾护航，真正做到零污染、零事故。

2.2 强化培训意识，提升技能水平

班组以素质提升为导向，开展岗位练兵、技术比武、师带徒等活动，持续推进带班制度，提升班组素质。近两年新入职青年员工较多，安全意识不够、技能水平不高，班长、老职工与新人进行多种形式的沟通，在工作中予以多对一的帮助，有针对性地对新员工进行技能传授，指定技师以上骨干作为师傅，签订师徒协议。开展理论知识、技能操作培训，并结合装置实际工作，积极引导新人利用装置停工检修、现场作业等机会巩固提升自己的技术和技能水平，做到边学习边思考，边学习边计划，把所学习的知识和实操相结合，学以致用，加速成才。逐渐形成自我发现问题并解决问题的能力，以提高班组整体技能水平。

2.3 深化成本意识，促进提质增效

自开展"转观念、勇担当、强管理、创一流"主题教育以来，部门积极组织学习提质增效方案，以大平稳即大效益为经营理念，认真落实公司提质增效任务，制定装置提质增效责任清单及措施方案，增效近1300万元。班组结合部门规章制度，奖惩分明，将日常工作细化成考核项目，科学健全班组标准化建设绩效考评机制，充分调动班组成员的工作积极性，不断提高班组管理水平，深化效益意识促增效。班组始终坚持"精打细算、厉行节约"原则，围绕提质增效工作，大力弘扬工匠精神、劳动精神，挖掘员工创新潜能，释放员工创新能量，充分发挥技术创新的引领作用。

2.4 强化责任意识，落实清洁管理

班组紧紧把握岗位责任制、全员包机包区制，明晰责任义务，牢树主人翁意识。班组全员积极践行"人人参与清洁，时时都在清洁，处处体现清洁"的理念，做好清洁生产，建设绿色班组。牢记清洁型班组"整理、整顿、清洁、清扫、素质"的宗旨，做好"岗位清洁、设备清洁、环境清洁"。班前班后党员带头检查现场，确保现场无卫生死角，每月定期对属地区域开展清洁大扫除，清理垃圾、杂草、落地料等杂物；全面落实包机包区制度，对属地内的机泵进行维护保养，确保所属责任泵无不合格项，泵体润滑保养达标；做好属地区域灭火器检查、隐患排查、低老坏排查等，检查发现问题纳入《装置问题缺陷台账》管理，形成岗位有职责、作业有程序、操作有标准、过程有记录、绩效有考核、改进有保障的制度体系。

2.5 优化团队意识，促进和谐发展

以文化创和谐，努力把班组建设成员工爱岗敬业、团结互助的"温馨小家"。一是班组坚持民主管理制度，重大决策集体商讨，每位员工在工作中严格执行各项规章制度，班组做到赏罚分明，员工信服。二是班组成员之间做好协调工作，做到安全、学习、节约、清洁、和谐全面协调发展。每位员工在工作中相互帮助，相互体谅，重视班组集体利益，加强班组团队合作精神，团队中形成敬业爱岗、乐于奉献的良好氛围。三是坚持定期开展班组工作会，了解员工工作情况，让员工及时了解并学习上级下达的各项精神。对于工作积极、表现良好的职工及时予以

奖励，使职工之间相互激励、相互促进。落实不到位的员工通过交流了解情况，给予帮扶、指导，对存在不良倾向的应及时教育疏导，让每一位成员都有归属感、集体荣誉感，增强班组凝聚力和战斗力。

2.6 明确五型责任分工强化考核力度

相关部门围绕五型班组建设目标，各司其职，尽职尽责，齐抓共管。党委组织部、安全环保处、机动设备处、财务处、企业文化处分别负责各型创建的组织、指导和考核验收工作，各生产部门成立相应的五型班组小组，负责督促检查工作；各基层党支部、区域技术人员具体负责组织实施各班组开展五型班组创建日常活动，班组长作为班组负责人，要切实履行责任，认真组织班组员工全面贯彻落实五型班组各项标准、要求。公司每半年统一组织对各生产部门班组的达标情况进行统一检查验收，做出考核评价，五个创建工作牵头部门按职责分工分别检查、考核评分。公司每半年召开一次分析讲评会，部署阶段达标任务，并且，每年召开一次五型班组建设工作会议，总结和部署五型班组创建达标活动，推广达标工作先进经验，树立、表彰先进典型。

近年来公司大力弘扬劳模精神、工匠精神，充分发挥劳模先进示范引领作用，激励广大职工积极参与创新创效活动。公司人事处紧密围绕人才发展战略创建了一批注重精神传承、团队高效合作、创新业绩突出的劳模和技师工作室，目前广西石化共创建工作室11个，推动了劳模工作室、工匠工作室发挥表率和带头引领作用，充分发挥劳模和工匠精神，团结广大职工立足岗位，成为破解难题的"高地"，攻坚克难为公司创新创效、转型升级高质量发展贡献了力量。

3 结束语

班组处在生产经营活动最前沿，是企业内在需要，五型班组建设是企业安全生产的本质要求，是夯实企业发展的有效途径。公司的高质量发展，需要每一个人勇担当、善作为。在新的一年将认真落实公司两会精神，勇担责任使命，全面落实公司战略举措，为坚持精益管理，保持装置平稳生产，守住安全环保底线，深化提质增效和改革创新，推进"五型"班组建设，为持续推进公司高质量发展站排头作贡献。

（作者：张海涛，广西石化生产四部，聚丙烯装置操作工，高级技师；毛东辉，广西石化生产四部，聚丙烯装置操作工，高级技师；苏华康，广西石化PMT1，聚丙烯装置操作工，中级工；刘冠层，广西石化生产四部，聚丙烯装置操作工，高级技师）

量化管理、规范作业
助力班组高质量发展

◆ 王彦新　祁凯华　杨灵纯　刘闯　刘刚

班组是企业一切工作的立足点，不管是班组长还是班组成员都是班组的参与者、责任承担者、问题的发现者和经验传承者，班组成员的技能水平直接影响管理效率、产品质量合格率、装置的长周期运行。伴随着装置设备周期生命的延长、DCS操作系统的智能化，员工的应急能力逐渐弱化。所以"量化管理、规范作业"，不仅能使"抽象知识"标准化，也能使工作标准提高。

1 班组管理问题

（1）工作不量化，提高产品质量仅仅靠经验，工作中阀门调整存在"开关一点点"的问题。

（2）没有将每项工作流程化，没有分析每项工作的有效时间、无效时间，员工责任心不强，造成资源的浪费，工作效率不高。

（3）班组安全意识淡薄，监护人职责履行不到位。涉及危险作业时，施工方违章事件频发。作业票流程不完善，开票时间过长。

（4）员工应急能力差，一遇到问题就找老员工，技能不扎实，过于依赖老员工。

（5）员工对绩效考核理解不到位，未能做到责任共担，不能实现精益化操作。

2 班组管理提升措施与实施

2.1 流程模拟系统与工作法结合，提高工作质量

2.1.1 运用Aspen Hysys流程模拟，助力"精准化"操作

采用"管理技术人员＋班组＋党小组"模式，通过专题研讨、实验模拟等活动运用Aspen Hysys流程模拟建立装置模型，将原料性质、催化剂作为装置模型主攻的方向。员工可以根据目前的进料性质、催化剂活性、操作温度、操作压力、操作液位等探索多产汽油或者柴油的最佳操作条件。运用流程模拟软件绘制参数变化曲线，员工可以根据曲线变化图精准调整操作。

2.1.2 建立个人工作法，做到有"法"可依

个人工作法由案例的背景、具体的操作方法（操作步骤要量化几步完成，并且要绘制相关参

数的曲线图)、此方法实施的意义三个部分组成。工作法由工作法提出人线上讲解，由全体员工对此工作法进行不记名网络打分。满分100分，90分为合格，只有合格的工作法才会被收录到个人工作法案例集。每年对个人工作法进行评比，优秀工作法将参加企业的五小成果或者十佳攻坚项目评比。

2.2 工作流程化，助力提质增效

2.2.1 工作流程化，提高工作效率

将工作流程化，编写流程说明文件，文件要突出三点：谁做、怎么做以及做好的标准。做到只要流程在，任何人都能完成作业。本班组编制了换热器、机泵、阀门交付检修流程图和50张关键设备能量隔离图，保证工作高质量完成，让员工在工作中有"法"可依。

2.2.2 剖析工作过程，量化工作时间

在之前的吹扫隔离工作中，由于工作流程没有优化，工作效率得不到提高，不仅影响设备的检修进度，也造成吹扫介质的浪费。为此总结了一套"能量隔离吹扫四步耗时法"，将一项工作分为ABCD四部分：A为接到生产指令，到现场核对目标设备时间；B为开关阀门吹扫设备时间；C为挂能量锁签时间；D为管理+安全+监护检查吹扫质量时间。其中B部分为优化时间节点和吹扫介质(采用间断吹扫法)的关键。工作结束后复盘工作过程，优化时间节点。

2.3 改进新方法，提高安全管理能力

2.3.1 两卡结合，强职责降违章

两卡即监护人职责卡和施工作业打分卡。监护人员监护时佩戴监护人职责卡，提前熟悉监护人职责，监护人比对监护卡，做好作业票核对、安全措施落实、应急疏散等各项工作。施工作业打分卡即将"八大"特殊作业的安全注意事项、安全措施落实、人员违章等内容制成卡片。根据现场作业内容，监护人持有相关作业打分卡实施监护，对违章行为及时纠正。出现人员违章时，由违章人员签字，交由部门和施工单位处理。作业人员最终在施工作业打分卡上对监护人整个监护过程进行评分。通过两卡结合大大提高作业质量，降低了装置的违章率。

2.3.2 电子作业票，信息实时更新

在移动端进行作业许可填报，录入作业任务(任务名称、作业前安全分析、作业区域、作业单位、作业日期等)和作业票信息(作业类型、风险公示、作业等级、附件材料)。一切信息确认无误，点击"上报"，电子作业票生成。电子作业票还能够查询作业详情，实时记录开票全过程，并且将不具有监护资格和作业资格的人"拒之门外"。

2.4 多方面参与，提高员工技能

生产一线的工作需要员工具备应对突发情况处理的能力。各岗位之间相互影响，为了打破思维局限性，提高员工技能水平可采用以下方法：

(1) 编写应急预案，即"分析问题→制定方案→行动→分析不足→完善方案"的方法，培养员工观察能力、总结能力、应用能力、发现能力和思辨能力等。

(2) 全过程观察员工工作过程中优缺点，通过员工的反应、个人防护装备、规程、员工的位置、工具与设备、人体工效学和环境整洁七个方面来观察。然后再完善工作方案，提高工作技能。

(3) 让员工通过一线创新平台参与一线创新难题攻关，通过平台可以查询到同类装置、同类设备遇到过的难题以及解决方法，再结合本装置提出解决方案，提高技能。

（4）利用"微课堂"活动，员工将自己所学到的知识做成培训课件并讲解，请其他同事在旁边评判，看他人如何剖析课件内容。同事也可以通过这一方法发现自己的不足并及时学习对方的优点，同步提高员工的学习积极性。

（5）参加应急演练。事前不告诉大家会发生什么事故，随机提供事故，考验各岗位之间的配合，应急过程中出现问题，可以提高大家的应急能力。观看应急演练案例视频，通过大家来找茬的方式，发现问题，提升自我。

（6）积极参与装置大检修。员工参与大检修，列出五大清单，包括系统的吹扫时间节点清单、管线吹扫点清单、阀门与螺栓拆卸清单、排污点清单以及盲板调向清单。

2.5 三级指标两级考核，助力精益化管理

2.5.1 "三级指标分解"，实现人人肩上有指标

（1）转化财务预算指标为实物指标，实现一级转化。比如：催化裂化装置也将财务预算指标分解为三级消耗等5项实物指标，部门共分解一级指标32项。

（2）进一步把实物指标转化为操作指标，实现二次转化。催化装置把每吨燃料气消耗不大于14元转化为排烟温度、烟气氧含量等控制指标7项，电耗指标转化为空冷冷后温度等4项指标，部门其他转化控制指标共计62项。

（3）控制指标转化为班组员工KPI指标，实现三级转化。通过绩效管理系统，把62项控制指标按照班组岗位分工，"捆绑"到部门4个班组、60名员工，实现人人肩上有指标。

2.5.2 "两级考核"体系，形成闭环管理

为进一步保障指标落地，部门在班组层面开展了"双维度班组对标"和"月度劳动竞赛"活动，确保班组指标落实落地。"双维度班组对标"为班组每班次开展装置能耗、物耗、平稳率等统计，每两个班次开展一次班组间横向KPI指标对标，本班两个轮班纵向指标对标，查漏补缺，每月度开展一次班组KPI指标分析总结，巩固优势、提升短板，KPI指标实现班统计、周分析、月总结，打通对标工作最后一公里；此外，强化"月度劳动竞赛"管理。基于绩效管理系统开展平稳率监控、加热炉运行管理、预警管理等专项劳动竞赛，对班组指标落实情况进行跟踪评比，形成PDCA闭环管理。

3 成果

（1）通过装置模拟系统，员工遇到生产方案调整，可以依靠"先进技术＋经验"模式，使得指令量化，产品质量可期。

（2）个人工作法的设立，不仅使得良好的经验得到总结，也为新入职的员工提供了实战版教科书。个人工作法在公司党员十佳攻关项目和团委五小成果评比中多次获得一等奖。

（3）工作流程化，员工有"法"可依，每项工作都井然有序地开展，大大提高工作效率。工作流程化做到人在流程在，标准化地完成工作。

（4）量化工作时间、间断吹扫设备，可以做到轻油设备2h交付检修，重油设备4h交付检修。较之前的吹扫方式节约吹扫介质1/3，吹扫时间缩短1/3。采用"管理＋安全＋操作员"检查能量隔离，做到三方互补，风险共担。

（5）监护人职责卡和施工作业打分卡结合以后，施工作业违章率下降60%，班组连续三年获得公司标杆五型班组称号。

（6）作业票电子化实现作业票生成、审批、

执行、监管、终结、统计等各环节的标准化、流程化闭环；电子作业票依据不同的作业等级授权相应的开票人员，每人的确认内容、开票时间、审核节点等都能显示，且可以随时上线调阅；提高效率，开票人员熟练掌握操作流程后，可以节省开票时间，以往纸质票需要 2h，现在整套流程下来仅需要 10min；电子作业票可以有效避免误开票误作业，一个流程错误就"走不下去"，最终实现作业票的智能管理。

（7）通过员工多方面参与部门工作，员工技能水平有了很大提升。在事故应急、大检修的工作中作用突出，能够独当一面。多名员工一次性通过技能考试和上岗考试，在国家级、行业级技能大比武中获得奖励。

（8）"三级指标分解"与"两级考核"体系，做到千斤重担人人挑、人人身上有指标，压实全员责任，打造提质增效"精进版"。

4 结束语

通过以上一系列措施，工作流程更加清晰和完善，工作效率更加高效。班组有章可依，有迹可循，班组成员的技能水平有了质的提高，使员工具备了独当一面的能力。通过考核指标的层层转化、步步落实，做到了人人有责任、班班扛红旗。

（作者：王彦新，广西石化炼油一部，催化裂化装置操作工，高级技师；祁凯华，广西石化炼油一部，催化裂化装置操作工，高级技师；杨灵纯，广西石化炼油一部，催化裂化装置操作工，高级技师；刘闯，广西石化炼油一部，催化裂化装置操作工，高级技师；刘刚，广西石化炼油一部，催化裂化装置操作工，技师）

创新"师带徒"传承长效机制的研究与探讨

◆ 韩云桥　李忠杰　王晓杰　唐发楷　蒋登森

传统的"师带徒"模式，作为一种高效、内部技术交流的培训手段，曾为班组培养人才、解决人才保障问题做出重要贡献。以开放的思维创新人才培养模式，充分激活员工队伍中的技术知识资源，不断焕发出新的活力和生机，使这种传统培养机制不断适应新时期发展。本文总结"421"工作法打造班组"师带徒"传承长效机制。

1 "421"工作法内容

"421"工作法即四个抓、二个转变、一个评价。

1.1 抓理论知识

1.1.1 加强徒弟理论知识的自主学习能力

要转变观念，由被动的"要我学习"向主动的"我要学习"转变。班组要营造主动学习的氛围，形成"比、学、赶、超"的良性竞争。员工制定通过努力能达到的"里程碑"式的学习目标，增进自己的成就感和获得感。

1.1.2 师傅要以理论指导徒弟

师傅传授徒弟知识，要以先进化工知识引领下的理论指导为基础，让徒弟在跟随师傅的基础上，学会思考，对其进行有意识的评价和改造，师傅带给徒弟的经验是一种经过反思总结的教育经验，而不是习俗化、无意识的经验。这样就缩短了徒弟的成长周期，更重要的是师傅从开始就为徒弟构建了正确而牢固的框架。

1.2 抓当下，更要抓好新员工成长的长期规划

班组对新员工的培养不仅要抓好能使其应付日常巡检和技能操作工作的当下，更要与新员工的整个职业发展的目标相结合。一般对新员工的总目标是"一年熟悉流程，二年会精细操作，三年会应急预案"。为了使新员工能够在以上成长目标中对所涉及的知识有更清晰的认识，师傅可以对各系统的知识结构进行分类和设计，这样就会大大缩短新员工的学习时间，使新员工更易上手。

1.3 抓落实情况，加强过程的监督检查

师徒结对有效的开展不仅要求新员工有高度的自觉性，也要求师傅有认真负责的态度。但是

现实中的师徒结对如果疏于管理就会成为高开低走、时紧时松、名义上的师徒结对，针对这种情况班组的每个人都可成为师徒结对发展过程中的审视者、评价者，把有效信息反馈到班长，这样就加强了师徒结对发展过程中各环节阶段的监督、反馈和帮助。

班组也可以定期召开新员工座谈会，对新员工要做到情感关怀，倾听他们的心声，鼓励他们在操作岗位上要做到自律、自觉、自信。班长应定期检查徒弟的学习情况和师傅对徒弟的指导情况，了解新员工对各个岗位技术环节的熟悉、掌握和完成情况，定期对新员工的学习落实情况做出鉴定。

为促进徒弟的快速成长，使师徒结对工作落到实处，班组制定有针对性的、可操作性的、公平透明的师徒考核制度，为师徒结对工作的有效开展提供保证。

1.4 抓知识共享氛围的构建

班组有效利用绩效平台，对自己遇到的事故事件进行发帖，分享自己的经验知识。班组每个人可以跟帖或发表看法，这不仅能够促进新员工更快地成长，更使班组员工在交流中碰撞出思维的火花，提升了班组软实力。

班组对装置从原始开工到今所保留的设备视频资料、技师教诀窍课件进行整理和上传，使新员工对三年大检修才能一见的设备有了正确的认识，对树立正确的知识结构有重要意义。

1.5 转变思路，牢树"师徒互学，能力互长"的意识

在师傅的传统价值观中，常把徒弟比作是"新兵蛋子"，认为徒弟单线的求知或师傅单线的教学才是师徒间正常的知识传递关系，而且师傅在传教过程中会对自己多年总结的诀窍或心得持保守态度，常有"教会徒弟，饿死师傅"的顾虑。

这些价值观不仅片面，而且严重阻碍师徒制的实践效果，使师徒制形同虚设。由于个人的知识面是有限的，通过教与学的相互讨论，可以使师徒发现各自的不足，进而弥补不足，使能力相互提高。

班组应营造师徒相互学习的氛围，搭建知识共享平台，由传统的师徒间的简单的知识经验单向传递关系向相互学习的双向关系进阶。这样就能达到快速引导徒弟走上独立顶岗的道路并使师傅知识面得到拓展的双赢效果。

1.6 转变指导模式

目前师带徒的指导模式多是"点对点"，就是通过师傅的教与徒弟的学来发生联系。如果师傅的专业技能水平没有达到一定高度或者师傅的授道解惑的方式方法没有跟徒弟产生共鸣，就会直接影响师徒制的实施效果。而"面对点"的指导模式强调的是团队的引导，徒弟可以感受不同师傅的教学风格和知识结构，开阔视野，接受更多的经验。

在师徒指导的过程中，指导是多向的，即徒弟与徒弟，徒弟与师傅，师傅跟师傅都可以相互发生连线。师傅和徒弟都应成为连线的主体。因为每个人不管是新员工还是师傅，其知识体系与认知结构都是局限性的，而多向连线使每个人通过反思与自我否定不断获得专业的提升和发展。

1.7 对师徒做出有效双向评价

班组可制定有效的量化打分评价表，对新员工各成长阶段进行有效的尺度衡量，新员工通过评价系统可以看到自身纵向的发展过程，也能看到与对方横向比较的不足之处，使他们互相学习，相互引导，确保新员工在其专业道路取得更

好的发展。同时，对师傅的有效评价可激励师傅对新学员的成长引导。总之，师傅徒弟双向都应建立评价机制，这样师傅有压力、徒弟有动力才是考核评价的目的所在。

班组对"师带徒"的评价应注意公平、公正和公开，更要细化、量化，全面覆盖新员工的行为质点，拒绝盲点。即评价应结合新员工动态成长过程而不是原始印象、"一竿子打死"的评价。反对单纯采用考核制来回应评价效果。

2 事例分享

某炼厂常减压轻烃装置班组以和谐型班组建设为基础，营造出一种真正平等、和谐的氛围。新员工与师傅产生情感纽带，通过情感共鸣来更好地传递并接受知识，通过学习型班组建设和绩效平台的运用，构建了一种知识共享的氛围。在"比、学、赶、超"的环境中和相互连线的指导模式下，新员工用理论武装自己的头脑主动学习。通过师徒协议，师傅制定详细的学习计划，突出当下的学习任务，更注重长期的规划。新员工在成长过程中，由全班监督并做出合理评价，助力新员工快速成长，使新员工不仅能够广泛汲取操作经验，而且在技能上能快速达到岗位操作要求，甚至能有更高的超越。新员工的表现在公司职业技能鉴定、部门工作法评比等相关活动上可见一斑。

3 实施效果

"421"工作法的实施，在个人方面，不仅对新学员的技术能力和技术水平有明显的提高，而且对与之发生连线师傅的业务能力的提升也是有显著效果的。在班组方面，班组内有开放交流和充分共享的学习氛围，经常以讨论等形式进行组织学习和团队学习，班组内成员能够以开放的心态，分享信息、经验。班组成员能够相互信任、相互支持、相互交流与沟通，使班组的团队协作精神进一步提升。班组的"师带徒"文化传承机制得到巩固提升。在公司级方面，认真贯彻落实人才强企举措，全方位打造具有企业特色的人才发展机制。

4 总结

"421"工作法在传统的"师带徒"模式基础上增加了创新性、量化性和可操作性，使"师带徒"培训模式被赋予新内涵。此方法有效提高了员工技能水平，解决了班组人才断层，保障人才供应与输出，对打造班组"师带徒"传承长效机制，推进班组文化建设具有重要意义。

（作者：韩云桥，广西石化炼油一部，常减压装置操作工，技师；李忠杰，广西石化炼油一部，常减压装置操作工，高级技师；王晓杰，广西石化炼油一部，常减压装置操作工，技师；唐发楷，广西石化炼油一部，常减压装置操作工，高级工；蒋登森，广西石化炼油一部，常减压装置操作工，高级工）

浅谈如何推进本质安全型班组建设

◆ 肖丹丹

安全生产是企业发展的头等大事。班组作为企业的基础单元，是企业安全生产的第一道防线，提升班组安全管理水平就成为企业安全管理至关重要的一环。广西石化动力部以安全型班组创建为契机，对班组安全管理精细化、制度化、专业化提出了更高的要求，从认知高度、延伸长度、落实深度、参与广度四个维度发力，切实推动安全责任落实，提升全员安全技能，营造良好的安全生产氛围，全力推进本质安全型班组建设。

1 提高认知高度，让安全生产理念入脑入心

1.1 强化安全理论教育

组织全员观看专题片，扎实学习《中华人民共和国安全生产法》以及安全生产管理规章制度，深入诠释"遵守安全生产法，当好第一责任人"的内涵。

通过班前班后会、安全例会、案例分析会、安全活动月、安全简报等多种形式，线上线下进行安全经验分享，开展安全大讨论、安全生产大家谈等一系列活动，多渠道提升全员安全生产认知高度，确保安全工作时时在线，安全意识刻刻不忘，切实为安全生产工作履职尽责。

对以往发生的重大事故案例进行学习，并对部门往年发生过的事故事件进行反思，将学习成果转化为抓好安全生产的具体行动。通过开展安全签名活动，警醒全员时刻牢记安全责任，用实际行动兑现自身安全承诺。督促班组成员将学习成果有效转化为做好安全生产工作的具体行动，真正担负起安全生产第一责任人的责任。

1.2 狠抓培训强技能

将专业化学习与实操训练统筹推进，结合安全操作规程、事故应急处理等方面的知识，模拟进行生产工艺操作、安全隐患排查、应急处置等仿真培训，全方位提高班组人员操作、分析、判断、处理事故的能力，为强化安全生产打牢根基。

为进一步强化员工的安全意识，提高安全知识和安全技能，安全工程师深入班组，对班组员工分批次进行工作前安全分析（JSA）培训，详细介绍JSA工作前安全分析的概念、特点、适用与不适用范围以及工作任务分解步骤、实施流程、风险值的计算方法，使员工能够准确评估出作业潜在的危害和风险，为安全型班组创建提供有力保障。

2 延伸工作长度，压实个人安全生产责任

2.1 压实安全生产责任

以压实个人安全生产责任作为班组安全的具体要求，结合安全生产专项整治三年行动和安全生产十五条措施，积极开展安全生产大检查、反违章专项整治、安全生产标准化提升等专项行动，切实抓好安全防范。加强安全生产规章制度、安全操作培训、1min应急等安全技能培训，切实提高全员安全意识及安全技能，引导全体员工带头学安全、懂安全、要安全。

2.2 落实"双区长"制管控

坚决落实现场作业"双区长"（属地、作业方）确认制度，作业前由班组及各个专业人员集中进行作业前安全分析，作业许可管理必须前往现场进行作业环境状况确认，严格核实现场安全措施落实情况，同时由"双区长"再次确认，做到各专业层层把控，切实强化红线意识，树牢底线思维，全面落实安全生产直线责任。

2.3 转变观念引领实践

从转变观念入手，进一步加强管理，针对习惯性违章和不规范操作，尤其是涉及安全生产、操作变动、劳动纪律等，坚决做到"思想不放松，责任不放过，奖惩不含糊"，牢记"三大纪律"，从行动上保障班组的安全生产。

始终贯彻"安全压倒一切，一切服从安全"的安全管理理念，坚持以"零容忍"的态度，彻查各类安全生产问题。结合双重预防机制，对工艺报警、腐蚀泄漏及小接管进行风险辨识，制定隐患消除措施，以"零包庇"的方式一针见血地点出问题所在，对各装置排查出的低标准、低要求的问题立查立改、即查即改，对重复性问题追根溯源、彻查彻改，并采取"回头看"方式狠抓整改，形成"闭环"，其中累计排查隐患296项，真正将隐患消除于萌芽，让问题整改有实效。

3 挖掘落实深度，狠抓隐患排查治理

3.1 严排查除隐患

从日常工作点滴入手，要求各班组结合装置生产实际，全面排查安全隐患，及时发现及时整改。对所属责任区域进行"地毯式"检查，仔细梳理在工艺、设备、安全、现场、管理等方面存在的问题，将查出的安全隐患问题统计上报，并根据查出问题严重程度给予奖励，以提高班组安全风险分级管控和隐患排查治理的积极性。

3.2 强化管理稳生产

树立"严是爱、宽是害"的思想，严肃三大纪律，对产品质量波动、生产异常、工艺报警、平稳率波动等进行深入分析，工艺、设备、仪表专业开展联合攻关，找出影响平稳生产的管理短板、设备隐患、工艺操作方面的"病根"，逐步减少生产波动，提升管理水平，保障装置安全运行。

生产操作过程中严格执行操作规程，做到只有"规定动作"，杜绝"自选动作"。狠抓操作变动过程风险管控，操作变动实行预约制度，提前分析操作变动存在的风险并提出相应的管控措

施,切实做到不安全不作业,不安全不变更,确保安全平稳生产。

不断加强检维修作业许可管理及过程管控,严格落实危险作业预约管理,严控作业数量,严格落实现场安全措施和班组安全责任,紧盯关键环节,严防死守,杜绝生产安全事故事件。

另外,不论是在日常生产还是检维修作业期间,坚决杜绝违章指挥和违章操作,严守安全生产红线,狠抓责任落实,全力做好班组安全生产工作。

4 拓展参与广度,多措并举筑牢安全防护墙

4.1 共建安全生产责任链

为加深员工对安全生产知识的理解,充分调动和发挥基层班组的作用,装置广泛开展安全宣传咨询活动,管理人员主动下沉到一线班组,采用面对面咨询的方式与员工沟通交流,答疑日常安全生产存在的问题,征集安全生产改进建议,积极探索形成上下贯通、整体联动、共建共防的安全生产责任链,为装置的安全平稳运行提供保障。

4.2 安全经验分享常态化

各装置将经验分享作为交接班内容的必选项,制定了详细的安全经验分享计划,要求每一名班组成员都要轮换着进行经验分享。岗位员工结合自己的工作环境和岗位操作,对自身亲身经历、所见所闻的事故、不安全行为、不安全状态等进行深入剖析,反思日常生产中司空见惯的安全问题和习惯性违章,促使班组成员从事故的成因、危害及预防措施中吸取教训。

同时,部门领导及各装置管理人员严格落实有感领导、直线责任的安全管理理念,每周一带头到班组做安全经验分享活动,并且严格落实到人,考核到位,确保安全分享活动持续高效推进。

4.3 推进双重预防机制建设

积极推进"安全风险分级管控和隐患排查治理双重预防体系"机制建设,利用安全经验分享活动平台,将各装置巡检注意事项、安全生产隐患管理进度和应急处置方法有效植入到分享活动中来。对于经历过的一些突发情况,各班组人员做应急处置方法分析,生产技术管理人员做应急预案分享,真正让双重预防工作机制落到实处,见到效果。

部门鼓励班组员工关注生产运行安全,关注设备运行状态,关注日常检维修作业安全,针对装置的各类设备运行隐患,提出自己的建议与想法,从班组人员到技术管理人员,实实在在做分析讨论,并编辑完善应急预案,调动班组人员参与安全管理的积极性,强化"谁主管、谁负责"的责任意识,坚定"一切事故都是可以预防和避免的"的安全理念,让安全经验分享成为工作习惯,同时注重实效,不流于形式。

4.4 安全生产全员参与

自安全型班组创建以来,部门充分利用即时通平台分享现场处理的安全隐患、产品化验的实时数据,及时掌握生产动态和操作要求。班组员工将在生产过程中识别的不安全行为、不安全状态、隐患防治和合理化建议等通过图片、视频等形式上传至即时通,让管理人员和装置操作员之间共同讨论、共同学习、积极治理,真正让安全管理实现了由"全员参与"向"全员管理"的转变。

安全管理实行记分制,奖惩分明。对于班组员工出现的"三违"现象扣减相应分值并进行考核,对于及时发现消除事故隐患或避免重大安全生产事故的班组员工,获得绩效加分的同时利用

主任奖励基金进行部门奖励，真正实现"干与不干一个样"向"干与不干不一样"的转变。在实干实效中，既解决了生产隐患问题，又使得员工的安全责任意识得到进一步强化，逐渐形成了"人人讲安全、个个查隐患"的良好氛围。

5 结语

随着安全型班组建设的持续开展，精益安全管理的理念深入人心，公司的各项管理措施在生产最基层环节找到了落脚点和着力点，为公司安全生产管理向精细化转变、高质量发展提供强大助力。

（作者：肖丹丹，广西石化动力部，气体深冷分离工，技师）

浅谈乙烯低温罐设计选型与基础施工要点

◆ 陆虹江 曹妍 王臻 林和捷

1 研究背景和研究意义

乙烯作为一种重要的化工原料，在全球范围内的石化工业中占据核心地位。乙烯低温储罐专为存储低温度下的液态乙烯而设计，其安全性、可靠性和经济性直接影响企业化工生产链的效率和安全。随着化工行业对安全和环境保护要求的提高，乙烯低温储罐的设计与施工技术也在不断进步。

由于乙烯在常温下易挥发，需要在低温状态下稳定储存，储罐必须具备良好的结构稳定性和绝热性能，以适应低温及其他环境因素的影响。低温罐的设计与建造技术不断进步，从传统的单金属壁结构到更为先进的双金属壁全包容罐，以及各种新型保温材料的应用，提高了储罐的安全性和效率。然而，面对不同的应用需求和环境条件，如何在众多选项中做出最佳选择，成为一个值得深入研究的问题。

目前，广西石化炼化一体化转型升级项目新建 30000m³ 乙烯低温罐，是中国石油第一台乙烯低温罐，在未来几年内，榆林化工、大连石化、广东石化等公司也将陆续建设乙烯低温罐，因此，乙烯低温储罐设计选型及基础建设的系统研究对于乙烯低温罐在各炼化企业的应用具有重要意义。

2 乙烯低温罐基础设计

2.1 低温罐的种类

乙烯低温罐属于在低温常压下全冷冻式盛装液化烃的储罐，乙烯作为一种沸腾液体大量储存于绝热储罐中，有着特殊的物理特性，因此储罐的操作和管理都有特殊的要求。

目前乙烯低温罐的类型有 3 种。

2.1.1 平底式储罐

平底式储罐是最常见的低温储罐类型，通常用于地面级的储存。平底设计适合大容量储存，常见于大型工业和加工设施。

2.1.2 球形储罐

球形储罐因其形状能够均匀分布压力，特别适合存储高压液体或气体。这种设计减少了材料应力，适合高压操作和大规模存储。

2.1.3 双金属壁储罐

双金属壁储罐设计提供额外的保护和绝缘，有助于维持低温。内层通常由耐低温材料制成，而外层则为结构性材料，提供额外保护并防止环境热量导入，之间的空间用作绝热层，填充绝热材料。双金属壁储罐又根据不同的工艺要求以及介质的储存方式，将低温罐定义为单包容罐、双包容罐、全包容罐。

（1）单包容罐主要结构由内罐、保温层、外罐以及围堰组成。其中只有内罐能满足盛装低温产品的要求。而外罐主要用于保冷及维持吹扫气体的压力，在内罐泄漏的情况下不能盛装低温液体。因此单包容罐必须设置围堰用于储存泄漏的液体。

（2）双包容罐主要结构由内罐、保温层、外罐组成。内罐用于储存低温液体，与单包容罐不同的是，双包容罐的外罐用于储存泄漏的低温液体[1]。在设计过程中，自撑式内罐加上可单独盛装低温液体的外罐，为尽量减少流失液体，内外罐之间距离不应超过6m。内罐（不锈钢材质）为密闭容器，外罐（不锈钢或钢筋混凝土浇筑）为罐顶不封闭的不密闭容器，能起到双容作用，但是由于外罐与大气接触，所以不用于储存泄漏后低温液体的气化气。

（3）全包容罐主要结构由内罐、绝缘系统、外罐组成。全包容罐的内罐由不锈钢或其他耐低温材料制造，直接接触并存储液态气体，因此设计为完全密封形式，以保持液体状态并防止气体泄漏；外罐通常由碳钢或其他结构性材料制造，从而形成对内罐的外部保护。当内罐一旦发生泄漏，其能容纳从内罐泄漏的全部液体或气体，确保泄漏物质不会扩散到环境中。全包容罐有一个绝缘系统，通常设置在内罐和外罐之间用以降低热传导，防止外界温度影响储罐内的介质。这种设计确保即使内罐发生泄漏，泄漏的气体或液体也会被外罐完全包容，极大地降低了环境污染和安全风险。在广西石化炼化一体化转型升级项目中，30000m³选用的就是为双金属壁全包容储罐。

2.2 双金属壁全包容罐优点

从传统的单金属壁结构到更为先进的双金属壁全包容罐，低温罐的选择在不断进步。双金属壁全包容罐作为一种高级别的低温液体储存罐，其设计旨在提供卓越的安全性、经济性和耐用性。以下是双金属壁全包容罐的主要优点：

（1）高度安全性能。

① 全包容设计：内外双层金属壁结构，即使内罐发生泄漏，也能被外罐完全包容，防止介质外泄，极大降低了环境风险和安全事故发生的可能性。

② 防渗漏监测：内外罐之间的空间可设置泄漏监测系统，实时监控内罐状态，一旦发生泄漏可立即预警，便于及时处理。

（2）优异的绝热性能。

① 高效绝热材料：采用珠光砂粉末、保温棉、弹性毡等多层绝热材料，有效减少热交换，保持罐内低温环境，降低能耗。

② 防冷桥设计：通过精细的结构设计和施工，避免冷桥效应，确保绝热层的连续性和完整性，进一步提升绝热效果。

（3）结构稳定。

① 双层结构强化：内外两层金属壁提供更强的结构支撑，尤其适合大型储罐，能够承受内外压力差、风雪载荷等外部环境影响。

② 耐低温材质：内外罐分别采用适合低温环

境的耐低温钢和普通钢，确保材料在极端低温下仍保持良好的机械性能。

（4）寿命长。

2.3 乙烯低温罐基础设计的常用技术

由于乙烯低温罐多采用双金属壁全包容储罐，储罐在投用后无法正常检修，因此储罐在建设施工过程中，基础的设计尤为重要。乙烯低温罐罐内低温介质的传导会导致地基土易受冻胀，引发土体隆起与基础破坏。为消除此不利因素，除了在罐底板与基础底板之间设置保温措施，罐基础还需采取防冻措施。

有两种常见做法。一种是在基础底板内使用电热或其他加热系统，即创建带循环加热系统的筏板式基础。另一种是将基础底板架空，利用架空形成的空气层分隔底板与地基土。架空层净高需根据工艺管道和设备布置需求确定，并进行相应的温度传导计算，以适应罐内储存介质的温度。

由于南北方温度存在差异，因此基础的选择也不相同。例如北方适合选择基础底板内使用加热系统的方式，而南方则适合采用架空筏板式基础，只利用架空形成的空气层分隔底板与地基土便满足使用要求。

3 乙烯低温罐基础施工要点

3.1 土建施工准备

根据广西钦州市的气候条件，在乙烯低温罐基础施工之前，首先需要进行细致的施工准备工作，以达到土建工程的开工条件。

（1）施工技术准备工作。

① 对施工图纸进行深入理解和研究，组织相关专业人员进行图纸会审工作，完成详细的施工组织设计、质量计划、施工方案等材料的编制以及审批工作。

② 根据工程所需要焊接的钢材种类，对照广西石化现有的工艺评定，对现有项目工艺进行填补，并组织实施。

（2）施工人员准备工作。

① 对施工单位人员进行进厂安全知识培训工作。

② 根据每个焊工的持证情况，安排相关的培训以及取证工作，确保每一个焊工都持证上岗，并且都在有效期内。

（3）施工现场准备工作。

① 进行详细的地质勘查，地基承载力评估、场地稳定性与适宜性评价、场地地震效应评价、地下水位状况、场地土腐蚀性评价等，依据结果确定基础类型（如独立基础、筏板基础等），并计算基础的大小和深度，同时充分考虑由于低温储罐产生的地基冷却收缩可能带来的附加荷载和变形问题。

② 根据施工现场的情况，结合施工的需要，对施工现场进行规划，一切以不影响土建、地管施工为原则。

③ 根据现场地质条件，并结合类似工程的施工经验，选择适宜的施工工艺技术，并选择适宜的机械设备。

④ 根据现场施工临时道路设计以及施工要求，选择适宜的机械设备。

⑤ 测量定位则是基础施工的首要环节，采用精密仪器进行全方位的坐标定位和标高控制，确保基础中心线、边线及预埋件位置的准确性，并且控制点的数量不能少于3个，控制点要求坚固稳定。

3.2 施工工艺

3.2.1 灌注桩基础施工工艺选择

根据现场地质条件以及施工经验，工程桩采

用泥浆护臂成孔施工工艺，优先采用的是旋挖工艺成孔。由于现场地层主要以杂填土、素填土、全风化凝灰岩、强风化凝灰岩、中风化凝灰岩等组成，基于旋挖钻机成孔施工工艺所产生的废弃泥浆少、成孔速度快等优点，在灌注桩成孔时，采用泥浆护壁旋挖钻机成孔施工工艺。

由于灌注桩采用的"一体化成桩技术"，因此在施工过程中有以下注意事项。

（1）旋挖钻机成孔时，泥浆池的位置一定要与桩孔口保持一定的距离，确保在后续旋挖桩孔时，施工界面安全。

（2）钢筋笼的定位一定要准确，偏差不大于2cm，且距孔壁距离均匀，满足要求后才能进行下一步灌注工作。

（3）混凝土浇筑至地面标高后，严格控制砼超罐量，直到有新鲜混凝土流出。

（4）地下桩砼采用导管法灌注至地面，地上桩柱砼采用泵送砼法。

3.2.2 土建基础承台施工工艺

（1）预埋件布置与安装：在基础混凝土浇筑前，准确布置并固定罐体与基础连接所需的预埋件，如吊耳、底座螺栓等，确保位置精确、牢固可靠。按照图纸要求去设置测量控制点，沿低温罐周围设置测量控制点，均匀分布，测量控制点预埋件采用镀锌钢或者不锈钢埋设在承台外边缘。

（2）混凝土基础浇筑：按照设计要求配置适应低温环境下使用要求的混凝土。浇筑前要确保混凝土入模温度应在规定温度范围内；浇筑过程要确保混凝土振捣密实确保混凝土的密实度和均匀性，同时严格控制浇筑速度和间歇时间，防止出现冷缝，表面平整光滑，以防积水和增强防腐效果[2]。合理安排施工顺序，控制混凝土在浇筑过程中均匀上升，避免混凝土拌合物堆积过大，从而出现高差。

（3）基础养护：混凝土浇筑完成后，养护前避免太阳暴晒，按照要求进行保温、保湿养护，避免温度、湿度的急剧变化，并避免震动以及外力的扰动，同时在保温棉外侧覆盖一层厚塑料薄膜以隔绝空气，蓄热保温。覆盖严密以降低砼内部温度散热速度，防止因温差太大而出现有害裂缝。并且养护时间不少于14天，延缓降温时间和速度，充分发挥混凝土的"应力松弛效应"。

4 结论

综上所述，乙烯低温罐的安全稳固和高效运行需要精确的设计选型、细致的施工把控。未来应关注新材料、新技术在乙烯低温储罐设计和施工中的应用，进一步优化工程设计、提升施工效率以及确保操作安全。

参考文献

[1] 杜利顺，曹岩，许学斌，等．大型低温储罐漏热分析及计算方法[J]．化工设计，2021（2）：6-9．

[2] 李新春．基于BIM技术支持下的现浇混凝土生产技术管理[J]．四川建筑，2021（6）：222-224．

（作者：陆虹江，广西石化PMT6，油品储运调和工，初级工；曹妍，广西石化HSE管理部，油品储运调和工，初级工；王臻，广西石化PMT6，油品储运调和工，初级工；林和捷，广西石化PMT6，油品储运调和工，初级工）

柴油硫含量在线分析反算逻辑设计

◆ 毛 威 董 标 高 飞 崔 海 樊 辉

1 背景介绍

1.1 柴油应用现状

柴油作为一种重要的燃料，广泛应用于车辆和船舶的柴油发动机中。柴油中的硫化物含量过高会对发动机的正常运行和寿命产生不利影响。硫化物在气缸内燃烧生成 SO_2 和 SO_3，这些氧化硫不仅腐蚀气缸零部件，还会造成环境污染。为贯彻《中华人民共和国大气污染防治法》，严格控制机动车污染，从 2018 年 1 月 1 日起全面实施 GB 17691—2018《车用压燃式、气体燃料点燃式发动机与汽车排气污染物排放限值及测量方法（中国Ⅲ、Ⅳ、Ⅴ阶段）》中第五阶段排放标准，要求柴油产品硫含量小于 10mg/kg。

1.2 公司成品柴油存在问题

在现代炼油工业中，为了响应环保要求和市场需求，生产出符合标准的清洁低硫柴油成为各大炼油厂的重要任务。目前，加氢脱硫工艺是生产清洁低硫柴油的主要手段，广西石化出厂柴油由蜡油加氢柴油和加氢精制柴油在线调和组成。蜡油加氢装置采用高压加氢技术，能够有效地去除原料中的硫分，柴油产品硫含量极低。柴油加氢精制装置是柴油组分脱硫的装置，其生产的柴油在调和中占大部分。

在实际生产过程中，柴油加氢精制装置的柴油产品硫含量多次出现超标、波动等问题，其波动幅度在 5.7～15mg/kg 之间。柴油硫含量高，超出控制指标，储运罐区无法调和合格柴油，部分精制柴油改至不合格罐，这部分不合格柴油需要重新加工。当精制柴油的硫含量过低时，即产品质量过剩，原料油过度加氢，需要消耗更多的氢气量、新氢压缩机做功的电量及反应加热炉的燃料气量。此外，由于催化剂长期在高温下运行，还会缩短催化剂的使用寿命，从而增加生产成本。因此，对于柴油加氢精制装置来说，实时监控产品的硫含量变化，根据监测数据及时调整生产工艺，是确保产品质量合格、降低生产成本、提高经济效益的关键措施。

2 柴油加氢精制柴油硫含量波动分析

2.1 原料来源广，性质不稳定

柴油加氢精制装置进料分为六路，其中热直馏柴油、热催化柴油和渣油柴油由常减压装置、催化裂化装置和渣油加氢装置直接供料。冷直馏柴油和冷催化柴油则由罐区提供，罐区直馏柴油由常减压装置和东油沥青装置供料。

原料来源多，原料性质跟随原油性质及上游装置调整变化而变化，东油沥青装置主要加工高硫原油，其生产的直馏柴油硫含量高、性质差，脱硫困难，又采用边收边付供料模式，供油量受储罐液位影响，加工量不稳定，进而导致混合原料硫含量、柴油产品硫含量变化大。

2.2 混合原料和产品分析频次有限

精制柴油硫含量化验分析频次为每天2次，采样时间为9点和18点；混合原料分析频次为每天1次，采样时间为9点。因装置原料来源多变化快，实际生产很难实时掌握原料性质和产品质量的变化，导致精制柴油硫含量波动较大，稳定控制精制柴油质量较困难，存在精制柴油硫含量超标或产品质量过剩的现象。

3 硫含量在线监控设计

在不改变现有加工条件和分析计划的前提下，如何能够实时监控精制柴油产品硫含量变化，是需要解决的主要问题。不同来源的柴油混合在一起时，其硫含量是可以通过计算得出的。设置在线硫含量分析仪表AT1302，每隔5min分析一次。蜡油加氢装置属于高压加氢工艺，脱硫效果好，其柴油长期稳定在0.5mg/kg，因混合后的柴油硫含量具有加和性，每路调和柴油设有质量流量计，具备对加氢精制柴油硫含量进行反向计算的能力，以便班组及时掌握精制柴油硫含量变化，柴油产品在线调和流程如图1所示。

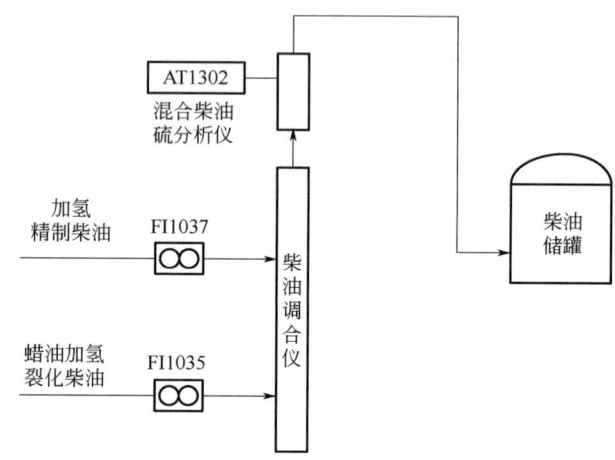

图1 柴油产品在线调和流程

4 设计实施与验证

4.1 设计实施

根据在线调和流程，首先需要计算进入柴油调和仪的总流量，通过将加氢精制柴油的流量（FI1037）与蜡油加氢裂化柴油的流量（FI1035）相加得到。这个总流量乘在线总硫含量（AT1302），可以得到混合后柴油的总硫量。

根据柴油产品硫含量的加和性原则，混合后总硫量减去蜡油加氢裂化柴油总硫含量（蜡油加氢裂化柴油流量×0.5），除以加氢精制柴油流量，可计算出加氢精制柴油硫含量。

为了实现这一计算过程，在MES中采集上述数据，在柴油加氢精制反应器工艺流程图画面上，设置反向计算位号和公式，将反算出的精制柴油硫含量实时显示在MES上。这样，操作人员可以根据反算出的精制柴油硫含量数据，及时调整反应温度，从而精准控制柴油出装置的硫含量。

4.2 方案验证

精制柴油采样点到柴油调和管线距离约为1200m、管径DN250，根据出装置流量计算出采样时的样品到达柴油调和在线仪表的时间，记录该时间在线硫含量分析数据，与化验分析数据进行比对。为了验证方法的准确性，对反算出的硫含量与化验分析硫含量进行了长时间的数据对比，经过数据跟踪和对比，反算出的硫含量与化验分析得到的硫含量一致性非常高，具有较高的准确度，可作为生产操作调整参考依据，帮助操作人员及时调整生产过程，实现对柴油硫含量的精准控制。

5 实施效果

5.1 精制柴油合格率全面提升

通过对班组的培训和指导，班组在监盘的同时，定时查看精制柴油在线硫反算结果及趋势，指导装置及时调整反应温度，精制柴油合格率全面提升，产品合格率由93.7%提高至100%。

5.2 柴油硫含量稳定性提高

精制柴油硫含量由2022年的7.06mg/kg提高至2023年的9.16mg/kg。通过方案落实，精制柴油硫含量稳定性明显提高，波动明显降低，最高值与最低值的差由调整前的9.3mg/kg降低至2.6mg/kg，降低幅度达到72%。

5.3 装置氢耗和电耗降低

精制柴油硫含量卡边控制后，避免了产品质量过剩，通过调整反应温度，降低了装置氢耗和电耗，提高了装置的经济技术指标，降低了装置运行成本。柴油硫含量在线分析反算逻辑设计达到了预期目标。2022年至2023年柴油加氢精制装置氢气消耗如图2所示。

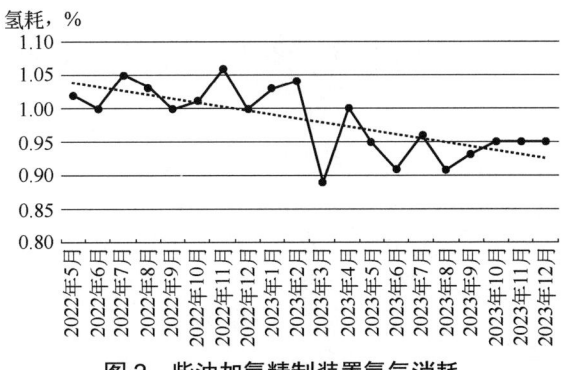

图2 柴油加氢精制装置氢气消耗

2023年柴油加氢精制装置处理量为251×10^4t，累计降低5.3t氢气消耗，节约氢气成本5.43万元。新氢压缩机累计降低运行时间2h，累计节电4157kW·h，增效2660元。

5.4 装置回炼污油量降低

精制柴油产品合格率提高至100%，降低了装置外排回炼油量。按照柴油精制最低负荷180t/h，正常调整需要2h达到合格计算，减排污油360t，按照污油与精制柴油价差3220元/t计算，单次降低公司损耗115.92万元。

6 总结

（1）柴油硫含量在线分析反算逻辑设计简单，无须额外投入成本，实用性强，准确率高。

（2）该设计的成功应用，实现了对柴油加氢精制装置柴油产品硫含量的有效监控，稳定了硫含量，柴油产品质量合格率提升至100%。

（3）通过对柴油产品硫含量卡边控制，有效降低了反应器催化剂运行温度和新氢压缩机电耗，装置氢耗由2022年累计平均1.02%降低至

2023年平均0.95%，氢气资源得到高效利用，为部门提质增效工作打下了坚实的基础，进一步推动广西石化高质量发展。

（作者：毛威，广西石化炼油三部，汽煤柴加氢装置操作工，高级技师；董标，广西石化炼油三部，汽煤柴加氢装置操作工，技师；高飞，广西石化炼油三部，加氢裂化装置操作工，技师；崔海，广西石化炼油三部，工程师；樊辉，广西石化炼油三部，汽煤柴加氢装置操作工，技师）

探讨提高凝结水橇装回收效率的平稳运行模式

◆ 刘学强 李志芳 李 鹏 尹 佳 蔡万超

重质油品作为储运中间罐区的重要组成部分，它的储存和输送都要用到蒸汽加热，所以凝结水橇装应运而生，在凝结水橇装的运用过程中，产生了一系列需要解决的问题。

中间重质油罐使用低压蒸汽进行加热，温度控制工艺卡片值80～90℃。在生产过程中，由于橇装设计无闪蒸汽冷却功能，闪蒸汽出现后会在橇装聚集，待压力升高后会超压自动排放。另一方面由于员工操作方法、操作习惯、思维方式不同，凝结水橇装的温升和凝结水量也不同，导致蒸汽用量波动较大，凝结水橇装运行工况极不稳定，闪蒸汽随意外排，造成蒸汽能量损失。

1 背景

广西石化公司储运一部一凝结水橇装主要回收中间一、中间二两个重质油罐区储罐加热产生的冷凝水，冷凝水进入橇装后通过泵输送到全厂凝结水管网，因投用运行周期长，运行工况极不稳定，带来了影响安全生产的一系列问题，主要体现在以下几个方面：

（1）二次蒸汽夹杂高温冷凝水在橇装排放口就地排放，又因中间一橇装紧挨员工巡检走梯，给操作人员现场的巡检和操作环境带来很大的风险，容易造成烫伤等意外事故。

（2）高温冷凝水含有二次蒸汽，在输送过程中容易使输送泵发生气蚀现象。

（3）高温冷凝水含有二次蒸汽，容易使管线发生水击现象，造成输水管线的损坏。

（4）夹杂凝结水的二次蒸汽就地排放，造成凝结水不能回收，产生浪费，增加了热污染，大大降低了现场工作环境的安全性。

针对以上几点问题，通过对冷凝水橇装设备工作原理的研究及加热储罐温降规律摸索，提出了提高冷凝水橇装回收效率，了解重质油罐加热规律，分析凝结水回水橇装冒气原因，进行供给侧改革。采取重质油"循环梯度加热法"，解决凝结水回收橇装"小白龙"顽疾的同时，大幅降低了蒸汽用量和生产运行成本，保障设备平稳运行。

2 提高凝结水橇装回收效率分析

2.1 分析闪蒸原因，控制闪蒸能力

储罐加热后产生的高温凝结水，经过疏水器排出，再依靠凝结水自身的压力通向凝结水回收橇装，这一路为了克服管道的沿途阻力，会使凝结水压力降低，从而造成了部分凝结水发生闪蒸，凝结水回收管线进到凝结水回收橇装后，因凝结水回收橇装空间的突然增大使得凝结水压力瞬时降低，致使产生大量的二次蒸汽。如图1所示，在N7位置增加调压阀，提高凝结水回收橇装的背压。反复分析摸索后，发现定压阀定压在0.1MPa时，罐内闪蒸蒸汽量最小，最大限度降低了二次蒸汽的产生。

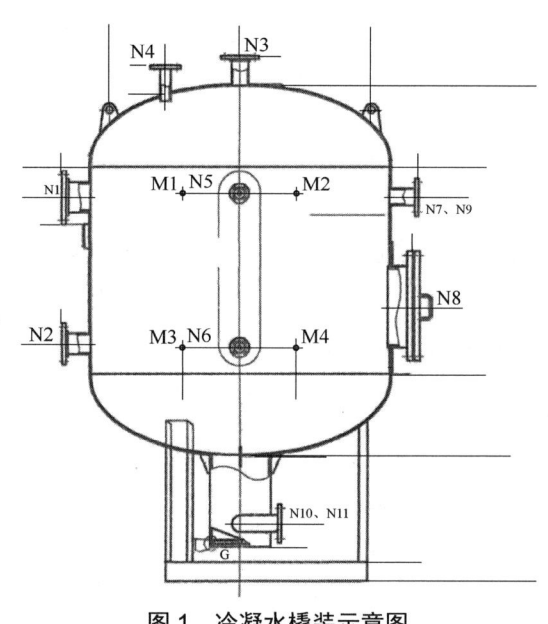

图1 冷凝水橇装示意图

2.2 了解储罐温降规律，优化操作方法

通过不同液位储罐的温降统计，对储罐的温降逐步摸索出一定规律，并制定和优化储罐升温操作方法：

（1）储罐处于高液位时每个罐的温降比较均匀，温降为0.03/h左右。根据高液位储罐的温降值，当储罐加热到接近90℃时，降到温度工艺报警低限值82℃，共需要的天数为11.1天，中间二罐区只有213、215、220、221、222这5台罐需要加热，因此11.1天为以上5台罐的一个加热循环周期，2.2天为每个罐的加热时间。按照测算方案，罐区5台罐，同一时间仅需1台罐升温，5台罐建立循环升温梯度，蒸汽用量同比优化前每小时降低2t。依次对储罐进行加热，储罐温度形成了梯度差，进而达到一个罐区只有1台储罐进行加热，避免了罐区无序加热，进而保证橇装运行稳定，规范员工操作行为。考虑以上几个罐平常都处于高液位状态，只有在调和船用燃料油

时液位发生变化，因此高液位加热操作是常态化操作。

（2）储罐低于 6.9m 时，温降速度比较快，液位低储罐加热用时短，视情况进行加热。建立储罐温度梯度，储罐加热顺序化，目的是蒸汽用量减少，生成的冷凝水越少，冷凝水在管路中的流动阻力越小，流量均匀，压降减小，进而管道内闪蒸气量减少。

（3）冷凝水橇装调压阀定期维护保养，保证调压阀灵活好用，储罐加热配套的疏水器定期维护和更换。

2.3 降低橇装操作压力，从源头降低闪蒸汽溢出

储罐蒸汽加热后产生的高温凝结水，经过疏水阀和管道沿途阻力，凝结水压力降低，部分高温凝结水闪蒸，顺着凝结水回收管线进到冷凝水回收橇装，凝结水回收橇装空间的突然增大使得凝结水压力瞬时降低，产生大量的二次蒸汽。由于闪蒸汽的增加，一方面影响机泵的正常运行，另一方面增加了橇装压力平衡阀的负荷，出现了部分蒸汽溢出，产生了小白龙的情况。

原橇装平衡阀压力设置 0.3MPa，闪蒸汽溢散严重。为了降低闪蒸汽压力，降低橇装负荷，在排凝口增加自力式调压阀，降低冷凝水回收橇装的背压，反复摸索发现定压阀定压为 0.1MPa 时罐内闪蒸气量最小，并且引管至罐区内排水沟用雨水冷却微量排放蒸汽，彻底消灭了凝结水橇装"小白龙"的情况。

3 成果及效益核算

储罐温度保持在正常工艺指标范围内，经过几个周期顺序化加热升温和之前无序加热对比，冷凝水量外送量由原来 9t/h 减少到 7t/h。依据质量守恒定律，1t 蒸汽产生 1t 冷凝水，每吨蒸汽 150 元，全年节省蒸汽效益 262.8 万元。

罐区加热冷凝水回水疏水阀采用双金属片形式，冷凝水经过疏水阀压力为 0.4MPa 左右。

橇装背压从 0.4MPa 降低至 0.1MPa 后，闪蒸量降低 3.7%，橇装容量为 3m³，每小时外送 3 次，加装被压阀后每小时多回收冷凝水的量为 0.333t，一年的回收量为 2917t，1t 带有热量的冷凝水价格为 40 元左右，全年的效益为 11.67 万元。

通过重质油罐循环梯度加热法、冷凝水回收系统优化项目，全年节约成本约 274 万元。

4 成果及推广

（1）2021 年 5 月至今，通过增加调压阀保障了冷凝水橇装运行平稳，安全可靠，保证冷凝水的水质不受污染，杜绝冷凝水回收造成闪蒸汽的浪费，同时解决了闪蒸汽的排放和厂区的白色污染，实现了清洁生产，大气环境保护。

（2）储罐加热顺序化，对重质油储罐加热具有可推广使用的重要指导意义。

(作者：刘学强，广西石化储运一部，油品储运调和工，技师；李志芳，广西石化储运一部，油品储运调和工，技师；李鹏，广西石化储运一部，油品储运调和工，技师；尹佳，广西石化储运一部，油品储运调和工，技师；蔡万超，广西石化储运一部，油品储运调和工，技师)

炼油生产过程中节能减排技术的应用与效益分析

◆ 蔡 晶 卢增飞 任 广

在我国，石油需求量持续增长，炼油行业是石油资源的重要供应者。然而，传统的炼油生产过程中存在能源浪费和环境污染问题，因此，研究和推广炼油生产中的节能减排技术具有重要的现实意义。节能技术在炼油生产中的应用有助于提高能源利用效率，降低生产成本，提高企业竞争力。例如，采用热能回收系统和高效节能电机、照明系统，可以实现能源的循环利用、降低能耗，实现节能目标。此外，炼油中的减排技术和污染治理技术的应用是减少环境污染、改善生态环境的关键。例如，通过催化裂化、加氢裂化和延迟焦化等技术，可降低生产过程中有害物质的排放；通过脱硫、脱氮、脱碳等技术，可以有效去除炼油过程中产生的污染物，保护环境。

1 节能减排技术在炼油生产中的应用

1.1 炼油生产过程中的节能技术

1.1.1 提升炼油能源效率的技术

炼油工业中，提高能源效率是至关重要的，不仅有助于节约能源，还有助于减少碳排放，从而实现绿色、可持续的发展。本文将详细探讨几种提升炼油能源效率的关键技术。

（1）加强生产管理节能技术的应用。通过生产技术部门的整合，让各个上游、下游装置之间实现热联合，最大限度地使用热供料，降低装置之间工艺物流无效的冷却和加热。此外，通过合理优化蒸汽管网、循环水、氮气等公用工程，确保公用工程能源在炼厂中得到最大限度的有效利用。某炼厂重油加氢除氧水进装置温度为105℃，没有经过升温而直接进入1.0MPa和0.4MPa蒸汽发生器热换产生蒸汽，造成一定的能效损失，减少了蒸汽发生量。经过生产技术优化，在该装置去罐区料（流量85t/h）与热媒水换热器E304前增加一台加氢渣油与除氧水的换热器，将除氧水加热至135℃，提高除氧水进蒸汽发生器温度，每小时可多产蒸汽约1.6t，同时减少热媒水约40t（热媒水按照升温20℃估算）。

（2）使用先进的控制系统和能量管理系统。通过使用先进的控制系统，更有效地管理能源消耗，降低能源成本，减少环境影响。以某炼厂重油加氢装置为例，2023年该装置能源种类中电力占比为34.88%，其中新氢压缩机耗电量占总电耗的50%～65%。由于设计原因，机组富余量较大，70%的负荷就能满足装置进料满负荷的运行，尤其在装置低负荷运行时，存在非常大的功率浪费，故机组采用先进控制系统对装置节能意义重大。长周期投用新氢压缩机HYdroCOM气量无极调节系统，使用时将级间返回控制压力改为HYdroCOM控制压力后，每小时相较于返回阀控制，电流消耗可降低约10A，预计平均每年可节省超过250万度电。此外，利用智能算法和优化技术对炼油过程能量进行实时监控和性能评估，及时发现并调整，可进一步提高能源利用效率。

（3）渣油深加工技术提升炼油能源效率。通过转化重质油为更高价值的轻质油产品，不仅可以提高油品的附加值，还可以降低能源消耗和排放。此外，实现过程优化也是降低能耗的重要手段。例如，采用低能耗的精馏塔设计，改进反应器和催化剂性能等措施，可以显著降低能耗，同时提升产品质量。

1.1.2 炼油工业中节能设备的运用

炼油工业能耗巨大，采用高效、先进、节能的电气设备并充分利用回收装置等措施是节能降耗的关键。

（1）泵和压缩机采用变频驱动技术。根据需求实时调节设备的运行速度，相比传统的定频技术可实现能源的精准使用，减少多余能量消耗，同时还可以提高设备的运行效率和使用寿命。某炼厂加裂装置的烟气预热回收系统，分别在鼓风机和引风机上加装永磁调速器，该调速器是通过调节导磁体和永磁体之间的相互磁力耦合作用大小来传递扭矩，实现负载调速和电机节能，其传递效率能达到95%以上，实现电机节能30%以上，投用该设备后每年可节电174万度，累计增效93万余元。

（2）引进高效的换热器。换热器是炼厂的核心设备之一，负责将热量从高温介质传递给低温介质。高效的换热器能够显著提高热能利用率，降低能耗。比如使用螺旋折流板换热器，相对于普通的弓形折流板换热器，消除了弓形折流板的返混现象、卡门涡街，从而有效提高传热温差。某催化重整装置使用的国产缠绕管式换热器，由于它的换热管采用层间反向螺旋缠绕的结构（类似弹簧），极大地改变了流体流动状态，实现强烈的紊流效果，提高了换热效率，与板壳式换热器相比，该换热器具有良好的热膨胀补偿性，不但解决了换热器进口端高温蠕变的问题，同时每年可减少1705.16万元的燃料气消耗。此外，利用经验规则和夹点技术等方法对热交换网络进行优化设计，通过合理配置换热器的布局和操作参数，最大化利用热能，也是提高能源效率的有效方法。

（3）充分利用能量回收设备。对于炼油加氢装置，通过增加液力透平，最大限度回收生成油从热高分至热低分的压力能。以某炼厂加氢裂化装置为例，该装置的高压原料泵和高压胺液泵均配备了液力透平组。该设备的主要功能是将高压部位物料进入低压部位时损失的压力能回收并转化为机械能，从而辅助离心泵的运转，有效减少电能消耗。自该装置的两个透平投入使用以来，每小时电流分别降低了85A和8A，预计每年可节省超过640万度电。

（4）引入节能型的加热炉和加装低温余热回收系统。炼油加热炉的能耗占整个炼油行业能耗的35%，其燃烧效率高低直接影响到整个炼厂的能耗。使用高热值燃料、新型的低氮燃烧器和空气预热器等技术手段，并通过控制合适过剩空气系数和排烟温度，能够大幅度提高燃烧效率。此外，排烟热损失是加热炉的最大热损失，高达2%～10%。利用新型热管技术和低热阻高温防腐涂层技术共同实现低温烟气余热的高效回收，在有效抵御烟气露点腐蚀的情况下，可将烟气冷却到100℃以下，回收的热量可用于供热、发电等，大大减少了热能的浪费。

（5）及时更新厂内高耗能及落后的设备。如更新自动化的节能照明系统和灯具，可根据日常照明需求，分批、分区域用电并根据日出日落时间调整照明时间；将S9型变压器更新为S13型变压器。

1.2 炼油生产过程中的减排技术

1.2.1 炼油生产中减少污染物产生的技术

随着石油资源日益枯竭，企业加工的原油逐渐重质化，其中的硫、氮和砷等有害物质含量增高，必须采取有效的措施来降低对环境的影响。通过高效、先进的脱硫技术，去除原油中大部分的硫从而降低硫化物的排放是降低硫污染的关键。氮和砷在原油中以不同的形式存在，燃烧或炼制过程中可能会释放出氮氧化物和砷化物等污染物，脱氮和脱砷技术的应用则有助于减少氮和砷对环境的影响，通过改进催化剂和加工工艺，优化反应条件，可减少这些有害物质的生成和排放。

采用清洁能源和提高能源转换效率是减少温室气体排放的有效途径。例如，使用天然气替代部分重油作为燃料，可以显著减少硫氧化物和氮氧化物等污染物的生成。此外，炼油企业还可以采用碳捕集与封存技术来减少二氧化碳排放。

1.2.2 炼油工业中污染治理技术的运用

现代炼厂广泛应用的污染控制技术包括废气处理系统、VOCs处理、废水的处理等。

（1）常用的废气处理技术有SCR（选择性催化还原）技术和WGS（湿法脱硫）技术。SCR技术是在催化剂的作用下，将氮氧化物还原成氮气和水蒸气，从而降低氮氧化物的排放量。WGS技术则是利用化学反应将烟气中的硫氧化物转化为硫酸或硫磺，通过吸收剂的循环使用，持续有效地去除烟气中的硫氧化物，从而达到降低污染物排放的目标。广西石化动力站锅炉烟气处理项目采用WGS、SNCR（选择性非催化还原）和SCR技术，化学沉降法处理油浆。处理后的烟气，二氧化硫、氮氧化物和粉尘均明显低于国家排放限值，同时通过改烧油浆，大量节省了天然气消耗，降低了动力锅炉燃动费用。

（2）针对VOCs的处理，炼油厂常用吸附剂或燃烧装置来减少排放。吸附剂能够吸附VOCs并将其回收利用，而燃烧装置则将VOCs转化为二氧化碳和水蒸气。广西石化主要对污水池、污油池、雨水池等VOCs高浓度聚集部位的排放口、泄漏口进行密封收集，并集中送到利用"碳吸附"原理的处理单元统一治理，处理后的气体通过排气筒排放至大气。自该单元投用以来，炼厂内VOCs废气得到有效治理。

（3）在处理废水方面，油水分离技术和废水生物处理系统是两种常用的方法。油水分离技术通过物理或化学方法将油和水分离，从而减少废水中油类物质的含量。废水生物处理系统则利用微生物降解有机物质，使废水得以净化。这些技术的应用能够有效地去除废水中的有害化学物质和重金属，防止它们进入水体，保护水环境的安全。

2 效益分析

2.1 降低生产成本

炼油企业通过采用上述的节能技术和设备，能够有效减少能源消耗，直接或间接降低了能源采购的费用，这不仅减少生产成本，而且对于环保起到了促进作用。

先进的污水处理设施、废气处理设备和固体废弃物处理系统，能使企业从根源上减少污染物排放，不但降低污物治理成本，同时也避免因环境违规导致的罚款和潜在的清理费用。

2.2 提高企业竞争力

在现代商业环境中，随着能效标准和环保法规的日益严格，企业的核心竞争力不仅仅是产品、价格或营销策略的提升，合规性和可持续性已成为不可或缺的关键要素。引入先进的节能减排技术，不仅有助于优化企业的成本结构，减少合规成本，还彰显了企业对环境保护的责任感，从而树立了良好的企业形象。此外，这些技术的应用往往伴随着生产工艺的优化和自动化技术的升级，使企业能够更迅速地响应市场需求的变化，从而在激烈的市场竞争中占据优势地位。

2.3 减少环境污染，改善生态环境

减少有害化学物质的排放和优化废物处理流程降低了对土壤和水源的污染，有助于保护和恢复自然生态系统。通过实施绿色化的生产流程和加强环保意识，炼油企业能够促进生物多样性的保护和可持续发展，对于维护和增进生态平衡具有长远的积极影响。这些环保措施为企业的可持续发展提供了强有力的支持，同时也为企业及其所在地区的居民创造了更为健康和宜居的环境。

3 结束语

炼油生产中的节能减排技术是提高炼油行业经济效益和环境效益的关键。通过采用以上这些技术，不仅可以降低生产成本，提高企业竞争力，还可以减少环境污染，改善生态环境。因此，我国炼油行业应进一步推广和应用这些技术，以实现绿色、可持续的发展。

参考文献

[1] 王显平.节能减排技术在高速公路养护中的应用[J].智能城市，2021，7（10）：109-110.

[2] 支雅如.蒸汽系统的优化和节能降耗措施[J].化工技术与开发，2020，49（10）：72-74.

[3] 杨晓松.绿色建筑技术应用浅析——以某美术馆为例[J].广东建材，2021，37（5）：45-46，29.

[4] 刘斌.煤炭气化工艺节能减排技术及应用研究[J].云南化工，2021，48（5）：91-92，97.

[5] 王怡，李欣，周颖，等.多种节能减排技术在VLCC上的应用分析[J].船海工程，

2021, 50（2）：66-69.

[6] 冀光峰,梁建斌,把全龙,等.稠油热采平台注汽锅炉水处理工艺技术研发及应用[J].天津科技,2021,48（10）：48-50.

[7] 张晓宁,郭卫东,董海洋,等.炼化企业高效节能电气设备更新应用研究[J].石油化工建设,2022,44（8）：102-105.

[8] 矫明,徐宏,程泉,等.新型高效换热器发展现状及研究方向[J].化工装备与技术,2007,28（6）：41-46.

（作者：蔡晶,广西石化炼油三部,渣油加氢装置操作工,技师；卢增飞,广西石化炼油三部,工程师；任广,广西石化炼油三部,渣油加氢装置操作工,技师）

抽提蒸馏塔溶剂循环量的确定方法

◆ 程志刚

芳烃抽提装置采用萃取精馏的生产工艺，溶剂在蒸馏塔内既要萃取回收芳烃又要精馏提纯芳烃，所以溶剂循环量的大小决定着芳烃的收率和产品纯度，在实际生产中当装置负荷或者原料组成发生变化时，需要调整溶剂循环量，实际情况是大多数操作员在装置发生变化时对调节溶剂循环量把握不准确、不及时，即溶剂比（溶剂量/进料量）调整不适宜，而造成收率降低或者产品不合格，所以必须明确芳烃装置溶剂循环量的确定方法，来指导一线生产。

1 在生产中抽提蒸馏塔溶剂循环量的确定方法

在生产实践中芳烃抽提蒸馏塔的溶剂循环量对生产负荷、产品收率、产品纯度3个方面影响较大，本文针对这3个方面论述溶剂循环量的确定方法。

1.1 生产负荷发生变化

抽提蒸馏塔操作弹性是60%～110%，装置负荷的调整必须是在操作弹性范围内进行，否则无法保证产品合格。当装置在低负荷运转时，即在液相负荷下限附近，此时塔板上液量不足，分布不均，板效率降低，传质效果变差，所以装置低负荷运行时就需要较大的溶剂比以弥补塔板上的液量不足来稳定塔的平衡。某次生产过程中操作员在低负荷情况下，为了保证收率采用了大溶剂比7.1，结果溶剂溶解了过多的非芳烃，尤其是C_8非芳烃，造成甲苯产品非芳烃超标。生产中已验证当溶剂比达到7.0以上时溶剂会溶解过多的非芳烃导致抽提产品非芳烃超标，所以低负荷时大溶剂比不要超过7.0。当装置在高负荷运行时，即在液相负荷上限附近，液体流量太大导致液体在降液管内停留时间过短，夹带的气泡来不及分离，造成气相返混板效率降低，所以装置在高负荷运行时宜采用较低溶剂比来保证塔板效率，增加气液分离的时间以保证传质效果，一般高负荷运行时溶剂比不低于5.0即可。实验证明溶剂比低于5.0时无法保证芳烃的收率，同时又降低了芳烃与非芳烃的相对挥发度，芳烃与非芳烃在抽提蒸馏塔内不能充分分离进而影响产品纯度。另外在高负荷运转下采用低溶剂比还可以降低装置能耗。

1.2 对产品收率的影响

根据图1可知，不同的溶剂比产品的收率也不同，溶剂比越大，收率越高，但不能超过基准溶剂比的110%，否则产品不合格。当抽余油中芳烃含量超标时要及时提高溶剂比，在提高溶剂比时注意塔内温度的变化，塔釜温度越高，产品的收率越低，所以塔釜温度控制在165～170℃为宜。

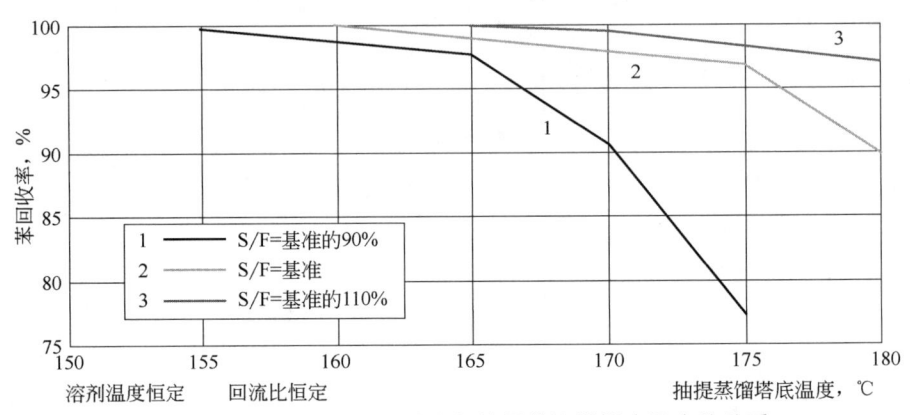

图1 不同溶剂比下苯回收率与抽提蒸馏塔塔底温度的关系

当抽提蒸馏塔塔顶产品抽余油中芳烃含量超过1%时，芳烃收率不合格，为获得期望的芳烃收率必须及时增加溶剂循环量。在给定的溶剂比及其他条件下，当进料中芳烃含量增加时组成发生变化，更多的芳烃溶解于溶剂中导致富溶剂和抽余油的相对挥发度降低，芳烃与非芳烃分离困难，抽余油中的芳烃含量也会升高，所以需要更高的溶剂比来回收芳烃，以维持合理的抽余油产品纯度，满足收率要求。

1.3 产品的纯度

在抽提蒸馏塔中溶剂循环量对芳烃产品的纯度起关键性的作用，当产品不合格时一定考虑溶剂比是否合适，过大过小都会导致产品不合格。

溶剂对芳烃具有良好的选择性，当芳烃与非芳烃与溶剂混合后，芳烃溶解于溶剂中，芳烃与非芳烃的相对挥发度增大，非芳烃的挥发度增加得更大，使得非芳烃被蒸出得以分离，抽提蒸馏塔塔底非芳烃含量越低，溶剂选择性就越好。如果混合芳烃中非芳烃含量高，同时抽余油芳烃含量高，说明溶剂比偏小，塔顶没有保证收率，塔底没有保证纯度，所以要增加溶剂比。根据多年的生产实践证明抽提蒸馏塔的溶剂比最大不能超过7.0，最小不能低于5.0，溶剂比过大、过小同样影响产品纯度，所以适宜的溶剂比才能保证产品的纯度。

2 总结

综上所述抽提蒸馏塔溶剂循环量的确定要根据生产负荷、产品收率、产品纯度3个方面综合考虑，不能只追求片面指标，而忽视另外两个指标造成不合格现象，抽提蒸馏塔的溶剂循环量即溶剂比控制在5.0～7.0为宜。

(作者：程志刚，广西石化PMT2，制苯装置操作工，高级技师)

输油臂紧急脱离装置结构原理及维保要点

◆ 王 通

紧急脱离装置是输油臂的重要组成部分，发挥着支持输油臂正常运作的功能。输油臂面临的运行环境比较复杂，尤其是在大风大浪的作业环境下船舶会出现飘逸，导致输油臂超出正常作业范围，在这时需要依靠紧急脱离装置使输油臂与船舶脱离，否则会造成输油臂故障，影响作业安全。紧急脱离装置发生故障后，直接影响码头装卸作业的安全性，因此根据输油臂装置的结构原理做好维保工作具有较强必要性。

1 输油臂工作原理

输油臂与船舶上油罐的连接主要依靠连接器、入口法兰等装置实现，只有保证连接的牢固性，才能顺利完成油品装卸作业。在油品装卸作业中，水中的船舶会不断浮动，输油臂必须主动适应船舶浮动的状态，采用一定数量的回转接头来控制自身转向，随着船舶运动方向的变化而变化，才能顺利地完成作业。在回转接头的帮助下，输油臂的作业范围能得到有效扩展，在安全作业区域内能始终处于安全运行的状态。不过在发生突发情况时，如大风大浪、锚索断裂、火灾、油品泄漏等，输油臂需要依靠紧急脱离装置才能快速地从船舶上脱离，避免船舶运动对自身的影响。

2 输油臂紧急脱离装置的结构原理

常见的输油臂紧急脱离装置主要设置在外壁的末端，和输油臂本身保持垂直连接的状态，如图1所示。

紧急脱离装置的组成结构比较简单，主要有卡紧机构、滚动钢球、椎阀等。在输油臂正常作业的时候，两列滚动钢球可以支持输油臂外臂的正常旋转动作，并发挥出回转接头的功能；在发生突发情况时，操作人员可以在液压控制系统的帮助下发出远程控制信号，快速分离输油臂和船舶。

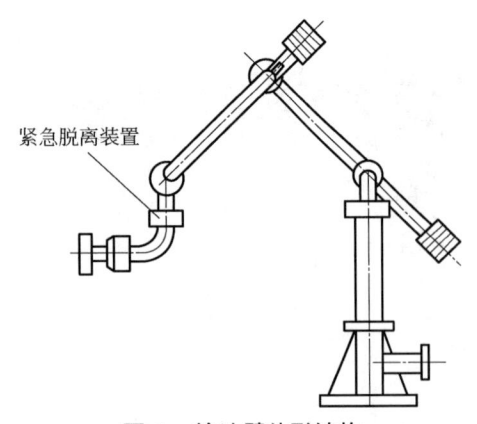

图 1 输油臂外形结构

（1）预警系统。当发生紧急情况且输油臂超出预先设定的标准参数后，紧急脱离装置的预警系统自动启动，在发布预警信号且输油臂外臂夹角超过一定大小后自动启动紧急脱离程序。

（2）自动脱离和流体切断系统。该部分由椎式承插结构和双椎阀组成。当脱离程序处于启动状态时，由液压控制系统打开卡紧机构，使其从脱离装置上脱落。紧急脱离装置在复位弹簧的帮助下，从椎式承插结构处实现快速分离，同时双椎阀迅速复位将密封流体切断。

（3）卡紧机构。在输油管路连接时，卡紧机构能让双锥阀连接，使双锥阀开启，保持管道的畅通性，此时卡紧机构会承受一定程度的拉力。在预警系统启动后，由液压控制系统控制并拔除销轴将卡紧机构打开，卡紧机构被打开后可以解除对紧急脱离装置的约束。

（4）液压控制系统。液压控制系统在紧急脱离装置中是核心功能部分，其主要由主阀、换向阀、蓄能器、拔销油缸等部分组成，可以通过对压力油的通知来控制主进油阀的启闭，在压力油进入拔销油缸后可以拔除销轴，瞬间脱节卡紧机构，双锥阀在复位弹簧的帮助下将两端管路关闭。重新安装时可以采用手动泵，用长丝定位拔销油缸的活塞杆，将卡紧机构安装上，使用侧力扳手适当调整预紧力。

3 输油臂紧急脱离装置的维保要点

3.1 售后服务

为避免输油臂紧急脱离装置故障，出现非正常脱离事故，企业在采购装置后，要与生产厂家签订维保协议，规定定期维保的时间，由生产厂家委派专业技术人员对紧急脱离装置出现进行检查、调试、维护和保养。企业要尽量争取售后服务，提高生产厂家前往维保的频次，及时发现紧急脱离装置的故障隐患，必要时可以及时向生产厂家发出更换零部件或更换整个装置的订单，避免紧急脱离装置出现故障影响正常的码头作业。

3.2 加强预警

输油臂紧急脱离装置维保过程中，企业要高度重视预警工作的开展，除装置自带的预警系统外，还可以在控制室增设报警器，以便操作人员及时发现预警信息，及时处理可能存在的故障，避免处理不及时可能造成的重大损失。此外，输油臂在运行过程中，可以将"功能选择"开关设置在"报警等待"的位置，便于预警系统或预警器发出报警信号后操作人员可以通过显示器了解预警的原因。

3.3 日常巡检

企业要总结输油臂非正常脱离事故案例，深入分析导致输油臂非正常脱离的原因，明确紧急脱离装置在其中扮演的角色，在总结分析的基础上发现薄弱环节，加强对紧急脱离装置的检查和管理力度[1]。企业可以委派专业技术人员做好日常巡检工作，制定周密的巡检计划，尽量消除紧急脱离装置监督检查存在的盲区，尤其是在发现船舶飘逸、缆绳断裂等隐患时，要及时观察紧急脱离装置的运行状况，严格记录问题、分析原因，为后续开展维护和保养工作提供依据。

3.4 试验检查

企业要明确输油臂紧急脱离装置的试验检查周期，可以每季度进行1次空脱试验。试验检查前，工作人员要认真检查复位缆绳上螺栓的牢固度，将试验销和剪切销拔下，把阀箱的手柄拨到接船，随后关闭液压站的驱动阀，开启紧急脱离阀，打开"紧急脱离"按钮，观察现场是否发生异常，对异常问题做好记录并制定检修计划，如正常可以按"复位"按钮结束检查。

3.5 试运行

输油臂紧急脱离装置在运行时，可以采用试运行的方式来检查装置是否正常。

首先，企业要合理确定试运行周期，尽量在减少维保投入的基础上提升紧急脱离装置的运行效果。在确定试运行周期时，企业要考虑装置的运行市场和利用率，如装置运作时间较长，容易发现隐患或故障，可以适当延长试运行周期，反之则可以缩短试运行的周期。

其次，企业要考虑液压油的质量，检查液压油是否变质以及其中的杂质含量，避免在液压油变质或者杂质含量超标后试运行，根据液压油质量下降的时间适当缩短试运行时间。

再者，企业要考虑装置零部件是否老化或损坏，在每次更换新的零部件后，先进行1次试运行，判断更换零部件后紧急脱离装置是否仍然处于正常运行状态。

最后，企业要考虑外部因素可能对紧急脱离装置造成的影响，尽量在每次紧急脱离、输油震动较大、故障检修后进行试运行，及时发现紧急脱离装置存在的不足，采取针对性的处理措施。

3.6 保障条件

输油臂紧急脱离装置的维保工作，要求维保人员必须熟悉紧急脱离装置的结构原理和操作要点，完整掌握可能对紧急脱离装置造成影响的因素，明确装置试验、检修、保养、试运行、空脱试验等方面的工作要点，以上述条件为依据做好维保工作，提高维保的专业性，尽量降低输油臂紧急脱离装置面临的故障隐患，保证其正常运行状态。

4 结语

综上所述，紧急脱离装置的功能是保障输油臂运行安全以及码头作业安全。对企业来说，在输油臂投入运行后，必须制定科学的维保计划，明确维保周期和维保工作要点，安排专业技术人员负责维保工作，在合理进行维保的基础上及时发现和处理故障，避免紧急脱离装置故障可能给输油臂造成的影响。紧急脱离装置的维保工作中，工作人员要全面掌握紧急脱离装置的结构原理和维保工作要点，严格按照预先制定的计划开展工作，通过有效维保为紧急脱离装置的正常运行提供保障。

参考文献

王红宾，杨献鹏，韩锋，等.输油臂智能化自动对接系统方案研究[J].中国水运，2023（8）：57-58.

（作者：王通，广西石化储运二部，油品储运调和工，技师）

多元素分析仪测定聚丙烯中添加剂含量

◆ 赵 俊 路春玲 张双月 王 玲

为了解决聚丙烯强度和耐久性较低等缺陷问题，通常需要向聚丙烯中添加一些添加剂，提高硬度、强度、耐用性、抗氧化和抗老化性能。但过量添加会导致聚丙烯材料变脆且易开裂，所以聚丙烯树脂需要分析聚丙烯中的添加剂。广西石化对于聚丙烯中添加剂的分析需求为钙、锌、硅元素，由于行业内尚无分析标准，故着眼于开发使用PHASE公司生产的Supermini200多元素分析仪（以下简称多元素分析仪）测定聚丙烯添加剂的含量。

1 问题描述

实验室现有多元素分析仪用于测定汽油中硅元素，以X射线光电子能谱法分析各类金属元素，但汽油为液体分析，且此仪器之前毫无测定聚丙烯添加剂的研究成果，所以没有完备的参考方向。经与仪器设备厂家沟通，确定了先采用压片法制样，后经过调仪器整晶体角度、测量谱线调整等来完成此项曲线建立工作。

2 仪器分析工作原理

X射线光电子能谱法为当能量高于原子内层电子结合能的高能X射线与原子发生碰撞时，驱逐一个内层电子而出现一个空穴，使整个原子体系处于不稳定的激发态，激发态原子寿命约为10-12-10-14s，然后自发地由能量高的状态跃迁到能量低的状态，这个过程称为弛豫过程。弛豫过程既可以是非辐射跃迁，也可以是辐射跃迁。当较外层的电子跃迁到空穴时，所释放的能量随即在原子内部被吸收而逐出较外层的另一个次级光电子，此称为俄歇效应，亦称次级光电效应或无辐射效应，所逐出的次级光电子称为俄歇电子。它的能量是特征性的，与入射辐射的能量无关。当较外层的电子跃入内层空穴所释放的能量不在原子内被吸收，而是以辐射形式放出，便产生X射线荧光，其能量等于两能级之间的能量差。X射线荧光的能量或波长是特征性的，与元素有一一对应的关系。由于只有表面处的光电子才能从固体中逸出，因而测得的电子结合能必然反映了表面化学成分的情况。这正是光电子能谱仪的基本测试原理。

3 试验设备与方法

3.1 实验设备

试验设备采用PHASE公司生产的Supermini200多元素分析仪，高压（50kV）作用于X射线管，由靶材产生初级X射线。初级X射线照射样品，从样品中激发出各元素的特征X射线（X射线荧光），通过测角器进行光谱分光，测定各谱线的强度。

3.2 试样制备

本方法采用熔融法将聚丙烯树脂颗粒放入模具熔融后冷却成形用于测量。

实验中使用的多元素分析仪样品杯内径为4.3cm。设计制作做成模具，模具为30cm×30cm的正方形白钢板，且在对角处做两个孔径为4.2cm的圆形（见图1）。将聚丙烯树脂颗粒放入模具中，以210℃的温度将聚丙烯颗粒熔融冷却成型后取下用于测量。

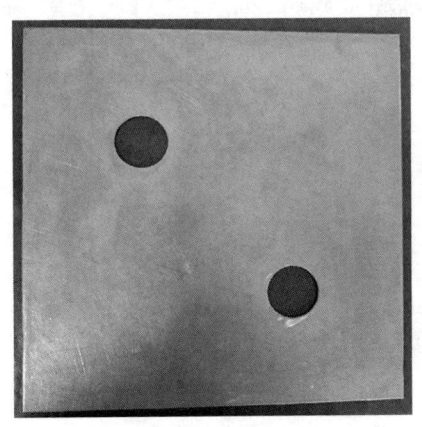

图1 模具图

3.3 方法建立实验过程

3.3.1 钙元素扣背景实验过程

钙元素曲线建立扣背景期初选择1个背景，但曲线最后线性结果不好，准确率为1.4%（见图2）。

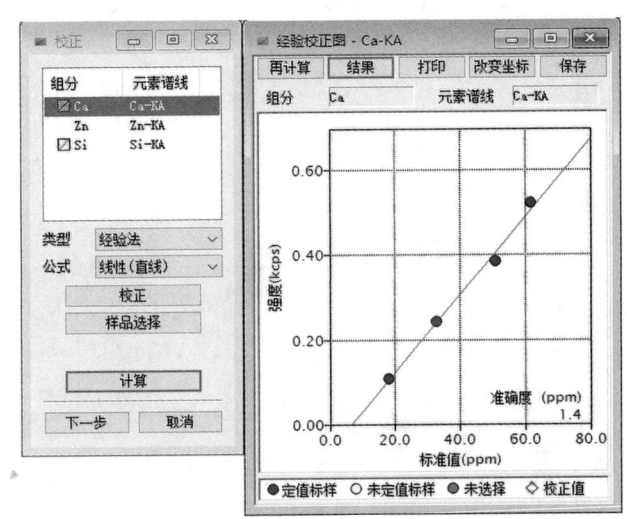

图2 钙曲线经验矫正

最后重新建立时选择0个背景扣除，即非人为扣除背景（见图3）。

3.3.2 锌元素线性问题

锌元素扣背景后强度太低，无法测量。不扣背景谱峰强度亦不成线性。分析是由于优化测量条件时，测定时间过长或者选择测量模式错误。

经实验后更改了测量元素谱线为KB1，并添加了小于2小含量的标样后，曲线线性结果良好（见图4）。

4 方法参数汇总与实验结果讨论

4.1 方法参数汇总

曲线参数设定如表1所示。

4.2 实验结果讨论

按照分析需求及分析数据大概范围，预先设定了规定偏差值，元素含量大于或等于100mg/m^{3}时允许误差小于或等于10%，元素含量大于或等于10mg/m^3，小于100mg/m^{3}时允许误差小于或等于20%，元素含量小于10mg/m^{3}时允许误差小

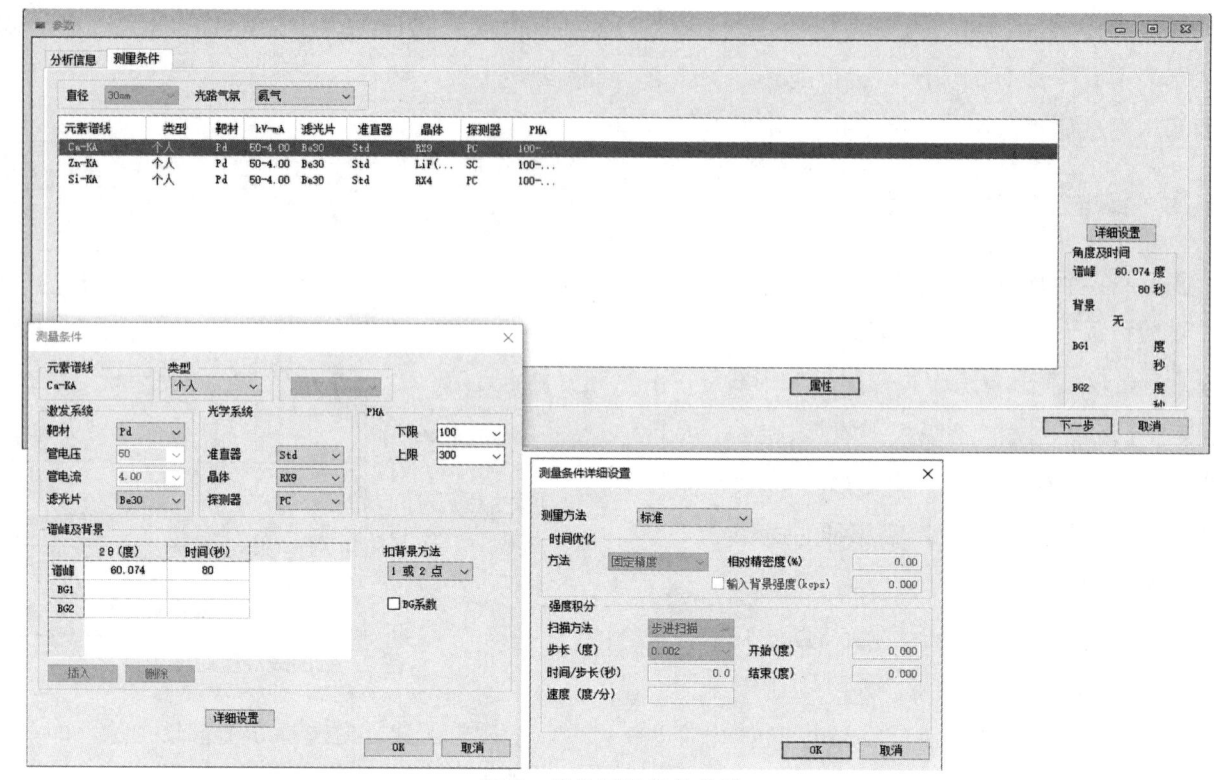

图3 优化测量条件参数

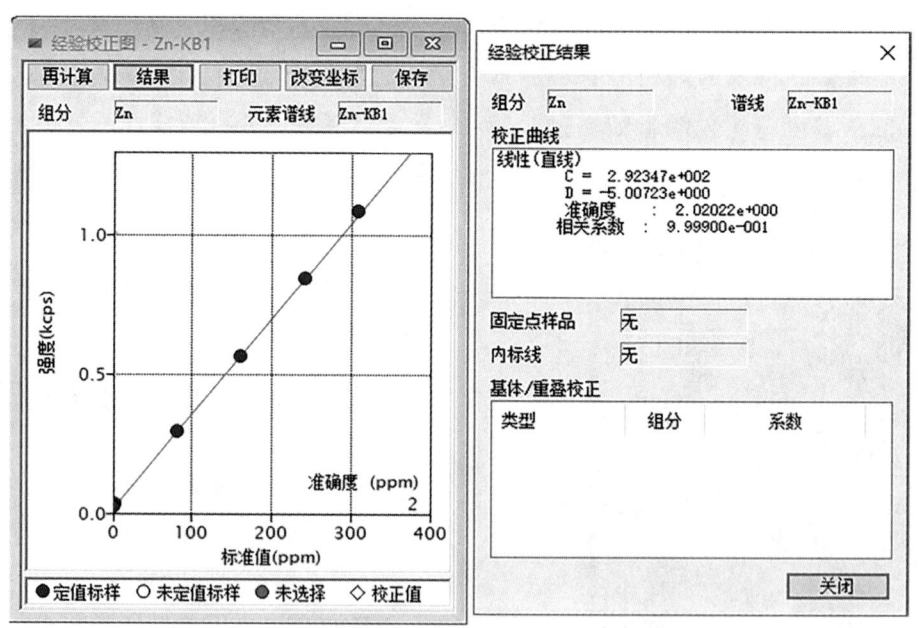

图4 经验校正结果

于或等于30%。

将标准样品重新成形后分析,测量数据与标准值进行比对,得出规定偏差结果。表2为实验结果与规定偏差比对数据。

由表2分析结果可以看出,分析数据偏差符合分析要求,此方法可用于日常分析。

表1 曲线参数设定

元素谱线	靶材	kV-mA	滤光片	准直器	晶体	探测器	PHA1	谱峰/BG	角度,°	时间,s
Ca-KA	Pd	50～4.00	Be30	Std	RX9	PC	100～300	谱峰	60.102	80
								BG：1	58.900	10
								BG：2	61.200	10
Zn-KA	Pd	50～4.00	Be30	Std	LiF（200）	SC	100～300	谱峰	41.772	30
								BG：1	41.160	10
								BG：2	42.380	10
Si-KA	Pd	50～4.00	Be30	Std	RX4	PC	100～300	谱峰	144.742	180
								BG：1	142.950	10
								BG：2	146.100	10

表2 试验结果与规定偏差比对数据

元素	标准值,mg/m³	测量结果,mg/m³	偏差,mg/m³	规定偏差,mg/m³
Ca	18	16.69	-0.31	<20%
Ca	62	62.80	+0.80	<20%
Ca	33	33.46	+0.46	<20%
Zn	243	238.61	-4.39	<10%
Zn	82	79.31	-2.69	<20%
Zn	162	160.78	-1.22	<10%
Si	1170	1147	-23	<10%
Si	585	577.94	-7.06	<10%
Si	293	280.55	-12.45	<10%

5 结论

将聚丙烯树脂颗粒熔融成型后用多元素分析仪分析，分析过程全程不接触有毒有害物质，且不需要人工过多干预，可以安全、高效、便捷地完成聚丙烯添加剂分析任务。

参考文献

[1] 宋渊, 刘景梅.X射线荧光光谱法测定硅钙合金中硅、钙、铁[J].机车车辆工艺, 2011（4）：33-38.

[2] 李美, 梁月盈, 宫志爱.X射线光谱法检测硅铝钙钡合金中硅、铝、钙、钡[J].天津冶金, 2019（1）：59-62.

（作者：赵俊, 广西石化质量检验中心, 化工分析工, 技师；路春玲, 广西石化质量检验中心, 油品分析工, 特级技师；张双月, 广西石化质量检验中心, 油品分析工, 高级技师；王玲, 广西石化质量检验中心, 油品分析工, 高级技师）

操作压力对 MTBE 装置的主要影响及精馏节能浅析

◆ 徐国辉　吕志刚

MTBE/1-丁烯装置是广西石化炼化一体化的一套主体装置，MTBE 采用固定床外循环加催化蒸馏，1-丁烯采用两级精密精馏技术。精馏是化工分离的重要手段，精馏操作过程都是以产品质量合格，能源消耗最小为准则，如何做到能耗最低、分离效率最高受很多因素影响，本文主要通过所从事的同类装置，理论分析结合长期实际操作，总结了操作压力调整对 MTBE/1-丁烯装置能耗、产品质量、装置收率的影响，并提出了精馏节能的相关技术措施。

1 操作压力对精馏过程影响的理论分析

1.1 对组分间相对挥发度的影响

在较高的压力下，平衡气相、液相组成之间的差别减小，组分间相对挥发度随着压力的升高而减小，随着压力的降低而增大。降压可减少塔板数或降低回流比，同样的分离度所需的能量较少，但是，操作压力变化后，必须对塔的供热和回流作相应的调整，不然也不会节省能量。

此外，操作压力对恒沸物的组成也有影响。在反应蒸馏塔中，碳四与甲醇能形成共沸物，将反应过程中过量的甲醇携带到塔顶，甲醇携带量随压力的增加而增加。

1.2 对塔顶、塔釜温度的影响

操作压力改变会引起塔顶、塔釜温度的变化，在组成不变的情况下，塔顶、塔釜温度均随压力升高而升高，随压力的降低而下降。

选择操作压力要考虑塔顶蒸汽的冷凝温度、塔釜液体的沸腾温度及所用的冷却介质的温度。精馏按其操作压力不同可分为加压精馏、常压精馏及减压精馏。一般来说，凡通过常压下的精馏操作较易实现分离要求的系统，都采用常压精馏；常压下混合物的沸点过低，可采用加压精馏；常压下，混合液的沸点过高，则宜采用减压精馏。

1.3 对汽化潜热的影响

大多数物料的汽化潜热随操作压力升高而减

小，加压操作可以降低再沸器热负荷，减少蒸汽用量。

1.4 反应精馏塔反应速率与化学反应平衡常数的影响

由于反应精馏塔内同时存在反应与分离操作，任何一个参数（如回流比、操作压力、进料位置、进料状态等）的变化都会对系统传热传质过程造成影响。在反应精馏塔的操作中，应严格执行设计压力，以使得反应精馏塔既具有较高的热力学效率，又能呈现出良好的动态特性及可控性。

2 操作压力变化对装置的主要影响

2.1 装置能耗的影响

由表1可以看出，在操作压力不变的情况下，随着回流量的降低，蒸汽消耗降低；操作压力提高，回流量不变，反应精馏塔蒸汽耗量下降。

表1 不同操作压力下装置蒸汽消耗对比

序号	催化蒸馏塔 MPa	C级蒸汽 t	催化蒸馏塔回流 t	D级蒸汽 t	脱异丁烷塔 MPa	脱异丁烷塔回流量 t
1	0.59	114.6	11.5	303	0.59	54
2	0.59	116.7	12	309.4	0.59	54
3	0.59	114.7	11.8	305.2	0.59	54
4	0.59	110.9	11.8	282.9	0.69	54
5	0.59	116.9	11.7	300.9	0.69	54
6	0.59	120.2	11.7	301.5	0.69	54
7	0.59	116.3	12	287.5	0.69	54
8	0.69	116	12	287.8	0.69	54
9	0.69	116	10.35	274.6	0.69	54
10	0.69	116.6	10.35	292.6	0.69	54

2.2 操作压力对产品质量的影响

对醚化反应蒸馏系统和脱异丁烷塔进行降压操作，醚化保护反应器出口压力由1.20MPa降至1.0MPa，反应精馏塔压力由0.69MPa降至0.59MPa，脱异丁烷塔压力由0.69MPa降至0.59MPa。

从表2可以看出，操作压力在0.69MPa时，反应精馏塔分离效率较高，催化蒸馏塔塔釜甲醇、碳四含量下降，MTBE浓度提高，塔顶采出催化蒸馏塔回流泵甲醇含量上升，有利于补加的过量甲醇回收，降低甲醇损耗。

表2 不同操作压力下反应精馏塔塔顶、塔釜产品质量对比

操作压力, MPa	催化蒸馏塔					催化蒸馏塔回流泵
	MTBE, %	叔丁醇, %	仲醚, %	甲醇, %	碳四, %	甲醇, %
0.59	98.140	0.460	0.764	0.325	0.256	1.269
0.69	98.367	0.438	0.791	0.235	0.158	1.356

从表3可以看出，操作压力在0.69MPa时，脱异丁烷塔釜水含量、异丁烷含量较低，有利于降低1-丁烯产品中水含量。

表3 不同操作压力下1-丁烯精制1-丁烯组分含量对比

操作压力 MPa	醚后碳四				
	水 mg/kg	正丁烯 %	异丁烯 %	异丁烷 %	正丁烷 %
0.59	22.048	99.587	0.341	0.027	0.062
0.69	21.549	99.682	0.240	0.015	0.075

3 操作压力对装置收率的影响

2021年12月，对装置在不同操作压力下的收率进行标定，全系统提压操作时装置标定收率为98.17%，高于全系统降压操作期间的97.52%，提压操作有利于提高装置收率。

4 精馏节能技术措施

4.1 选择合适的操作压力

精馏塔的操作压力严重影响精馏系统能耗和分离效果，操作压力的大小受多种因素的制约。选择操作压力首先要考虑塔顶蒸汽的冷凝温度、塔釜液体的沸腾温度及所用的冷却介质的温度，应满足工艺要求，使其能够分离出合格的产品。在条件允许的情况下，可以改变精馏塔的操作压力，达到节能的目的。

4.2 选择合适的回流比

回流比直接影响再沸器和冷凝器的热负荷，决定了精馏分离的静功耗。生产中，经常采用卡边的操作方式，在确保塔釜、塔顶产品质量的前提下，逐步降低回流量节约蒸汽消耗。回流量较小的变化也能引起蒸汽消耗的明显降低。操作中脱异丁烷塔回流量由53t/h降低到49.5t/h，回流量降低了3.5t/h，低压蒸汽量大约降低了0.5t/h，相应的塔顶冷凝循环水也降低。

4.3 调整提高进装置低压蒸气压力

过热蒸汽在放热过程中主要经过3个阶段：过热蒸汽冷却变为饱和蒸汽，饱和蒸汽相变放热变为饱和水，饱和水进一步冷却变为过冷水。过热蒸汽在换热器壁面直接传热系数远小于饱和蒸汽在换热器壁面的传热系数。饱和蒸汽冷凝阶段，换热量约占过热蒸汽总放热量的80%～85%。

生产中，根据外管蒸汽供应情况，及时调整提高进装置蒸汽压力，既可降低减压截流能量损失，也降低了蒸汽过热度，有利于提高再沸器换热效率。

5 结论

通过理论分析并结合实际操作，总结了操作压力调整对MTBE装置能耗、产品质量、装置收率的影响，进一步表明设计操作压力下装置产品质量、能耗、装置收率较降压操作条件下更优化。提出了在加压精馏装置的实际操作中，利用卡边的操作方式，在确保塔釜、塔顶产品质量的前提下，逐步降低回流量节约蒸汽消耗，提高进装置低压蒸汽压力，降低蒸汽过热度，提高再沸器换热效率等节能措施。

(作者：徐国辉，广西石化PMT2，MTBE/1-丁烯装置操作工，技师；吕志刚，广西石化PMT2，MTBE/1-丁烯装置操作工，技师)

残渣燃料油总沉淀物测定的两种老化法对比分析

◆ 路春玲

在石油化工领域，残渣燃料油总沉淀物测定对油品质量评估及生产控制意义重大。本文聚焦残渣燃料油总沉淀物测定的热老化法（以下简称 A 法）和化学老化法（以下简称 B 法），对其进行深入探究。通过对比两种方法的老化时间、精密度及分析结果，旨在为优化测定方法提供依据。

1 残渣燃料油总沉淀物测定法

加速残渣燃料油老化的两个试验程序与特定热过滤法结合，用于预测油品在储存和运输中的稳定性。

随着残渣燃料油生产技术发展，A 法存在耗时、用工多、效率低及分析结果受操作员影响等问题。通过深入研究和实践，明确了影响测定结果准确性和时效性的关键因素，提升了该方法的实用性。

2 过程

2.1 取样

取样前，样品需经高速混合器充分搅拌 30s，按特定方法称取同一容器样品。通常应同时获取试样，并以相同步骤准备。

2.2 样品准备

全部样品用均质器混合 30s 或采用其他方式确保均匀。对于高含蜡量或高黏度燃料油，搅拌前需加热。低黏度燃料油加热应高于倾点 15℃，高黏度燃料油则需加热至黏度在 150～200mm^2/s 之间，准备期间温度不得超过 80℃。

2.3 A 法

在锥形烧瓶中称取（25±1）g 均匀试样，用带冷凝器的软木塞塞紧，置于（100±0.5）℃老化油浴的空气套管中（24±0.25）h。之后取出烧瓶，更换橡胶塞剧烈摇动，检查并处理底部和内壁沉淀物，按标准步骤测定总沉淀物含量。

2.4 B法

将金属块置于磁力搅拌器/电热板上，固定触点温度计并连接。调节至试样运动黏度约50mm²/s时的温度。在锥形烧瓶中称取（25±0.2）g均匀试样，放入搅拌子，置于磁力搅拌器/电热板中心，搅拌10min，以不大于1.0mL/min速率滴入（2.5±0.02）mL正十六烷，注意避免局部过分稀释。将混合物倒入另一烧瓶，塞上带冷凝器的软木塞，放入老化油浴（60±2）min。后续操作同A法。

3 数据分析

3.1 老化时间对比

通过6月数据对比，发现B法老化时间大幅缩短至1h，为生产争取了时间（见表1）。

3.2 精密度

3.2.1 重复性（r）

同一操作者使用同一仪器，在相同的试验条件下对同一试样进行测定，所得的两个连续测定结果之差，不能超过下列数值：

残渣燃料油　　$r=0.123\sqrt{x}$

含有残渣组分调和的馏分燃料油　　$r=0.048\sqrt{x}$

式中 x 是试验结果的平均值。

3.2.2 再现性（R）

不同操作者在不同实验室对同一试样，按照同样的试样方法测定所得两个测定结果之差，不能超过下列数值：

残渣燃料油　　$R=0.341\sqrt{x}$

含有残渣组分调和的馏分燃料油　　$R=0.174\sqrt{x}$

式中 x 是试验结果的平均值。

表1　6月A法与B法老化时间对比

分析时间 罐号 \ 时间	6月12日			6月15日			6月19日			6月23日		
	方法A老化时间 h	方法B老化时间 h	相差 h	方法A老化时间 h	方法B老化时间 h	相差 h	方法A老化时间 h	方法B老化时间 h	相差 h	方法A老化时间 h	方法B老化时间 h	相差 h
215罐	24.2	1.0	23.2	24.1	1.0	23.1	24.2	1.0	23.2	24.2	1.0	23.2
215罐	24.1	1.0	23.1	24.2	1.0	23.2	24.2	1.0	23.1	24.2	1.0	23.2
214罐	24.2	1.0	23.2	24.2	1.0	23.2	24.2	1.0	23.2	24.1	1.0	23.1
216罐	24.2	1.0	23.2	24.2	1.0	23.2	24.2	1.0	23.2	24.1	1.0	23.1
216罐	24.1	1.0	23.1	24.1	1.0	23.1	24.1	1.0	23.1	24.2	1.0	23.2

3.3 分析结果对比

6月的数据对比显示，两种方法的测定结果在重复性范围内，符合再现性实验要求（见表2）。

4 方法讨论

目前常用A法测定残渣燃料油总沉淀物含量，B法因滴加正十六烷存在诸多不可控因素影响结果。随着数字技术发展，化验室创建了自动滴定装置，可精准控制滴定速度及用量，具备仪器价格低、操作简便、测试快速等优势，适用于残渣燃料油总沉淀物测定。

5 展望

残渣燃料油总沉淀物测定至关重要。综合考虑产品要求、操作技术和经济因素，热老化法和化学老化法均适用。虽化学老化法存在烦琐和严

表2 6月A法与B法分析结果的对比

分析时间 罐号　　分析结果	6月12日			6月15日			6月19日			6月23日		
	方法A %	方法B %	偏差 %	方法A %	方法B %	偏差 %	方法A %	方法B %	偏差 %	方法A %	方法B %	偏差 %
215罐	0.07	0.06	0.01	0.06	0.05	0.01	0.07	0.06	0.01	0.08	0.07	0.01
215罐	0.08	0.07	0.01	0.08	0.07	0.01	0.08	0.07	0.01	0.07	0.07	0.00
214罐	0.06	0.05	0.01	0.08	0.07	0.01	0.07	0.06	0.01	0.08	0.07	0.01
216罐	0.08	0.08	0.00	0.07	0.07	0.00	0.08	0.07	0.01	0.07	0.07	0.00
216罐	0.08	0.08	0.00	0.07	0.06	0.01	0.08	0.08	0.00	0.07	0.06	0.01

格要求等不可控因素，但通过自动滴定装置可实现精准、快速测定，分析准确、高效、反馈及时，助力装置调整和提质增效。

（作者：路春玲，广西石化质量检验中心，油品分析工，高级技师）

制氢装置提高中压蒸汽产量操作优化

◆ 张 勇 田春起 吕红滨 党 辉 杨 凯

广西石化 $14 \times 10^4 m^3/h$ 制氢装置（以下简称大制氢装置）造气部分引进 Technip 公司的工艺技术，采用轻烃水蒸气转化法的工艺路线。净化部分引进 UOP 公司的工艺技术，富含氢气的变换气采用变压吸附（PSA）方法提纯。为了充分回收利用装置余热，设计使用转化炉烟气和转化气与除氧水换热产生中压蒸汽。在日常停运动力锅炉的情况下，为提高全厂蒸汽系统波动的应急处理能力，各个产汽、用汽装置均需做出相应操作调整，作为全厂蒸汽外送的主要装置，制氢装置对于全厂蒸汽平衡发挥重要作用，本文通过找出制约装置蒸汽外送的主要原因，优化制氢装置蒸汽系统操作，达到增产中压蒸汽的目的，为全厂蒸汽系统的优化、提质增效作贡献。

1 大制氢装置中压蒸汽系统的流程简介

大制氢装置中压蒸汽系统由工艺蒸汽系统和洁净蒸汽系统两部分组成，分别使用转化气和转化炉烟气与除氧水换热来产生中压蒸汽，所产中压蒸汽一部分用来与原料在转化炉中发生反应，剩余部分则外送至中压蒸汽管网。

1.1 工艺蒸汽系统

工艺蒸汽系统用水是从高温变换系统来的工艺冷凝液经过除氧器汽提后送入工艺蒸汽汽包，通过两台转化炉烟气余热锅炉与烟气换热，产生 3.8MPa 蒸汽，与高温变换气换热成过热蒸汽，再给原料加热后全部配入原料中参与反应，具体工艺流程如图 1 所示。转化炉烟气余热锅炉靠自然循环进行换热发汽，正常生产时工艺汽包产汽量受上水温度、烟气温度和烟气量影响，在装置负荷一定，又要保证加热炉热效率的前提下，烟气温度和烟气量变化不大，因此，调整上水温度是改变工艺蒸汽汽包发汽量的常用手段。工艺蒸汽系统由于回收利用装置转化变换系统冷凝液，其冷凝液中含有铁、铜、有机小分子等杂质，为防止中压蒸汽污染系统管网，所产生的蒸汽全部配入转化炉与原料发生反应，成为一个独立的蒸汽系统。

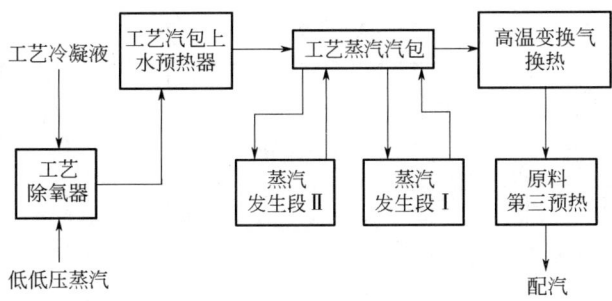

图 1 工艺蒸汽系统流程简图

1.2 洁净蒸汽系统

洁净蒸汽系统用水来自界区外的除盐水，除盐水经过高温变换气预热后进入除氧器除氧，除氧水由泵加压后再与高温变换气换热，然后进入洁净蒸汽汽包，汽包中的水通过自然对流进入转化气蒸汽发生器，与高温变换气换热产生4.8MPa的蒸汽，洁净饱和蒸汽从汽包出来后进入烟气过热段过热，减温减压后一部分配入原料作为配汽，多余部分送出装置，具体工艺流程如图2所示。

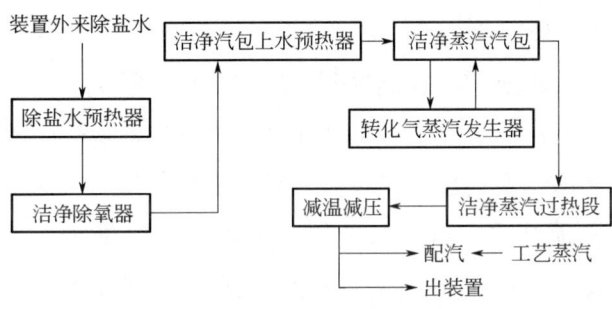

图 2 洁净蒸汽系统流程简图

出装置的蒸汽量受水碳比和洁净汽包产汽量影响。水碳比越低，需要的蒸汽越少，外送蒸汽就越多，在水碳比一定的情况下，工艺蒸汽量越多，洁净蒸汽去配汽的量反而越少，送出装置的中压蒸汽量越多。正常生产时汽包产汽量受上水温度、转化气的量和温度影响，在装置负荷一定，又要保证一定转化率的前提下，转化气的量和温度变化不大，因此，降低水碳比和提高上水温度是增加洁净蒸汽汽包发汽量的常用手段。

2 中压蒸汽系统存在的问题分析

为应对全厂停动力锅炉后蒸汽管网压力波动造成的冲击，提高全厂蒸汽管网抗冲击能力，大制氢装置在正常生产时需尽最大可能多生产中压蒸汽，面对暴雨等突发状况，在不考虑转化炉热效率的情况下也需要提高中压蒸汽产量。

2.1 两个汽包上水温度偏低

大制氢装置设置有两个汽包，分别利用烟气和转化气热量产生蒸汽，汽包所用除氧水经过锅炉给水泵升压后与高温变换气换热，被加热到220℃分别进入两个汽包。由图3流程可以看出，通过调节副线阀门开度就可以控制两个预热器的换热量，从而达到控制汽包上水温度的目的。从回收高温变换气余热的角度考虑，副线阀门开度越小，代表两个预热器换热负荷越大，可以获得更高的上水温度，还可以减少后续系统的冷却负荷压力。

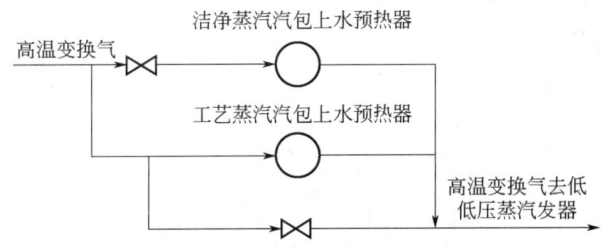

图 3 汽包上水换热流程简图

表 1 除氧水换热器数据表

	工艺蒸汽汽包上水预热器 (3.8～4.2MPa)	洁净蒸汽汽包上水预热器 (4.0～5.0MPa)
设计温度，℃	310	310
工作温度（入/出），℃	108/215	108/215
操作压力下的饱和温度，℃	247.3～253.3	252～265

两个上水预热器是高温变换气余热回收的重要一环，汽包上水温度的高低对汽包发汽量影响也非常大。如表1所示，两个预热器的进水侧设计温度达到310℃，操作压力下的饱和温度都在247℃以上，两个预热器预热完上水温度是215℃，实际上水温度220℃左右，离上水汽化点还有很大空间，实际操作中换热器旁通阀门开度较大，部分高温变换气通过旁通阀门进入下游冷却，这为提高汽包上水温度的可能性奠定了一个基础。

2.2 转化气蒸汽发生器换热量不足

如表2所示，在洁净蒸汽汽包压力稳定的情况下，随着装置负荷增加，转化气蒸汽发生器出口温度呈快速上涨趋势，温控阀已经全关，失去调节作用，说明转化气蒸汽发生器换热量已经不足，冷却不到设计温度，同时造成转化气蒸汽发生器的发汽量不足。换热器随着运行时间的延长，换热效率逐渐下降，造成装置的发汽量逐步减少。

表2 转化气蒸汽发生器数据表

装置负荷 t/h	转化气蒸汽发生器出口设计温度 ℃	转化气蒸汽发生器出口操作温度 ℃	洁净蒸汽汽包压力 MPa	温控阀开度 %
24	335	359.1	4.0	0
26	335	365.7	4.0	0
28	335	378.1	4.0	0
30	335	380.3	4.0	0

2.3 水碳比偏高

如表3所示，水碳比的设计值是2.95，实际生产时水碳比基本控制在3.25～3.3之间，实际用汽量要比设计多用10t左右，造成部分蒸汽浪费。

表3 水碳比数据表

装置负荷 t/h	水碳比 设计值	水碳比 实际值	设计值下的配汽量 t/h	实际转化配汽量 t/h
24.4	2.95	3.30	80.3	89.9
26.1	2.95	3.28	86	95.6
29.1	2.95	3.29	95.8	106.8
30.8	2.95	3.29	101.5	112.9

3 优化措施

3.1 提高两个汽包上水温度

对比两个上水预热器设计压力和设计温度，考虑到除氧水在换热后温度要低于此压力下的饱和温度，防止除氧水有气相产生，还要留有充足余量以抵抗其他波动风险，在充分利用高温变换气余热来增产中压蒸汽过程中，通过不断摸索，逐渐将汽包除氧水上水温度由原来的220℃提高至235℃。

3.2 降低洁净蒸汽汽包操作压力

由前面分析已知转化气蒸汽发生器换热效率下降，造成出口温控阀已经失去调节作用，由于目前装置在线，只能等到装置停工检修再做处理。如何在现有条件下保持转化蒸汽发生器传热负荷，是装置面临的难题。当前采取的措施是按时按量加药，加强壳程的排污，减轻壳程结垢情况；降低洁净汽包蒸汽压力，使转化气蒸汽发生器壳程的饱和温度降低，传热温差加大，以此来提高换热器传热量。洁净蒸汽汽包压力由4.8MPa降低至4.0MPa，蒸汽饱和温度由261.44℃降至250.39℃，可增大转化气蒸汽发生器传热温差。

3.3 降低水碳比

对比水碳比设计值，实际操作时的水碳比还

有很大空间可以降低，考虑到装置的运行情况，降低水碳比虽然可以节约蒸汽消耗，但是过低水碳比对于催化剂和转化炉管长周期运行是不利的，故尝试将水碳比下降 0.05。实践发现，将水碳比降低 0.05 左右后，每小时可以降低 1.5t 左右的配汽量，省下来的这部分蒸汽就可以作为副产品送出装置。

4 优化后的效果

如表 4 所示，经过这些参数优化，蒸汽产量有了明显提高，每吨氢气产汽量由原来的 5.4t 左右提高到 5.7t 左右，提高了 0.3t，以产氢 $10×10^4 m^3$ 来计算，每小时增加蒸汽产量 2.7t。

表 4 蒸汽优化数据表

	1月平均外送蒸汽量 t	2月平均外送蒸汽量 t	3月平均外送蒸汽量 t	4月平均外送蒸汽量 t
2023 年	5.292	5.383	5.403	5.382
2024 年	5.729	5.663	5.734	5.751

5 结论

通过对装置日常操作参数的分析研究，大制氢装置存在汽包上水温度偏低、汽包压力过高、水碳比控制过高等问题，影响了装置蒸汽外送量。在不增加装置实物量消耗的情况下，实施提高汽包除氧水上水温度、降低汽包产汽压力、降低转化炉水碳比等措施，可增加蒸汽外送量，装置节能降耗明显，且对于全厂停运动力锅炉实现蒸汽平衡发挥了重要作用。

参考文献

[1] 郝树仁，董世达. 烃类制氢转化技术[M]. 北京：石油工业出版社，2009：42-43.

[2] 张建峥. 蒸汽转化制氢装置节能降碳分析[J]. 石油化工设计，2024，41（1）：11-15.

[3] 刘铉东，张颖超，栾学斌，等. 天然气水蒸气重整制氢技术的能耗及成本分析[J]. 石油炼制与化工，2023，54（7）：105-112.

（作者：张勇，广西石化炼油二部，制氢装置操作工，技师；田春起，广西石化炼油二部，制氢装置操作工，高级技师；吕红滨，广西石化炼油二部，制氢装置操作工，技师；党辉，广西石化炼油二部，制氢装置操作工，技师；杨凯，广西石化炼油二部，制氢装置操作工，技师）

浅谈制氢转化炉热效率的优化

◆ 吕红滨 田春起 党 辉 张 勇 董 辉

$14 \times 10^4 m^3/h$ 制氢转化炉采用高预热燃烧空气方案，入炉燃烧空气温度达550℃，可有效提高加热炉热效率，降低燃料消耗量。随着转化催化剂热老化，逐渐积碳失活，使用周期已进入末期。又受限于转化入口温度不能过高，转化蒸汽发生器换热效率低，造成高变反应器入口温度过高等问题。结合实际操作，从转化炉设备运行原理、转化反应原理及各项技术参数、经济指标分析原因，通过调整操作参数，找出影响转化炉热效率的因素，合理利用转化炉热效率，保证转化炉长周期运行，节能降耗。

1 影响转化炉热效率的因素分析

1.1 转化炉简介

本制氢装置转化炉采用顶烧炉，在转化单元的蒸汽转化反应所需的热量是通过变压吸附单元（PSA）解吸气作为优先燃料以及补充瓦斯所提供的。燃烧器位于转化炉的顶部，热量由转化炉顶部向外释放。烟气由炉子的下部离开转化炉的辐射室，工艺气和烟气通过炉管平行流动。

顶烧转化炉燃烧器设在炉顶，燃烧热量自上而下流动，与反应管内气体并流，并流的优点是炉管表面温度比较均匀。在炉膛上部烟气温度最高，可达900℃。但此时进入炉管内物料温度低，经过预热后也就500℃左右，达不到转化反应的要求，炉管表面设计粗糙，换热面积大，大部分反应都是在上床层完成，由于转化反应是强吸热反应，炉管表面温度并不过高，火嘴顶烧能使原料迅速被加热到反应温度。越到底部，烟气与管内气流的温差越小，相对传热较少，而此处管内反应吸热量也较少，正好相适应。这是炉膛上部温度最高，反而炉管发暗的原因。

1.2 转化炉主要参数分析

1.2.1 水碳比

水碳比是影响转化反应的一个重要因素，水碳比增加有利于反应平衡向正向移动，有利于提高反应转化率。但是，过大的水碳比会增加空速，引起转化炉出口、入口压差增大，发生催化剂氧化等反应的概率增加。并且由于水蒸气的热容较大，过多的水蒸气进入转化炉，会使加热反应物所消耗的燃料气量增大，造成转化炉排烟温度升高，转化炉热效率降低。同时也增加了后续中变气冷却分液的压力。水碳比过低，会导致烃类在催化剂表面结炭，使催化剂失活，因而必须根据反应条件选择合适的水碳比。

1.2.2 转化入口温度

转化的入口温度并不是控制在任意的特定值上，对天然气工况为638℃，炼厂气工况为656℃，石脑油工况为644℃。高于660℃的入口温度会增加转化催化剂结炭的风险，因而应尽力避免。为了降低高温带来的风险，目前装置降温操作，转化入口温度不大于600℃。

1.2.3 转化出口温度

转化出口温度是通过燃料系统的持续控制实现的。转化出口温度高，蒸汽配入量大，出口压力低，转化出口的甲烷含量少。由于转化入口温度不大于600℃，间接造成转化出口温度过低，在装置70%负荷的情况下，转化出口温度在810℃左右，从而降低了高温烟气热利用率，造成转化出口残余甲烷含量偏高，转化率降低。随着烟气进入对流段热通量的减少，水保护段、蒸汽过热段和蒸发段换热减少，造成汽包中压蒸汽产汽量下降。一般情况下，转化炉出口温度升高10℃左右，根据原料和催化剂的不同，残余甲烷降低0.8%～1%。

1.2.4 燃烧空气

燃烧空气通过鼓风机，首先经暖风器预热后，送入对流段的低温空气预热段、高温空气预热段预热后，送至转化炉的燃烧器。

顶烧转化炉燃烧器设在炉顶，要考虑每一根炉管都是反应器，燃烧热量自上而下流动。在转化催化剂使用初期，炉膛上部烟气温度最高，因转化反应是强吸热反应而大部分反应都是在上床层完成，炉管表面温度并不过高，火嘴顶烧能使原料迅速被加热到反应温度。越到底部，烟气与管内气流的温差越小，相对传热较少，此处管内反应吸热量也较少。过剩空气在炉膛中起着相当于冷却剂的作用，空气量大，炉膛温度降低，传热效果差。转化炉出口温度下降，甲烷含量上升。烟气量增大，热损失增加，则热效率下降。

随着催化剂使用末期的到来，催化剂热老化，逐渐失活积炭，上部吸热反应下降，炉管外壁温度升高，炉管发红，造成上部热量过剩。这时适当增加转化炉氧含量，提高炉膛热通量，将上部过剩的热量带到下床层参与转化吸热反应。转化催化剂的失活是从上部床层逐渐向下部床层蔓延，此时下部催化剂活性尚可。烟气从上部带来热量在下床层参与转化吸热反应，提高了转化率，随后烟气进入对流段与工艺汽包水保护段、产汽段换热多产生中压蒸汽。随着使用年限增加，对流段里的换热设备都出现不同程度的结垢现象，造成换热效率降低。增加的空气带来的热通量，增大了对流段里换热设备的换热温差，提高了热流体流动速度，增强了传热效果。

对于顶烧炉来说并不是氧含量越低越好，入炉空气量过低，将导致转化炉顶部大量热量滞留。由于炉顶处温度高，炉管很快被加热到高温。炉管从顶部向下30%～40%处的管外壁温度最高，容易造成局部过热引起炉管弯曲或破裂，从而缩短炉管的使用周期。

1.2.5 炉膛负压

炉膛负压是转化炉操作时重要的参数，控制炉膛负压是为保证燃料在炉膛内充分燃烧。负压过大或过小，都将影响火嘴正常燃烧。负压过大，炉膛内传热效果变差，热量损失增加，转化炉热效率下降。

转化炉正常运行时，炉膛负压保持在-300～-350Pa。炉膛负压的大小主要取决于送风量和鼓风量，转化炉炉膛负压的调节主要由改变鼓风机、引风机入口挡板的开度实现。负压的调整要兼顾PSA切塔时的影响，设有炉膛负压低低和负压高高连锁。

1.2.6 排烟温度

排烟温度指烟气出对流室的温度，它是一个与热效率密切相关的指标。若排烟温度高，相同烟气量情况下，烟气带走热量多，热效率自然下降。不同的排烟温度下，对应不同的过剩空气系数值，炉子的热效率相差很大。在过剩空气系数值较小时，随排烟温度的增加，热效率下降的幅度要小一些。温度每升高30℃，热效率将下降1.67%左右。

从转化炉辐射段离开的烟气在对流段中经过以下各段进行烟气余热回收：水保护段、转化原料预热段、预转化原料预热段、蒸汽过热段、脱硫原料预热段、高温空气预热段、产汽段、低温空气预热段，经过上述换热后烟气从烟囱排放到大气。

增加入炉空气量，经高温空气预热段和低温空气预热段与烟气换热，由于高温空气预热段和低温空气预热段与烟气冷热流体温差增大，冷热流体流动速度增加，增强了传热效果。同时降低了排烟温度，可以削减一部分过剩空气对转化炉热效率的影响。

2 优化措施及效果

通过对转化炉主要参数分析，影响转化炉热效率因素都与入炉空气量和炉膛负压有关。在催化剂使用初期时，控制炉膛氧含量在2%～2.5%，负压控制在-300～-250Pa之间，可以降低转化炉空气泄漏系数，提高转化炉热效率，同时节约了燃料气的消耗。随着催化剂使用末期的到来，催化剂热老化，逐渐积炭失活，控制炉膛氧含量在3%～3.5%，负压控制在-350～-300Pa之间。这样操作表面上看热效率下降了，但是通过调整后，提高了转化率，增加中压蒸汽外输量，同时补充燃料气又没有消耗。合理利用转化炉热效率，平衡好与其他参数之间关系，既保证转化炉长周期运行，又达到节能降耗的目的。

如表1所示，将转化炉炉膛氧含量从2.80%提高至3.02%，在其他操作条件不变的情况下，仅微调鼓风机和引风机挡板，转化炉出口温度上升1.5℃，转化出口残余甲烷下降0.16%，中压蒸汽外送量从52.9t/h升至56.2t/h，每小时多产中压蒸汽3.3t。适当提高转化炉氧含量，一方面可以提高中压蒸汽产量，另一方面可以提高转化炉转化率，从而降低了制氢装置综合能耗，可谓一举多得。经过近几年摸索试验，转化催化剂使用末期氧含量控制在3.0%～3.5%效果最佳，随着进料种类、进料负荷变化及时调整入炉空气量。

表1 调整后数据对比

项目	优化前状态	优化后状态
转化入口温度，℃	590.6	591
转化出口温度，℃	811	812.5
出口残余甲烷，%	6.78	6.62
排烟温度，℃	153.3	154.1
补充燃料气流量，kg/h	1850	1842
炉膛氧含量，%	2.80	3.02
炉膛负压，Pa	-308	-332
热效率，%	91.52	91.43
中压蒸汽外送量，t/h	52.9	56.2

3 结论

通过分析转化炉热效率的影响因素，优化调整转化炉操作参数，转化炉热效率虽略有下降，但是转化炉的整体热量利用率、蒸汽外送量、原料转化率均提高，装置的经济效益增加明显。因此在实际操作中增加热效率对于装置并不一定有利，要综合考虑整体效益来调整制氢转化炉各项措施。转化炉的优化操作不是单一的操作，而是通过多方面系统的优化操作，使转化炉的热效率、转化率与经济效益相结合，通过优化操作，提高制氢效益。

（作者：吕红滨，广西石化炼油二部，制氢装置操作工，高级技师；田春起，广西石化炼油二部，制氢装置操作工，高级技师；党辉，广西石化炼油二部，制氢装置操作工，技师；张勇，广西石化炼油二部，制氢装置操作工，技师；董辉，广西石化炼油二部，制氢装置操作工，技师）

SFBT7148新型破乳剂在常减压电脱盐装置的首次应用

◆ 韩云桥 李 江 李忠杰 田永旭 王晓杰

影响原油乳状液稳定性有很多方面的因素，如沥青质、树脂、极性芳烃及微量的固体黏性颗粒，在石油开采和油气输送过程中，油、水、乳化剂剧烈扰动混合接触，形成了比较稳定的黏合液。原油乳状液是内相以液珠形式分散在外相之中构成的分散体系，多以水包油乳状液存在。乳状液都含有不同程度的水、金属及阴离子，对炼油装置的稳定操作、设备防腐、产品质量带来了严重危害。原油含水量的增加会带来电脱盐设备超负荷的风险，给运输、储存、加工带来危害，严重时会造成冲塔事故。并且，其中的金属及阴离子会给下游装置的催化剂带来中毒风险。因此原油破乳是原油初加工和后续深加工十分重要的一环。

1 破乳机理

原油破乳剂的破乳过程，就是在电脱盐过程中加入破乳剂（图1），使其破坏D102罐中的乳化物，使水珠相撞、接触、聚结，从原油中沉降下来。破乳剂的破乳机理是通过正相吸附作用，作用在单位长度液体界面上的收缩力会下降，使表面吸附力减少，小水粒从吸附力减少的乳化层中析出，聚结成大水粒沉降下来；通过反相乳化作用，使乳化液的型发生变化，使水包油，这样更容易形成大水粒沉降下来；通过反离子作用，乳化剂呈阴离子状态是油包水型乳化液形成的主要原因，加入反离子乳化剂后，使阴阳离子结合，阴离子失去表面活性，从而破乳；通过"湿润"和"沁浸"作用，使表面活性剂渗入到油包水型乳状液的界面而与水亲和，从而达到破乳效果。

SFBT7148新型原油破乳剂加入后向D102罐Ⅱ区做不规则运动，由于破乳剂的界面活性高于原油中黏结剂的界面活性，所以它能够在Ⅱ区上吸附或部分顶替原来的黏结剂，改变界面膜的特性，促使液珠聚合结集，并且形成比原油中黏结剂形成的界面膜强度更低的混合膜，导致界面膜破坏，将膜内包围溶解的水更多地释放出

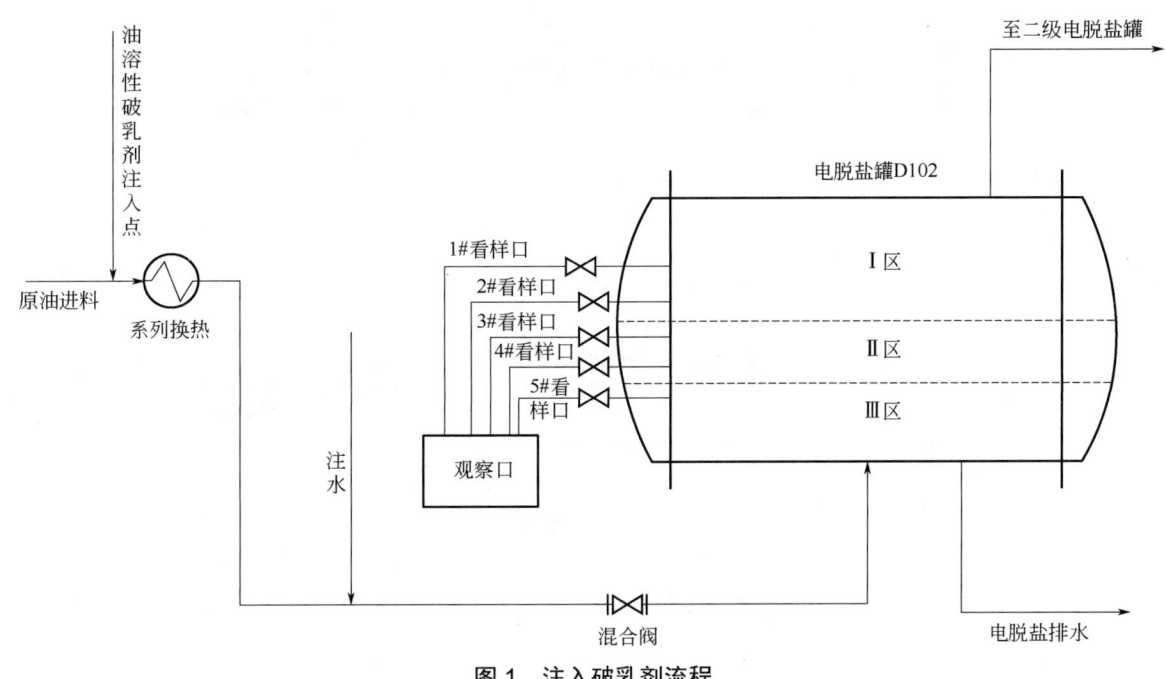

图1 注入破乳剂流程

来，水滴互相聚结形成大水滴沉降到底部，油水二相发生分离，而脱盐跟脱水是同步的，所以新型原油破乳剂具有更好的破乳脱水及脱盐性能。

2 SFBT7148破乳剂组成及质量指标

SFBT7148新型破乳剂较原先的破乳剂进行了分子结构设计，并优化了合成工艺与化学组成。组成信息如表1所示，产品规格与质量指标如表2所示。

表1 组成信息

物质	CAS号码	质量分数，%
嵌段聚合物		20～50
重芳烃溶剂	64742-94-5	50～80
萘	91-20-3	0～2

表2 产品规格与质量指标

型号规格	色度	羟值（干剂）mgKOH/g	浊点（1%水溶液）℃	凝固点℃	pH值	活性组分含量%
SFBT7148	≤300	≤50	>19	20～40	9～11	60±2

3 试验结果的对比

原油不换罐，电脱盐罐操作条件不变，2019年2月在原先注剂流程不变的情况下加入新型SFBT7148破乳剂（同注剂量），可以看出，自加入新型破乳剂后，电脱盐一级电流由120A下降到100A，电脱盐二级电流由176A下降到149A（图2、图3）。自加入新型破乳剂后，平均脱后盐含量由1.4mg/kg下降到0.7mg/kg。说明新型破乳剂对电脱盐的电流、脱盐后盐含量有正向促进作用。

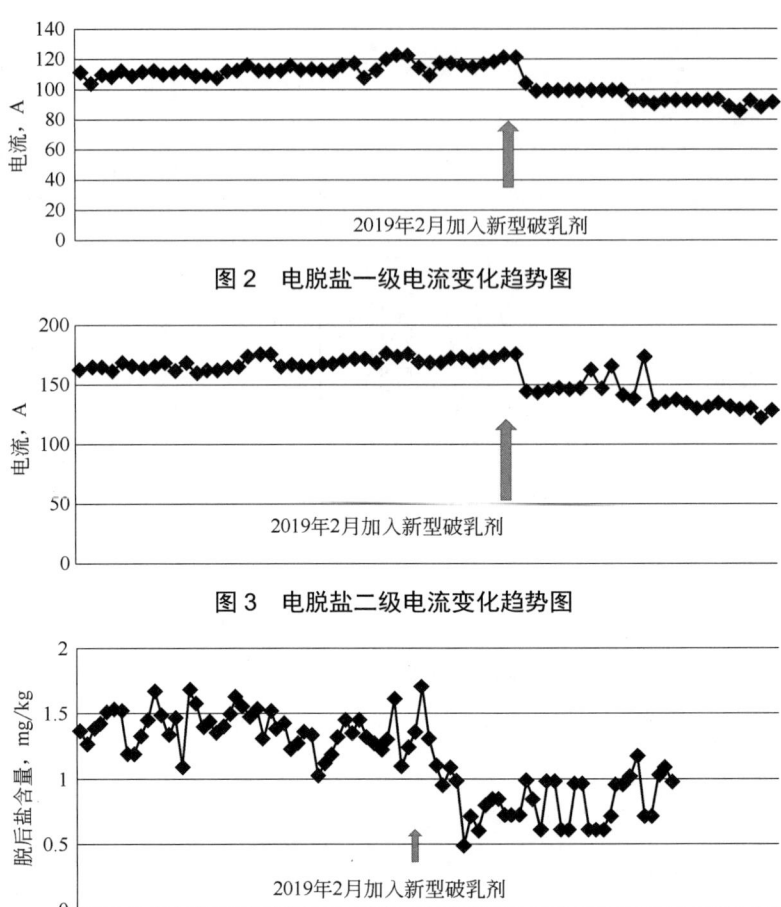

图 2 电脱盐一级电流变化趋势图

图 3 电脱盐二级电流变化趋势图

图 4 电脱盐脱后盐含量变化趋势图

在 5 号看样口分别采集注入新剂前六天（A2～F2）与后六天（A1～F1）的样品数据（图 5），为了尽量维持原操作条件不变，取出样品后立即用干净滴管在洁净白纸上留样（图 6），取证。为了避免干扰，用过的滴管必须擦洗干净或用新的滴管进行下一组的取样。

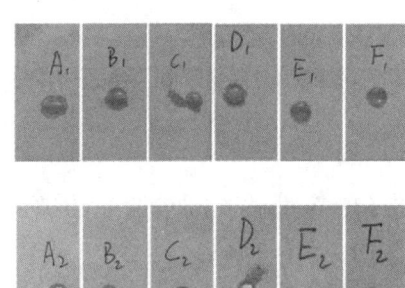

图 6 电脱盐 5 号看样口注剂前后样品在纸质上呈现

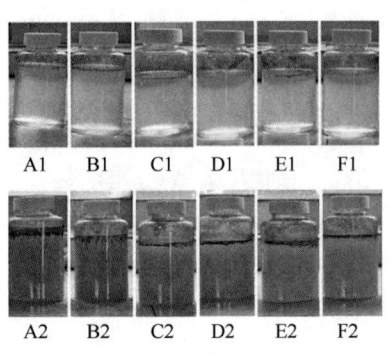

图 5 电脱盐 5 号看样口注剂前后样品

电脱盐罐 D102 中理想状态下，Ⅰ区为油，Ⅱ区为乳化液，Ⅲ区为水。注入原破乳剂采样时 5 号看样口为灰黑色，而注入 SFBT7148 新型破乳剂后 5 号看样口为黄白色，由于电脱盐设备对乳化液层的限高性，说明加入新型破乳剂后乳化液上移，乳化的厚度在减小。

4 结论

通过试验发现在原油性质（密度、酸值、硫含量等）、原油品种及比例（短周期）、电脱盐操作条件（短周期）等相关参数基本保持稳定的情况下，加入SFBT7148新型破乳剂后，电脱盐的一级、二级电流、脱后盐含量、现场看样口检查乳化液高度及排水情况有明显好转。结果显示，与原先使用的BPR27140破乳剂相比，新型破乳剂具有优良的破乳脱水性能，而且破乳后的乳状液厚度明显下降，脱后盐含量低，电脱盐电流显著下降。对设备防腐及装置的长周期安全稳定运行具有重要意义。

（作者：韩云桥，广西石化炼油一部，常减压装置操作工，技师；李江，广西石化炼油一部，常减压装置操作工，高级技师；李忠杰，广西石化炼油一部，常减压装置操作工，高级技师；田永旭，广西石化炼油一部，常减压装置操作工，高级技师；王晓杰，广西石化炼油一部，常减压装置操作工，技师）

浅谈加氢脱烯烃技术在催化重整装置中的应用

◆ 方昌文　杨宏涛　蔡亚飞　戴福庆　刘海龙

广西石化 220×10⁴t/a 连续重整生成油加氢脱烯烃单元，采用 HER 工艺，TORH-1 催化剂及专有设备脱除烯烃。HER 工艺是中石化石油化工科学研究院有限公司开发的新型加氢工艺，该工艺投资少、运行费用低、产品质量优良、过程清洁环保；TORH-1 催化剂具有积炭速率低、选择性高、活性稳定性强等特点，重整生成油加氢脱烯烃装置设计进料量为 237.60t/h，操作弹性 60%～110%，年开工时间 8400h。

1　背景

1.1　原有工艺介绍

广西石化原有装置重整生成油经重整油分离塔分离，塔顶 C_6、C_7 组分经抽提单元分离后，混合芳烃经苯和甲苯白土罐脱除烯烃后去苯塔、甲苯塔分离出苯产品和甲苯产品。重整油分离塔底 C_8^+ 组分经二甲苯白土罐脱除烯烃后去二甲苯塔分离出二甲苯产品。

1.2　面临的问题

白土精制虽能满足三苯产品的生产质量指标，但是在正常生产过程中，受白土使用寿命的影响，产生了一系列的问题。其中最主要的影响是无法长期有效保证三苯产品质量指标合格，白土更换频繁，平均 1.5～3 个月就要更换一次白土，使用寿命短，装卸过程耗费大量人力和物力，在更换过程中吹扫消耗大量氮气、蒸汽，油品浪费成本较高，且废白土作为危险废弃物，处置流程烦琐、处理费用高，其经济性及环保效益均较差，严重制约了装置的长周期连续生产。

2　技术介绍

2.1　工艺流程

重整生成油脱烯烃单元由两台脱烯烃加氢反应器、氢气电加热器、进料过滤器、氢气过滤器以及公用工程部分组成，工艺流程如图 1 所示。

自再接触罐来的重整生成油，送至脱烯

烃加氢反应进料换热器后，进入反应温度为130～170℃的脱烯烃加氢反应器底部。重整产氢气（或PSA氢气）经过滤器去除铁屑等颗粒杂质后，一同进入反应器底部，与脱烯烃反应液相产物在脱烯烃加氢反应器底部混合段内进行高效混合，混合物料自下向上流经管式反应器内催化剂床层，在催化剂的作用下发生缓和加氢反应。反应产物经反应器出口流出，再进一步经脱戊烷塔进料换热器换热后进入脱戊烷塔，反应过剩氢气由脱戊烷塔塔顶气相送至重整再接触系统进行氢气回收，回流罐底部液化气经回流泵送至轻烃回收系统，脱戊烷塔底部塔底油一部分经加热炉循环加热，另一部分经进料换热器换热后去往下游装置。反应器出口换热器设置一条旁路调整换热负荷的分配，以满足反应器入口温度调整需要。反应补充氢气量按与原料体积3∶1控制。氢气电加热器在开工阶段为反应器床层升温，停工时吹扫热氢，正常工况停用。

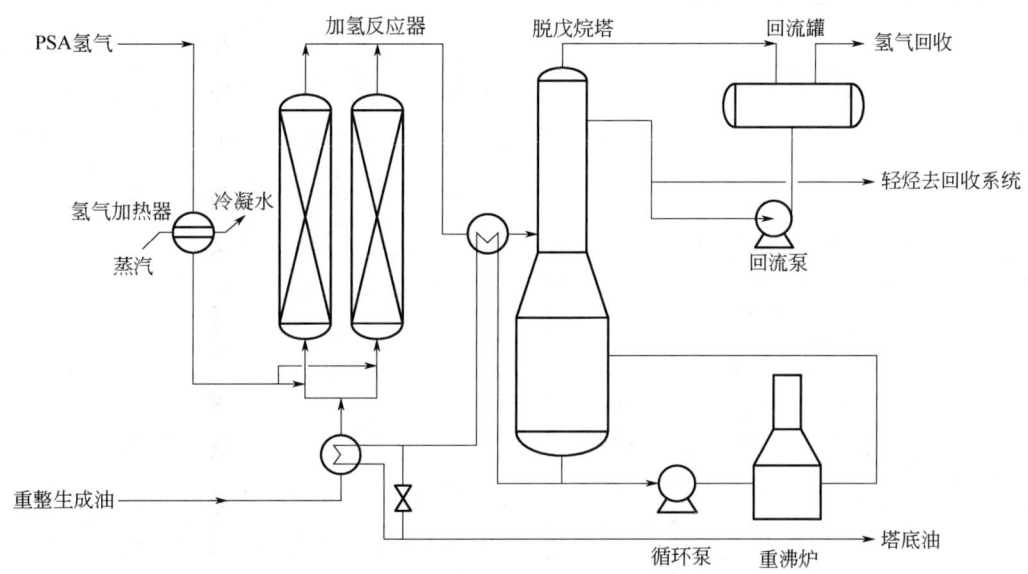

图1 重整生成油加氢脱烯烃原则流程图

2.2 加氢脱烯烃技术特点

重整生成油加氢脱烯烃工艺技术，包括专有反应器（配置高效氢油混合器）及TORH-1催化剂，运行费用低、产品质量优良、过程清洁环保。HER工艺采用新型的气液微界面强化技术，实现了氢气和重整生成油的高效混合。TORH-1脱烯烃催化剂采用新型的催化材料制备，具有特殊孔道的氧化铝载体，积炭速率低、选择性高、活性稳定性强，催化剂开工时不需要额外预硫化，开工方法更简便、安全和绿色环保。

广西石化脱烯烃项目分阶段实施，分别为过渡工况和设计工况。目前因生产需要，采取过渡工况。该工况下脱烯烃后生成油溴指数为600mgBr/100g左右，为了保证苯、甲苯、二甲苯溴指数达到产品质量要求，该阶段需要投用原有白土罐。待下一周期大检修时全面升级现有管线材质，提高压力后，溴指数可降低到200mgBr/100g左右。

3 应用效果

如表1所示，投用脱烯烃单元后脱烯烃反应器进料溴指数为4485mgBr/100g，烯烃含量为1.31%，芳烃含量为75.9%，经反应器加氢脱烯烃后R105A

出口溴指数为597mgBr/100g，烯烃含量为0.11%，R105B出口溴指数为718mgBr/100g，烯烃含量为0.18%，且芳烃含量未见减少。

表1 脱烯烃前后物料变化

物料名称	溴指数 mgBr/100g	烯烃含量 %	芳烃含量 %
脱烯烃前重整生成油	4485	1.31	75.9
脱烯烃后重整生成油（R105A出口）	597	0.11	76.1
脱烯烃后重整生成油（R105B出口）	718	0.18	79.1

投用前后关键产品性质变化对比如表2所示，投用后溴指数明显降低，将大幅度延长白土精制剂寿命。

表2 项目投用前后关键产品性质变化对比

项目	项目	投用前	投用后
二甲苯白土罐入口	溴指数 mgBr/100g	1250	30.5
苯甲苯白土罐入口	溴指数 mgBr/100g	278	87.5
苯	溴指数 mgBr/100g	3	2.0
甲苯	溴指数 mgBr/100g	8.5	6.0
二甲苯	溴指数 mgBr/100g	28	4.0

4 结论

采用HER工艺、TORH-1催化剂及专有设备的重整生成油加氢脱烯烃技术的应用，使脱戊烷塔底油的溴指数出现了明显的降低，大量的烯烃被加氢脱除，且芳烃含量没有出现明显的减少，各产品性质稳定，关键指标全部达到预期目标，为优化汽油池烯烃含量创造有利条件的同时，还为乙烯裂解装置提供优质的原料。此外，该应用可使三苯产品尤其是异构级二甲苯稳产、优产的同时，大幅减少芳烃白土使用量，预计每年可减少固废800t，彻底消除更换白土时的油品损失及挥发对环境的污染，减少物料损失和VOCs的排放，从源头上实现危废减排及物料降损，对减轻装置运行压力，助力绿色低碳高质量发展具有重要意义。

（作者：方昌文，广西石化炼油二部，催化重整装置操作工，高级技师；杨宏涛，广西石化炼油二部，工程师；蔡亚飞，广西石化炼油二部，工程师；戴福庆，广西石化炼油二部，工程师；刘海龙，广西石化炼油二部，催化重整装置操作工，高级技师）

浅析分子筛纯化系统的常见故障与预防

◆ 杨福来

空分装置是石油化工行业重要生产装置之一，而分子筛纯化系统在空分装置中是咽喉，起除净碳氢化合物、二氧化碳和水分等杂质的作用，若分子筛纯化系统发生故障，对空分分馏塔系统的安全生产运行造成很大威胁。

1 系统简介

空分 KDN5310/690Y 空分装置分子筛纯化系统由活性氧化铝和分子筛双层床结构组成，每桶下层填装氧化铝，上层填装分子筛。采用全自动控制程序，通过电加热器高温活化再生分子筛来除净压缩空气中的碳氢化合物、二氧化碳和水分等杂质，为纯化系统后的分馏塔系统送去所需的纯净生产用风。

2 分子筛常见故障与预防

2.1 阀门故障

KDN5310/690Y 空分装置分子筛纯化系统采用的是全自动控制系统，正常的分子筛切换程序是控制时间足够，阀门开关到位后，程序才能正常运行下一步骤，否则程序将暂停一直处于当前运行阶段。随着分子筛纯化系统运行年限的增长，阀门回讯定位器老化，出现的回讯信号故障大大增多，在运行过程中未及时发现或处理不及时，对分子筛纯化系统的运行带来严重影响。分子筛的吸附效果达到饱和，对碳氢化合物、二氧化碳、水分的吸附能力下降，过多的碳氢化合物和二氧化碳通过分子筛进入分馏塔系统影响运行，严重时威胁空分装置安全生产。

阀门故障的预防，要注重日常维护保养，对在运行和备用的分子筛阀门回讯定位器进行定期检查，发现有老化的定位器及时进行更换。

2.2 冬季运行带水故障

由于地理气候的原因，广西钦州地区在冬季的湿度在 98% 左右，湿度高、空气密度大，空分装置在生产运行中就容易通过预冷机把空气中的水带入到分子筛纯化系统当中去。冬季生产运行时当班人员巡检发现，在分子筛再生过程中有水从消音器喷出，立即对分子筛的温度曲线、预冷机的运行情况和排水情况以及水分离器的排水情况进行查看。分子筛的加温和冷吹曲线温度都远低于正常值，加温在108℃左右，冷吹峰值在118℃左右。预冷机的排水远大于之前的排水量，水分离器的排水是满管不间断排放。由此分析出分子筛系统已经带水。

分子筛系统带水故障发生后，调整了压缩机的负荷，预冷机和水分离器及时排水，分子筛的电热器控制温度由原来的175℃调至188℃，加温时间3.5h调整至4.5h，冷吹时间延长0.5h，经过几个周期的运行使分子筛恢复正常运行。

根据广西气候变化应及时观察分子筛系统的再生活化温度曲线的变化，做好分子筛纯化系统的排水工作。

2.3 空气压力波动造成分子筛纯化系统进水

在刚开工阶段，分子筛纯化系统前的疏水阀门处有大量的水析出。经过分析是由于升压过快，冷却过程中气流分配不合理，导致预冷机的压力大幅度波动，预冷机的疏水系统和水分离器来不及处理，通过预冷机的空气流速过快夹带水分被带入分子筛纯化系统，导致分子筛的再生过程不完全，没有达到再生活化的效果。

系统升压要缓慢平稳进行，及时调整压缩机的负荷，使通过预冷机系统的压缩空气在冷却过程中合理分配气流，进预冷机系统的空气压力平稳，疏水系统正常稳定运行。

2.4 电加热器故障

电加热器在分子筛加温活化过程中，工作温度达不到分子筛活化要求的温度，严重影响分子筛的活化再生效果以及对二氧化碳等杂质的吸附效果。当班发现分子筛纯化系统在周期切换完成加温活化时，DCS电脑上显示电加热器已经开始通电工作，但电加热器在运行时温度达不到分子筛活化所需要的185℃，只能加热到145℃，电加热器工作温度在100～155℃左右反复通电、断电。通过这一现象分析出是电热器的可控柜风机故障导致控制柜温度过高，电加热器工作不正常。

电加热器故障发生后，应及时联系专业电气维保人员对电热器可控柜降温。延长分子筛的加温和冷吹时间，来恢复分子筛的吸附能力。

分子筛纯化系统电加热器是分子筛活化最重要的设备，电加热故障直接影响分子筛的运行工况和后续系统的运行工况，因此在投用前一定要检查确认可控柜风机的工作状态。

2.5 再生气流量过大导致电加热器工作温度过低

再生气进电加热器的流量过大会导致电加热器的工作温度过低，分子筛加温活化不完全失去吸附效果，使用寿命缩短，严重时威胁空分装置的安全生产。分子筛纯化系统在加温过程中，发现经过电加热器的再生气流量在4800m^3/h左右，电加热器的工作温度一直为150℃，进分子筛的温度为145℃，通过观察电加热器温度曲线和再生气流量曲线确定是再生气流量过大造成的电加热器工作温度过低。

调整再生气的流量，控制在3500m^3/h，电加热器温度恢复正常工作温度，延长加温时间，分子筛活化达到最佳效果。

再生气的流量要根据实际生产情况调整至合适的工作流量，避免再生气流量过大造成电加热器工作温度不正常，影响分子筛的吸附能力。

3　结束语

分子筛纯化系统作为吸附碳氢化合物、二氧化碳和水分等杂质的系统如果出现故障失去了吸附能力,将直接威胁空分系统的安全生产。因此,在日常操作中应密切关注分子筛系统的各个运行参数的变化和阀门的状态,一旦运行参数和阀门状态发生变化,要及时分析原因并处理,保证空分系统的正常运行。

(作者:杨福来,广西石化公用工程部,气体深冷分离工,高级技师)

储运含油污水系统及减排管控措施探究

◆ 王 超 朱宜生 张 冲

本文结合近几年广西石化某炼厂储运系统对含油污水系统源头把控、中途封堵、专项管控、科学检测、投用密排等一系列管控措施，通过采购、研发封堵地漏、主流管线设备设施，从储运系统含油污水的来源、质量指标分析、减排措施及应对方法等方面进行探究，优化储运含油污水系统的运行。

1 背景介绍

1.1 储运系统及其含油污水简介

储运系统是石油化工行业的重要组成部分，在整个生产环节中担负着原料的接收、中间产品的中转、油品的调和及产品的传输，在日常生产中贯穿了炼厂生产的各个角落。储运系统中含油污水主要来源于油品沉降脱水、石油炼制过程中产生的含油污水、设备检维修产生含油污水及雨水渗漏进入含油污水系统。因其油品种类的不同，所产生的含油污水的质量指标也不尽相同。经长期对比发现未经加工的油品产生的含油污水对含油量、COD、pH值、电导率、重金属等质量指标影响较大，在石油炼制过程中还会出现氨氮、甲醇、环丁砜等不常见质量指标，直接影响污水处理细菌活跃度，影响全厂含油污水处理系统的正常运行。

1.2 含油污水来源及现状分析

原油传输、储存时产生的污水，生产时中间产品储存产生的污水，暴雨期间雨水窜入含油污水系统产生的污水，设备自身原因导致在暴雨期间雨水进入储罐产生的含油污水，以上是储运系统含油污水的主要来源。当前储运系统的含油污水通过含油污水系统进入含油污水池经机泵外送至污水处理系统。地处南方的某炼厂原油进厂需在码头中转，但码头不具备脱水条件，大量污水会随原油一起进入罐区，在生产各环节也会把污水带回罐区。由于储罐选型的不同，在暴雨期间雨水也会或多或少进入外浮顶储罐，雨水窜入含油污水系统导致含油污水处理量增加。依据多年来的实际生产数据分析，储运含油污水的产生具有周期性和不确定性。如何对储罐中油品进行沉降脱水，保证含油污水系统的正常运行，把控周期并化解不确定因素产生的影响，是保证整个污水系统平稳运行的关键所在。

2 含油污水减排管控措施

2.1 源头控制污水来源

储运对污水处理采用三级管控的措施进行管控：罐区围堰——含油污水池——污水处理厂。在日常生产中储运系统需要严格把控前两级的操作，确保罐区含油污水正常外排，不会冲击到污水处理系统。

储运罐区污水首先在源头进行把控。日常生产中，各罐区围堰外雨水阀门（即围堰中的存水与雨水管网连通阀门）处于关闭状态，日常各罐区围堰外的含油雨水阀门（即围堰中的存水与污水系统连通阀门）处于关闭状态并铅封。对储罐脱水器制定定期检查制度，保证其完好度、精确度。罐区脱水口点多面广，这些脱水口小围堰是雨水进入污水系统的主要来源。故采用对罐区的脱水口进行盖板封闭的方法，确保下雨时不会从脱水口进入雨水。而对于地下污水井通过排查流程及相关设施熟知了解水流走向，查阅图纸、梳理流程，重新绘制现场对应一比一位置流程图并设计编号，能有效找到水量突增的源头从而快速定位，进而解决问题。

2.2 过程控制污水量

当收到暴雨黄色预警时，当班班组在1h内完成对各泵区地漏的封堵，确认泵区地漏、罐区脱水口封盖完好，泵区小围堰处于关闭状态。外操及时巡检监控罐区雨水高度，高于地面要及时进行外排。当前期水面上有油花时需要外排至含油污水系统，确保罐区雨水中无油花后切至含油雨水系统进行外排，外浮顶罐在下雨初期应及时检查中央排水管下水质量，及时切除进入雨水系统，同时班组下雨期间关注雨水总池液位，到达3m时及时联系污水厂外排，超过3.5m时关闭罐区雨水外排阀，防止雨水倒窜进入罐区，进而防止大量雨水窜入污水系统，尽可能减少含油污水的产量，保证清污分流。在污水系统中间分区段设置隔板，在雨量高峰时把各个分位置的污水暂存在井中，并对封堵井每30min进行污水井液位检查，防止溢出，做到化整为零，逐段防御。到预警解除或天气晴朗时，从下游到上游分段排放污水井中存水，降低污水井水位到安全高度，这样不但能大大减少储运各个污水处理站高峰时的外送压力，也能减轻污水处理厂的污水处理压力。

2.3 含油污水油量管控措施

（1）污油源头管控。轻质油、重质油采样时不允许倒入脱水口，采用污油收集桶回收的方式每班定时回收进罐；设备检修等管线打开排油应及时用吨桶回收，禁止油品排放至污水系统。

（2）污水系统运行管控。日常操作时维持污水池溢油液位，污油池保持低液位，做到"有油必溢"并定期专人检尺，保证污水池油高交接准确。检尺发现油高异常，立即快速检查储罐切水器，还要在总入口采样，查看外观、分辨气味进行判断，结合分析馏程、密度、硫含量精准判断油品来源；每月1日、16日，当班班组安排专人将污水池抽至最低，冲洗置换管网存油，直至污水池恢复至溢流液位，当班检测污水池油高，油高大于50mm时，连续进行溢油操作。

（3）脱水专项管控。对于成品储罐采用：调合换罐操作时投切水器，日常巡检时检查切水器，采样分析时停切水器的循环操作方式对脱水器动态投用；原料同时收付储罐制定储罐脱水计划表，每周固定时间，工程师组织班组人员，或独自佩戴执法仪对其分担区域储罐进行集中脱水。成品区域每半年一次、原料区域每季度一次对脱水器进行检查排污，排污标准为全开、多次开关、排污冲洗，排污量不小于20L/台，排污检查产生的油通过现场收集进桶，再统一抽提回收进罐。日常排污检查，发现排污线堵、杂质多、油品外观与正常偏差大时，需打开切水器进行检查。每年组织逐个对所有切水器打开检查、清理，保证设备的完好稳定运行。通过这些措施减少储罐油品进入污水系统的含量，大大减少污水系统中污水的油含量。

（4）科学监控脱水。收油完毕静置12h后即可采集水样分析水样指标，发现某项超标及时停止外送，以防污染整个污水处理系统。通过采样对比发现，电导率指标异常高，一般来源于码头储存原油内的存水，主要是含有高离子的海水，这部分可以直接切出。甲醇、环丁砜可溶于水，很难通过静置的方式脱除，其又会跟随原油进入到产品中导致产品含甲醇、环丁砜，所以要从源头管控，对于装置放空经过的水封罐定期采样分析水质，及时发现异常成分，保证火炬溢流出的水进入污水系统可管可控。

（5）稳定密排投用。污水正常通过切水器直接进入密排地下罐，不再进入污水收集池。装置的某些溶剂（比如氨液）也会跟随污油进入储运罐区，经过静置脱出后进入污水系统就会引起污水氨氮含量超标，导致污水外排受阻。广西石化采用投用密闭排放的方式进行收集，每班定期进行污水密闭排放并外送至硫磺回收处理，避免氨液污染污水系统，减少了污水处理厂的运行风险。对于密闭排放要增加人工检查脱水流程，便于确认自动切水器脱水效果。在切水器去管网处增设单向阀，防止切水器异常，储罐油品间因液位高差而互窜。

3 实施效果

经过长期的数据统计、分析、核算发现，罐区污水处理费用约25元/t，在未进行有效管控时，每个预处理站每月外送污水达8000t，通过以上各项措施实施后，污水预处理站每月外排水量减少至6000t左右，两个污水预处理站共计减少4000t外排污水，外排污油量减少2/3，月减少成本约10万余元，年降低污水处理费用120万元。

4 结束语

本文对储运系统污水的来源、减排处理及应对措施进行分析研究，根据分析得出当前储运系统含油污水减排的方法，通过制定相应管理措施，不同的设施设备合理控制含油污水外排量、外排指标，从而确保储运含油污水系统的正常运行，为石油化工油罐区安全和平稳运行提供了相应指导。

（作者：王超，广西石化储运一部，油品储运调和工，技师；朱宜生，广西石化储运一部，油品储运调和工，技师；张冲，广西石化储运一部，油品储运调和工，技师）

提高掺炼渣油加氢柴油量对柴油加氢装置的影响

◆ 毛威 董标 高飞 崔海 樊辉

渣油加氢工艺作为重质油轻质化的重要技术之一，被炼化企业广泛应用。劣质减压渣油经过加氢处理，油性质得到明显改善，硫含量大幅降低，是催化裂化装置的优质原料。渣油柴油自分馏塔上部塔板抽出，是渣油加氢装置少量副产品之一，具有密度小、硫氮含量低等特点，但不能直接作为柴油产品生产。正常情况下此部分柴油抽出量约10t/h，经过空冷器冷却后送至罐区与常减压装置直馏柴油混合沉降脱水后，作为柴油加氢装置原料。为响应提质增效活动，柴油精制装置投用渣油柴油进料管线，停用渣油柴油空冷器和渣油柴油侧线抽出塔汽提蒸汽，渣油柴油采用热进料方式直接供给柴油加氢装置，以达到节能降耗的目的。

1 装置概述

广西石化柴油加氢精制装置采用美国UOP公司的Unionfining加氢精制工艺技术，设计加工能力为$240×10^4$t/a。装置原料由直馏柴油、催化裂化柴油、渣油加氢柴油组成，采用FRIPP开发以Ni-Mo为主的超深度脱硫催化剂RS-2100，主要产品为满足国家要求的低硫清洁柴油。其中渣油加氢柴油自渣油加氢装置分馏系统柴油侧线抽出塔抽出，采用热进料直供给柴油加氢装置，设计流量为10～40t/h。本文主要分析了提高掺炼渣油加氢柴油比例后对装置原料性质，反应器压降、温升以及柴油产品质量的影响。

2 对原料性质的影响

2023年10月16日10时至17日14时柴油加氢装置掺炼渣油柴油量由15t/h逐步提高到30t/h（比例由5.15%提高至10.3%）。期间装置主要操作条件为加工负荷290t/h，反应压力6.8MPa，氢油体积比400。为保证总处理量不变，提高渣油柴油进料量的同时，降低直馏柴油进料量，直馏柴油和催化裂化柴油比例为20∶9，柴油加氢混合原料和渣油加氢柴油在不同掺炼量的组分分析如表1所示。

表1 柴油加氢混合原料及渣油柴油不同工况下数据分析

项目	柴油加氢混合原料		渣油加氢柴油	
	16日10时	17日14时	16日10时	17日14时
初馏点，℃	168.4	170.2	177.2	192.4
10%回收温度，℃	123.6	216.6	197.6	223.3
50%回收温度，℃	262.6	266.2	227.0	275
90%回收温度，℃	326.2	327.6	257.1	317.6
95%回收温度，℃	345.6	346.2	261.4	324.6
硫含量，mg/kg	6310	6210	256	267.1
氮含量，mg/kg	427.8	516.3	85	94
密度，kg/m³	853.5	855.8	831.5	851.3
闪点，℃	60	64	65	81

通过对比分析，渣油柴油掺炼量由15t/h提高至30t/h，柴油加氢装置混合原料油馏程、密度、硫含量等参数未发生明显变化。渣油加氢柴油随着抽出量的增大，馏程、密度逐渐增大，闪点上升，硫、氮含量基本未发生明显变化。

3 对反应器压降、温升的影响

2023年10月16日10点开始逐步提高渣油柴油掺炼量，12时提至20t/h，18时提至25t/h。稳定一段时间后，17日12时再次提高渣油柴油掺炼量，14时提至30t/h。此段时间内反应器压降、床层温升如表2所示。

提高渣油柴油掺炼量后，反应器第一床层压降和总压降未发生明显变化。其主要原因为渣油柴油属于直馏柴油性质柴油，黏度小，流动性强，对反应器压降影响较小。反应器第一、第二床层温升有轻微下降，由于渣油加氢柴油经过加氢预处理后，与常减压装置直馏柴油比，硫含量低，脱硫反应时放热量少，床层温升低。

表2 提高渣油柴油掺炼量后反应器压降、温升变化

日期	第一床层压降 MPa	总压降 MPa	第一床层温升 ℃	第二床层温升 ℃
10月16日10时	0.35	0.81	15.51	10.99
10月16日14时	0.36	0.80	15.46	10.83
10月16日18时	0.35	0.81	15.9	10.97
10月16日22时	0.35	0.81	15.14	11.12
10月17日2时	0.35	0.81	15.25	10.94
10月17日6时	0.36	0.81	14.8	10.6
10月17日10时	0.35	0.81	14.8	10.6
10月17日14时	0.35	0.81	14.8	10.6

4 对柴油产品质量的影响

2023年10月16日至18日柴油产品分析结果如表3所示，从分析结果来看，随着渣油柴油掺炼量不断提高，柴油产品馏程、密度未发生明显变化，硫含量呈上升趋势，10月16日9时至17日18时柴油产品硫含量由8mg/kg上升到12.5mg/kg。这是由于渣油加氢柴油馏分随着掺炼量的提高，馏程变重，噻吩类及环状硫化物含量增加，加氢脱硫难度大幅提高。

表3 提高渣油柴油掺炼量后柴油产品质量变化

日期	硫含量 mg/kg	初馏点 ℃	10%回收温度 ℃	50%回收温度 ℃	密度 kg/m³
10月16日9时	8	174.8	210.4	255.8	840.1
10月16日18时	7.7	175.4	211.2	255.6	840.2
10月17日9时	8.5	174.8	210.6	254.9	841
10月17日18时	12.5	175.2	211.1	255.8	839.9
10月18日9时	10.6	175.3	211.6	255.7	840.5
10月18日18时	10.1	175.3	210.9	255.9	840.6

为生产出国Ⅴ车用柴油调和组分，10月17

日18时提高反应器各床层温度来应对柴油产品硫含量的上升，反应器加权平均温度由376℃提高到380℃。渣油柴油掺炼量与反应器加权平均温度关系如图1所示。

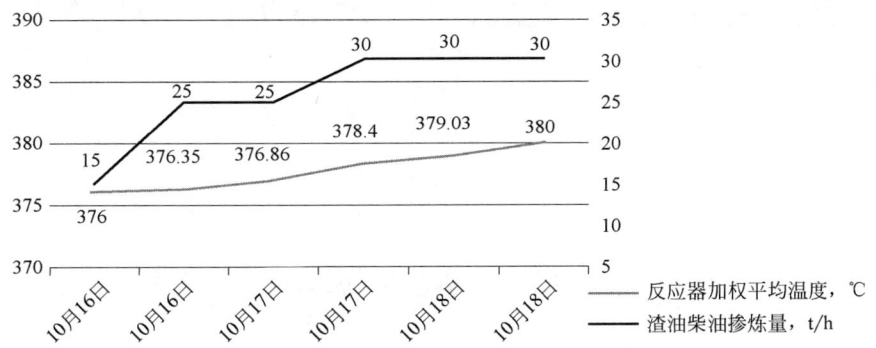

图1 渣油柴油掺炼量与反应器加权平均温度关系

5 结论

（1）渣油加氢柴油馏分掺炼比例由15t/h提高至30t/h，其95%回收温度由261.4℃提高到324.6℃，混合进料性质、反应器床层压降未发生明显变化，床层温度轻微下降。

（2）提高渣油柴油掺炼量后，在反应压力6.8MPa，进料量290t/h，氢油体积比400的工艺条件下，对柴油密度、馏程影响不大，精制柴油硫含量由8mg/kg上升到12.5mg/kg，为生产出国Ⅴ车用柴油调和组分，反应器加权平均温度由376℃提高到380℃。

综上所述，柴油加氢装置在掺炼渣油柴油组分时，过多的掺炼量，会导致柴油硫含量不合格，需重视馏程对加氢脱硫反应的影响。

（作者：毛威，广西石化炼油三部，汽煤柴加氢装置操作工，高级技师；董标，广西石化炼油三部，汽煤柴加氢装置操作工，技师；高飞，广西石化炼油三部，加氢裂化装置操作工，技师；崔海，广西石化炼油三部，工程师；樊辉，广西石化炼油三部，汽煤柴加氢装置操作工，技师）

量化操作应对电脱盐波动

◆ 李 江　田永旭　李忠杰　韩云桥　王晓杰

常减压装置电脱盐是原油进入炼油装置的最后一道屏障，通过电脱盐罐的注水（乳化：让杂质最大程度进入水中）和排水（破乳：让含有杂质的水最大程度从原油中排出），从而把原油中的杂质最大限度地脱除。

通过在原油中注水，使原油中的盐分、灰分、油泥等溶于水中，再通过注入破乳剂，破坏油水界面和油中固体盐颗粒表面的吸附膜，借助高压电场的作用，使水滴感应极化而带电，通过高压电场的作用，带不同电荷的水滴互相吸引，融合成较大的水滴，借助油水比重差使油水分层，油中的盐随水一起脱去。

1　问题描述

原油性质的变化对电脱盐排水的影响较明显，近期装置由于原油质量变差，经常出现乳化严重的情况，当原油中含有大量的清罐污油和罐底油时，油中含有大量油泥杂质等或者原油中含有大量胶质、沥青质，容易造成原油乳化。乳化后水在电脱盐中难以脱除，很容易造成原油带水至加热炉和常压塔，几次电脱盐波动给装置造成严重影响。

2　具体情况

（1）原油切换罐过程中，基本上一级电脱盐罐界位都会上涨，排水量增加，明显是原油罐底部带水严重。

（2）2021年1月3日常减压电脱盐电流无明显变化，排水出现明显发黑、带油情况，排水中杂质含量较多、流动性差，是明显的油包水型乳化。

（3）2023年11月9日常减压电脱盐排水量增加，电脱盐电流增加，排水出现明显发黑、带油情况，排水中杂质含量较多、流动性差，是明显的水包油型乳化。

3　问题分析

（1）第一种情况基本上就是原油脱水时间不

足,脱水不够彻底造成的,原油带的是游离水,水进入常减压装置,油水在一级电脱盐分离,只要控制好电脱盐界位,加大排水量,对电脱盐操作基本上无影响。若带水量大时,可将降低电脱盐注水或停止注水,保证电脱盐界位、电流在可控范围。

(2)第二种情况基本是原油中含有大量胶质、沥青质等天然乳化剂,胶质、沥青质进入电脱盐前与原油混合搅拌,进入电脱盐罐后,和电脱盐注水混合成油包水型乳化液,密度介于油和水之间,基本上停留在电脱盐罐中间位置,随着时间增加乳化层厚度逐渐增加,由于油包水型乳化液显示油的性质,电脱盐电流基本没有变化,电脱盐注水量大于排水量,当电脱盐乳化层往上走就带水至闪蒸罐和常压塔,对装置安全生产造成严重影响,当电脱盐乳化层往下走乳化液排至污水厂,排水带油对污水厂造成严重冲击。

(3)第三种情况基本上是原油混入大量清罐污油和罐底油,清罐污油和罐底油中含有大量的污泥和杂质,油中含有大量水、油泥、杂质,在混合搅拌下容易形成稳定的水包油型乳化液,进入电脱盐罐后,一部分水被脱除,造成电脱盐排水量增加,大部分乳化液停留在电脱盐中部,随着时间增加乳化层厚度增加,水包油型乳化液显示水的性质,当乳化层进入电场后电流迅速增加,如果不及时控制,容易造成电极板被击穿,进入闪蒸罐和常压塔,对装置安全生产造成严重影响,若电脱盐乳化层往下走乳化液排至污水厂,排水带油对污水厂造成严重冲击。

4 解决方法

通过以上三种情况分析,第一种情况对装置影响基本不大,第二种和第三种情况对装置安全生产影响较大,针对上述情况制定一系列措施防止出现生产波动,通过量化电脱盐操作参数,做出准确判断,增设电脱盐排水至重污油线流程,操作上迅速果断,让原油带水影响程度降到最低,保证原油影响只在电脱盐区域,坚决以不能带水至闪蒸罐作为红线和底线。

4.1 准确判断

原油带水严重,电脱盐界位增加,电脱盐排水量加大。原油水包油型乳化,电脱盐排水带油,电脱盐排水量加大,电脱盐电流增加。原油油包水型乳化,电脱盐排水带油,电脱盐排水量降低。

4.2 量化操作参数

(1)原油带水严重,电脱盐电流上升,界位上升,设定电脱盐电流不超300A,降低注水至15t/h,电脱盐界位降低至40%,排水量控制不住则换罐。

(2)原油水包油型乳化,和带水基本相似,电脱盐电流上升,排水有乳化带油现象,设定电脱盐电流不超300A,降低注水至15t/h,电脱盐界位降低至40%,排水改至重污油,重新建立界位,没有好转则联系调度和罐区换罐。

(3)原油油包水型乳化,电脱盐电流无变化,排水带油乳化现象,电脱盐一级注水和排水流量差超5t/h,则停注水,电脱盐界位降低至40%,排水改至重污油,重新建立界位,没有好转则联系调度和罐区换罐。

5 结语

通过量化操作参数,严格执行操作指令,能有效应对原油带水、原油水包油型乳化和原油油包水型乳化三种情况,本装置通过多次实践总结出此量化操作方法,对其他同类装置具有一定借鉴意义,同时为电脱盐装置操作标准化提供借鉴。

(作者:李江,广西石化炼油一部,常减压装置操作工,高级技师;田永旭,广西石化炼油一部,常减压装置操作工,高级技师;李忠杰,广西石化炼油一部,常减压装置操作工,高级技师;韩云桥,广西石化炼油一部,常减压装置操作工,技师;王晓杰,广西石化炼油一部,常减压装置操作工,高级工)

一种用于常减压减压塔底渣油泵的灌泵方法

◆ 韩云桥　高志斌　张国辉　武　钢　柯春华

常减压减压塔底渣油泵是输送减压深拔后产物的关键设备，平时的检查维护至关重要，严禁抽空。抽空轻则损害机械密封，造成装置内换热设备法兰面泄漏，重则造成渣油加氢原料中断，引起下游装置停工。本文介绍了一种减压塔底渣油泵的灌泵方法，并对使用步骤进行了阐述，通过此方法可减少灌泵过程中对运行渣油泵的影响。

1 问题阐述

1.1 流程简介

如图1所示，减压塔底渣油经入口电动头控制阀V1流经泵体，经叶轮获取能量，再从泵出口电动头控制阀V2流出，为下游装置提供进料。V3为预热阀，用来满足泵体热量需求。V4、V5分别是过滤器排污阀和泵缸排污阀。

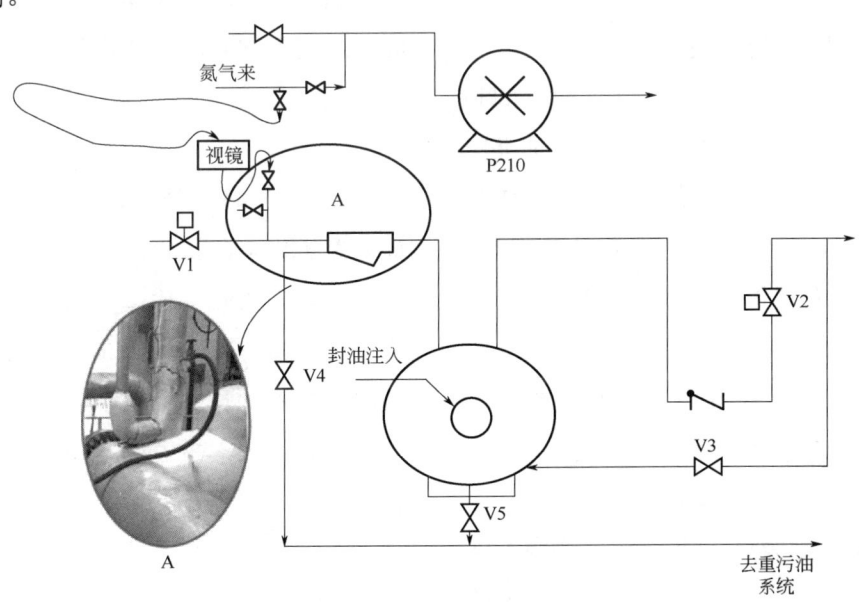

图1　减底渣油泵灌泵操作流程介绍图

1.2 问题说明

当减压塔底渣油泵具备灌泵条件时，通过测量 A 区过滤器底部排污阀 V4 的温度，确认封油、预热线（V3）预热完成后，关闭 V3、V4。缓慢手动打开减压塔底渣油泵入口电动阀门 V1，当 V1 打开到 2% 时，该泵就有抽空迹象，流量晃动并带动减压塔底液位波动，下游的渣油过滤器压差相比灌泵前同流量压差瞬时飙升。此后也有类似灌泵操作，此现象不存在偶然性。

2 原因分析

由于对泵体预热要进行温度渐变控制，所以应先用封油预灌。预灌前，对泵体的氮气吹扫情况和封油的品质进行检查，确认泵缸及出口管线低洼处无存水、封油无带水且无过分轻组分。虽然残存的微量的水分子受热后汽化，仍可对运行泵造成影响，但最主要原因还是预热灌泵时，在过滤器排污线上的盲区 A 内存在空间，给轻组分及气体提供富集的可能。

3 抽真空吮吸灌泵法

3.1 新方法的工艺改造

结合本装置的资源优势，将泵体入口处的制高点，用临时软管连接视镜后接入到减压抽真空系统中（P210 入口处），封油注入前，对泵体抽真空，封油注入时，视镜见油后立刻停注封油。这样不仅整个 A 区充满介质，而且泵体的真空状态可以使泵体介质中轻组分及水蒸气溶解度大大降低，减小了灌泵过程中对泵运行状态的影响。

3.2 新方法的操作步骤

（1）确认减底泵具备灌泵条件。

（2）用氮气对泵缸及出口低洼处进行吹扫，确认无水后进行泵体变更部位的气密检查，合格后泄压。

（3）连通抽真空系统后，泵体缓慢注入定量封油（2t/h），跟踪温度变化，发现视镜有液体且有温度变化后，停注封油。

（4）切断抽真空系统，打开 V4（不宜过大，防止 A 区介质放空），同时缓慢开 V3（过量即可），对泵缸出入口管线内的介质进行置换，严格遵照泵体升温曲线操作规程，升温过程要不断盘车。跟踪温度变化，待 V4 管线温度达到 250℃时，置换结束，关闭阀门。

（5）手动打开 V1，幅度不宜过大，频次间隔要长。稳定后缓慢打开 V3，建立预热循环，完成灌泵。

4 应用效果及总结

实践发现，此方法在减压塔底渣油泵灌泵过程中对运行泵运行状态的影响大大降低，减少了本装置及下游装置的波动，此方法有效汲取本装置的抽真空资源，操作简单，节能降耗。此方法同样适用于常减压装置内的其他高温油泵的灌泵操作。

（作者：韩云桥，广西石化炼油一部，常减压装置操作工，技师；高志斌，广西石化炼油一部，常减压装置操作工，高级技师；张国辉，广西石化炼油一部，常减压装置操作工，技师；武钢，广西石化炼油一部，常减压装置操作工，技师；柯春华，广西石化炼油一部，常减压装置操作工，技师）

冗余润滑装置在高温热油泵的研制与应用

◆ 王彦新　付　冲　王宝鹏　史光辉　王爱民

广西石化 $350×10^4$t/a 重油催化裂化装置是国内大型的重油二次加工装置，该装置引进美国 UOP 公司的工艺技术，于 2007 年 11 月开工建设，2010 年 9 月投产。生产一部 $350×10^4$t/a 重油催化裂化装置重循环油泵 150-P204A/B 为 FLOWSERVE 公司生产的单级双吸双支撑高温热油泵，型号 10HDX31A，该泵输送介质为催化分馏塔重循环油，介质工作温度为 310℃。该泵泵体轴承箱采用油池稀油润滑，润滑油牌号为 TSA46 号防锈汽轮机油。

1 现状及问题

国内目前大型高温热油泵的轴承箱普遍采用油池润滑，循环水冷却。经过多次与石油石化企业交流调研，国内大型高温热油泵普遍存在高温环境下轴承箱冷却不良、润滑油温度高品质下降、轴瓦易故障等情况，此种情况在国内南方沿海企业更易发生。几种普遍的应对方法包括完善泵体保温与防护、配置轴承箱吹扫冷却风、定期维护循环水冷却系统、增强循环水冷却系统能力等。

重循环油泵 150-P204A/B 自装置生产投用以来运行情况总体良好，但受环境温度高湿度大、设备工作空间狭小、通风和冷却效果差等影响，该泵的轴承箱在泵体热辐射及泵轴、机械密封压盖的热传导下易发生润滑油及轴瓦温度高，长时间运行导致润滑油乳化变质、轴承箱内存积油泥、轴瓦磨损严重等情况。尤其在夏季，为了确保机泵安全运行，装置每个月都要切泵清洗轴承箱，机泵故障率较高，每年都要维修 1~2 次，严重影响设备的长周期运行，并给装置的安全平稳生产带来极大隐患。

2 解决思路

（1）采用独立的整体式润滑油站，现场启停，简单方便，并不受其他设备和系统影响（除低压电外）。

（2）采用润滑油强制循环，使轴承箱克服环境高温因素的影响。

（3）适当改造轴承箱开孔与功能，将油池闭路润滑改为系统循环润滑，并在轴承箱备用开口处增设高低液位可视油标1只，提高油池油位监控能力。

（4）轴承箱设置高液位溢流线，油池润滑与循环润滑冗余运行，即便油站停运或退出润滑系统开展维修维护，机泵仍可维持油池润滑。

（5）在轴承箱底部增设安装1套垂直向下的可视视窗，并具备放油功能，随时检查油池内部油液状况，实现油池油液在线置换。

（6）增加润滑油系统参数数字显示和报警功能，对润滑油系统温度、压力，润滑油站液位等情况及时反馈。

3 方案设计

3.1 研究与分析

（1）采用整体式强制循环润滑油站，主要由油箱（0.5m³）、防爆电机、油泵、油冷器、油滤器、防爆电子显示与报警控制盘、防爆电源箱、防爆接线箱等部件组成，现场启停操作，结构紧凑，独立运行，平稳可靠，可为机泵润滑油系统提供持续的清洁度保障，适合长期稳定操作与维修保养。

（2）不改变机泵原轴承箱润滑结构，从轴承箱顶部增加可调流量的润滑油注入点。从轴承箱底部，通过三通一路引出润滑油高液位溢流线，溢流处设置可调节油位高度的溢流阀，通过甩油环实际工作高度与轴承迷宫密封回油孔之间的高度差计算出油池液位的安全区间，利用溢流阀将溢流油位调整到油池液位安全区间，确保油封处无泄漏。另一路增设安装1套与轴承箱垂直的可视视窗，随时检查油池内部油液状况，有无异常磨损颗粒产生，并可以定期在线置换润滑油。原轴承箱设计的补油杯不变，在轴承箱备用开口处增设高低液位可视油标1只，巡检时可以直观观察油池真实液位。

3.2 流程描述

从润滑油站泵送来的润滑油经油站供油总阀M1可流向P204A/B两个用户，此处选择一台泵的润滑油流程开展描述。如图1所示，润滑油经M1后，到达泵前供油线手阀M2，再分别流向泵的前后轴承箱。正常情况下，润滑油经进油阀M4、M5从轴承箱顶部流入，从轴承箱底部接出的溢流阀M10、M7流至润滑油回油线，然后再经过回油线手阀M11、油站回油总阀M12流回油站油箱，在M10、M7后侧各安装有一个呼吸阀H1、H2。利用轴承箱原有的备用开孔，安装两个可视油标L1、L2指示轴承箱油池液位，通过调节M4、M5对轴承箱进油量进行调控，通过调节M10、M7控制油池液位。在轴承箱底部的回油线上，安装两组竖直向下的可视视窗S1、S2，可以通过打开视窗前手阀M9、M8检查前后轴承箱回油的油液状况，并可以利用视窗底部的旋塞阀X1、X2进行放油和置换。当对轴承箱油池进行油液置换时，可以打开接到轴承箱中下部的换油阀M3、M6，从可视视窗底部排油置换。

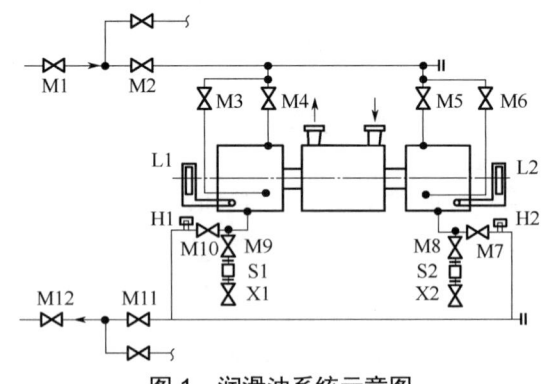

图1 润滑油系统示意图

3.3 方案设计

（1）安装整体式独立润滑油站，并开展动力系统和接地保护等辅助系统的安装投用。

（2）从泵体轴承箱顶部的原有开孔，接配润滑油注入线。

（3）摘除轴承箱原有的油池视镜，接配润滑油换油线。

（4）在轴承箱中下部的备用开口处，安装高低液位可视油标。

（5）在轴承箱底部，接配回油溢流线，并装设底部视镜。

（6）完成润滑油系统管道、阀门部件的安装与连接。

4 技术重点

（1）建立大型高温热油泵独立的整体式润滑油站，具体数据如表1所示，进行专属的润滑、冷却、指示、报警，实现高温热油泵轴承箱温度平稳受控、油系统清洁可靠、机泵安全长效运行。

表1 润滑油系统设计参数

	设计参数			
润滑油油箱	容积，m³	设计温度，℃	设计压力，MPa	公称流量，m³/min
	0.5	45	0.1	40
过滤器	设计温度，℃	设计压力，MPa	试验压力，MPa	产品型号
	100	1.8	2.7	HH361DJ02KSUWR24D
冷却器	工作压力，MPa	工作温度，℃	冷却面积，m²	产品型号
	<1.0	<100	6	GLL2-6
电机	转速，r/min	功率，kW	电压，V	电流，A
	1400/1700	1.5/1.73	380～420	3.43
弹簧式安全阀	公称压力，MPa	整定压力，MPa	排放压力，MPa	回座压力，MPa
	1.6	1	1.1	0.85

（2）不改变机泵原设计润滑结构，实现油池润滑与油站强制循环均可独立运行的冗余运行机制，大幅增强设备运行可靠性。

（3）在轴承箱底部增设安装具备放油功能的可视视窗，随时检查油池内部油液状况，实现油池油液在线检查、在线置换、动态调控。

（4）如图2所示，增加润滑油系统参数数字显示和报警功能，对润滑油系统温度、压力，润滑油站液位等情况及时反馈，安全智能。

图2 润滑油系统参数数字显示和报警控制柜

5　效果评价

（1）彻底解决高温热油泵由于泵体热辐射及泵轴、机封压盖的热传递导致的轴承箱润滑油及轴瓦温度高的问题，避免润滑油劣质化，积存油泥带来的轴瓦磨损。

（2）解决高温热油机泵一月一切，一年两修的高风险技术难题，避免频繁检修产生的安全风险。

（3）实现油池与强制润滑冗余运行，两套润滑系统均可独立运行，大大增强设备运行可靠性。

（4）增加的调节油位溢流阀，可精细调节油池液位，可视油标可清晰检查轴承箱润滑油液位，可见视窗能随时检查油品质量，有无异常磨损颗粒。

（5）改造后，该高温热油泵运行一个周期（3年）未进行检修，实现了长周期运行，增强了设备运行的可靠性和稳定性。

（6）通过计算，每年可节约15万元。

6　结论

在不改变催化重循环油泵150-P204A/B原设计润滑结构的前提下，通过采用独立的整体式润滑油站，对轴承箱开展强制润滑改造，建立润滑油油池润滑与强制润滑的冗余运行方式，使机泵轴承箱克服了环境和工况造成的高温影响，改善了轴承箱的润滑与冷却状态，实现了润滑油在线监视与置换，节省了高额的备品备件消耗，降低了机泵频繁切换和检修的安全风险，提高了装置安全平稳长周期运行的能力。

（作者：王彦新，广西石化炼油一部，催化裂化装置操作工，高级技师；付冲，广西石化炼油一部，工程师；王宝鹏，广西石化炼油一部，工程师；史光辉，广西石化炼油一部，工程师；王爱民，广西石化炼油一部，催化裂化装置操作工，高级技师）

浅析减顶系统泄漏的排查方法

◆ 张 珂　任甲子　韩国柱　羊智鹏　周占红

近年来原油性质日益变差，硫含量、酸值越来越高，对设备的腐蚀也日益加剧。由于减压塔是负压塔，发生小的泄漏很难被发现，而一旦没有及时发现并处理很可能导致大规模泄漏，装置将面临停工的风险。

1　问题描述

常减压装置减顶流程上设置 EJ201A/B/C 共 3 台增压器，EJ202A/B、EJ203 抽真空器 3 台，减顶真空泵 1 台。目前在运行的为 EJ201B 和 EJ202A 及真空泵。装置自 2021 年 7 月以来，产品定期检验时发现减顶气中氧含量超正常指标 1.5%，并有逐渐上涨趋势。经过 7 月 22 日调整后，当前减顶气维持氧含量在 3%～4%，泄漏量约为 25m³/h。经计算，减顶气爆炸上限氧含量为 16.8%。

2　减顶工艺流程简述

减压塔顶温度设计为 63℃，残压为 10mmHg。从减压塔顶出来的减顶油气经增压器增压后，再经过减顶增压器冷凝器 E211A/B 冷却至 38℃，凝缩油和凝结水经大气推流入减顶分水罐 D201，未凝气体经减顶一级抽空器升压，再经减顶一级冷凝器 E212 冷却至 45℃，液相经大气推流入减顶分水罐，气相分两路并联，互为备用。一路经减顶二级抽空器升压，再经减顶二级冷凝器 E213 冷却至 49℃，液相经大气推流入减顶分水罐，气相也进入减顶分水罐气相空间；另一路经减顶真空泵 P210 升压送至减顶水封罐。减顶水封罐内的减顶油经减顶油泵 P207 升压后作为轻污油送出装置。减顶气至减顶气压缩机系统 K201，升压至 0.5MPa 后，经过减顶气胺接触罐 D204 脱硫，硫含量达标的减顶气与高压瓦斯混合进瓦斯分液罐 D115。D204 中分离的液相返回减顶分水罐 D201（图1）。

3　排查方法

3.1　减顶框架区域

减顶框架区域包括减压大气腿、减顶真空泵及压缩机、减顶分水罐、一级抽和末级抽空器等。

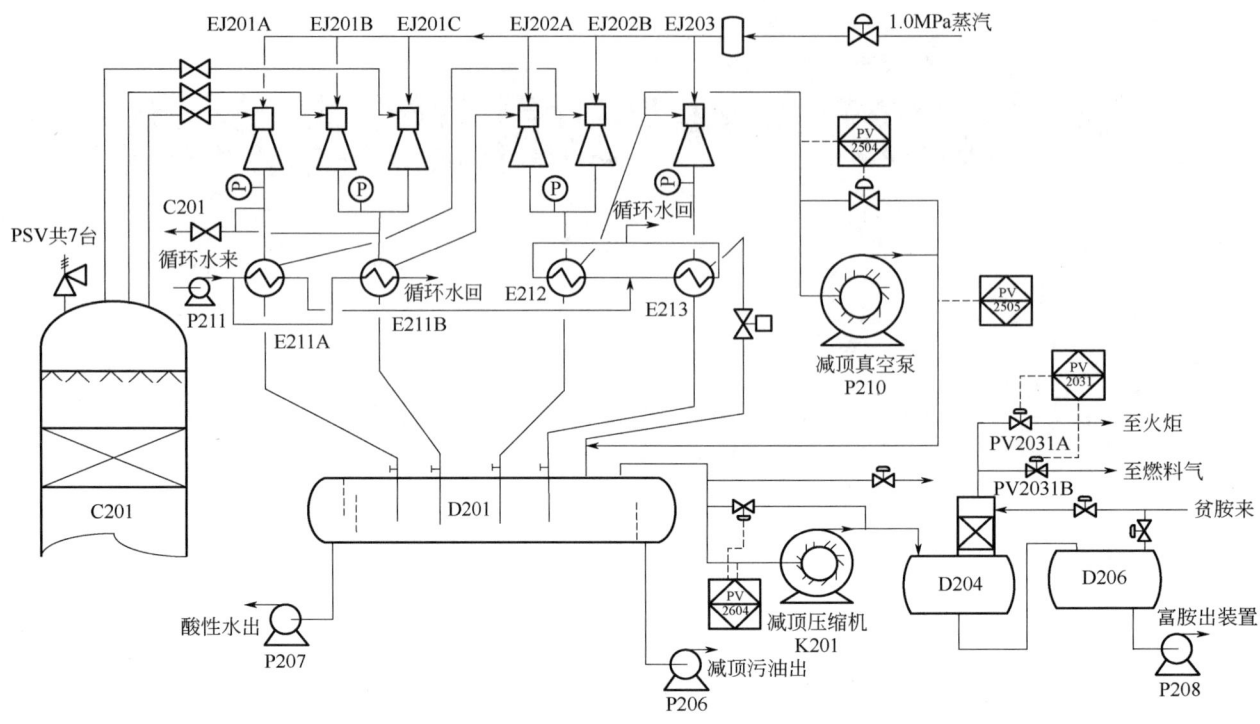

图 1 减顶流程

3.1.1 减压大气腿

减压大气腿在 2013—2016 年期间出现过管壁减薄，弯头处泄漏的情况，于 2016 年大检修时进行消缺，弯头、焊缝是本次排查的重点部位。检查人员踩爬脚手架对每条管、弯头、焊缝通过听、摸、感的方法进行排查，无法触摸到的采用塑料条的方法对大气腿焊口及相关法兰进行检查。

3.1.2 减顶真空泵及压缩机、分水罐

缓慢调节减顶压缩机 K201 副线阀 PV2604，将真空泵 P210 出口压力 PV2505 压力提至正压 7kPa 左右（正常 -2kPa），即减顶油水分离罐 D201 正压、减顶压缩机 K201 入口正压 5kPa 左右，对所有法兰、仪表接头、焊缝用喷壶装洗衣粉水进行喷查，如有冒泡，则说明有漏点。

3.1.3 一级、末级抽空器及附属管线、下部水冷器

对框架上的抽空器 EJ202A/B、EJ203 本体及其法兰进行拆保温检查，对法兰缠透明胶带排查，3h 后采样分析氧含量是否有变化。对减顶 4 台水冷器 E211A、E211B、E212、E213 内漏情况进行排查。

3.2 采用红蓝贴排查

对所查过的法兰，在蓝标签上写上姓名、日期贴在法兰上，通过标签的提示，不需要再对此法兰进行排查。所有法兰查完后，采用红标签再检查一遍，排除法兰泄漏点。

3.3 减压塔顶至增压器水冷器悬空管线区域

减压塔顶至增压器水冷器悬空管线区域包括减顶低温部位及减顶安全阀，减顶增压器

EJ201A、EJ201B、EJ201C 及附属管线，以及减顶破真空线 4 条主线（悬空管线）。由于此区域管线全部悬空无法靠近排查，隔离后通入氮气进行初步排查。

3.3.1 减顶低温部位及减顶安全阀

将减压塔塔顶 7 台安全阀暂时切除，对所有部位的法兰、焊口进行外观排查、并用胶带进行缠绕。

3.3.2 减顶破真空线排查方法

关闭破真空线上下阀门进行隔离，拆除管线上的腐蚀探针，更换一块临时正负压力表。再对破真空线补压线通入氮气，通过临时压力表观察压力变化。通入氮气前压力为 -85kPa，通入氮气后压力保持在 6kPa，加样分析减顶气氧含量无变化，则说明此条管线无泄漏。

3.3.3 减顶 EJ201A 及附属管线排查方法

目前增压器 EJ201A 处于停用状态，关闭增压器 EJ201A 入口气相阀门、蒸汽阀门。增压器 EJ201A 后管线采样器处通入氮气，观察增压器 EJ201A 管线上压力表压力变化。通过减顶气采样分析氧含量无变化，则说明此条管线无泄漏。

3.3.4 减顶 EJ201B/C 及附属管线排查方法

确定 EJ201A 侧无泄漏情况下，对减顶抽真空系统进行切换，投用 EJ201A 侧抽真空系统，停用 EJ201B/C 侧抽真空。当 EJ201A 正常投用后，关闭 EJ201B/C 入口气相阀门。还未来得及关闭蒸汽侧阀门，就发现 EJ201B 增压器喉部蒸汽冷凝水从保温处泄漏出来，初步怀疑此增压器出现砂眼。再次对 EJ201C 通蒸汽进行检查，没有发现泄漏点。

4 总结

通过特高作业对减压塔增压器处搭设脚手架，对增压器 EJ201B 进行拆保温检查，结果发现增压器喉部缩颈处焊道减薄冲刷造成砂眼，致使氧含量超标。对 EJ201B 处砂眼进行补焊消缺，解决了减顶气氧含量超标的问题。装置为了节约蒸汽用量，由 50% 负荷的增压器 EJ201A 切换至 EJ201B，期间对增压器 EJ201A、EJ201C 拆保温进行外部检查，并侧厚记录数据，没有发现问题。

（作者：张珂，广西石化炼油一部，常减压蒸馏操作工，高级技师；任甲子，广西石化炼油一部，常减压蒸馏操作工，高级技师；韩国柱，广西石化炼油一部，常减压蒸馏操作工，技师；羊智鹏，广西石化炼油一部，常减压蒸馏操作工，高级技师；周占红，广西石化炼油一部，常减压蒸馏操作工，技师）

降低常顶石脑油及酸性水中盐氨氮工艺的应用

◆ 田永旭 李 江 李忠杰 韩云桥 王晓杰

常减压蒸馏装置常压塔塔顶出的产品为石脑油，工艺流程为塔顶油气经过冷却器冷却后入回流罐，大部分作为塔顶回流，其余部分作为石脑油产品。在生产中出现了常压塔塔顶石脑油换热器出口管线、空冷等腐蚀泄漏，从检查情况看换热器泄漏主要是铵盐垢下腐蚀造成。铵盐存在是腐蚀的诱因，同时腐蚀部位集中于弯头部位下部，注缓蚀剂难以在此部位成膜，属于工艺防腐防御作用比较弱的区域，也存在常顶气相急冷形成局部冷凝液造成的露点腐蚀。总结垢下腐蚀（氯化铵）、初凝点腐蚀（氯化氢）、腐蚀开裂（氯离子）三种腐蚀类型，都离不开"氯元素"。常减压装置常压塔塔顶冷凝冷却系统中降低塔顶石脑油盐含量和酸性水氨氮含量，对减轻常顶腐蚀，有效控制常顶工艺腐蚀十分重要。

1 循环脱盐工艺

1.1 实施目的

常压塔塔顶冷凝冷却系统中，大部分常压塔塔顶石脑油在循环，即常压塔塔顶—回流罐—常压塔塔顶循环。只要减少回流罐中石脑油的盐含量，就可以减轻常顶换热器、空冷的腐蚀现象。增加回流罐—除盐设备—回流罐循环工艺中通过增设常顶除盐设施，来降低塔顶盐含量，减轻常顶系统腐蚀，解决常压塔塔顶石脑油换热器出口管线及空冷入口管线盐腐蚀泄漏。

1.2 石脑油循环除盐工艺

常压塔塔顶气相冷凝为"两段冷凝"，常压塔塔顶油气与原油通过换器换热后进入常顶回流罐，回流罐分离出的气相通过空冷器冷凝冷却后进入常顶产品罐。回流罐石脑油由常顶回流泵抽出后作为塔顶热回流返回常压塔顶，多余石脑油至空冷器冷却后进入常顶产品罐。图1为回流罐—除盐设备—回流罐循环工艺图，从常顶回流罐D105水包出口管线上引出管线将回流石脑油经泵P220升压，通过过滤器SR104及小过滤器过滤后至混合器，与自电脑盐注水泵来的净化水在混合器混合后进入，在常顶除盐罐中快速溶解油中的盐，脱盐并进行油水分离后的石脑油返回至回流罐，含油污水送出装置处理。回流罐—除盐设备—回流罐循环工艺在处理常顶回流油中的盐的同时，也可降低常一中油的盐。从节能降耗角度出发，除盐设备可使用净化水，经除盐设备处理完成后的含盐污水去酸性水，实现水的重复利用，也可外排至含油污水池。

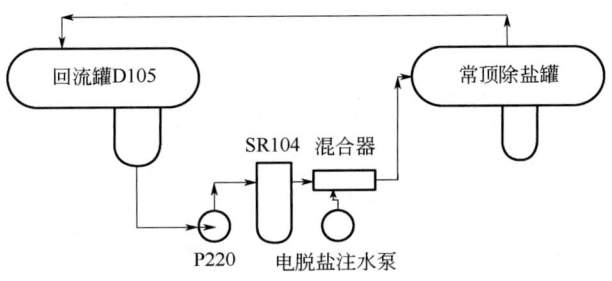

图1　回流罐—除盐设备—回流罐循环工艺

1.3　设备原理

经过长时间的研究探索，开发了顺流萃取耦合油/水分离新型工艺技术来解决该问题。分馏塔顶循环油成套除盐设备主要由湍旋混合器、顺流径向萃取器和油水分离器三部分组成。图2为分馏塔顶部循环除盐工作原理示意图，首先通过湍旋混合器将水均匀分散到循环油中，油中的盐部分溶解到水中，其次经顺流径向萃取器深度捕获盐类离子并将油水进行初步的预分离，油水分离器利用粗粒化及波纹强化沉降，快速并高效地实现油水分离，溶水性盐溶于水中被带出，达到顶循油在线脱盐的目的。

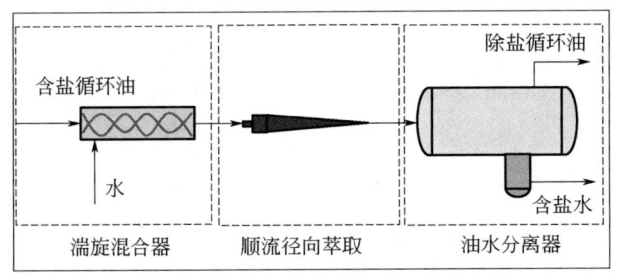

图2　分馏塔顶部循环除盐工作原理示意

1.4　石脑油循环除盐工艺操作要点

回流罐—除盐设备—回流罐循环工艺中，设计循环石脑油流量为35t/h，注水量3t/h。回流罐正常操作的回流量是155t/h。为了保持最大循环石脑油流量和最大注水，必须控制好油水界位，防止水进入回流罐影响常压塔操作。水包液位仪表就地液位指示选用玻璃板液位计，远传液位测量仪表选用法兰式差压式液位变送器。投用要细心，首先试压检查核实是否有泄漏，准备开工前，关闭设备所有进出口阀门。其次全开缓慢打开顶循环油的进料阀门，开度60%左右，观察就地液位计，液面过水包后，间歇性开闭放空阀（放空至废气处理系统），以便排出空气平衡设备内部压力。待罐体充满油，完全打开返回管阀门。缓慢打开注水进料阀门及进水调节阀前后阀门，调整流量计至1～3t/h（根据具体情况调节）。再次待压力稳定后，运行20～30min后观察就地液位计，待观察到油水界面后，确认远传界位计的显示数值是否一致。最后找到油水界位后，打开含盐污水出料阀门及含盐污水调节阀前后阀门，检验调节阀工作情况，确认远传界位与调节联动效果。设备进入稳定运行状态，每隔一定时间取样分析，完成开工工作。

1.5　运行维护要点

由于回流罐—除盐设备—回流罐循环工艺运行采用连续运行方式，控制油水界位很关键，过高石脑油带水，过低外排水带油。油水分离器油水界位通过油水界位计和排水气动调节阀联动，实现油水界位的控制。即排水采用仪表自动控制的方式实现，不需现场过多的人工操作。操作时观察注水流量计的数值，确认流量处于正常范围内，现场巡检时现场观察就地液位计的显示，确认油水界位在视野内，确认远传界位计中控显示与现场显示一致。专业维护人员定期检查液位计及其控制阀是否失灵，检查阀门、连接口的密封。

1.6 达到的效果

回流罐—除盐设备—回流罐循环工艺系统投用运行以来，采样对其中氯含量做了化验分析，从数据来看，除盐脱氯效果明显。表1为除盐撬进/出脱氯化验数据表。

表1 除盐撬进/出脱氯化验数据表

采样时间	样品名称	氯含量，mg/L		
		脱前	脱后	脱除率
08月5日	常顶循环油	1.4	<0.3	78.5
08月6日	常顶循环油	14.1	<0.3	97.9
12月11日	常顶循环油	5.8	<0.3	94.8
12月12日	常顶循环油	4.3	<0.3	93
12月13日	常顶循环油	7.5	<0.3	96
平均值		6.6	<0.3	92.04

从表1采样时间与样品化验分析数据可以明显看出，进/出除盐系统的循环石脑油氯含量脱除率均值达到92.04%，氯含量脱除率效果明显，且脱后循环油中氯含量均小于0.3mg/kg。利用常压塔塔顶冷凝冷却系统中回流罐—除盐设备—回流罐循环和常压塔塔顶—回流罐—常压塔塔顶循环，有效减缓了常压塔塔顶冷凝冷却系统腐蚀问题。

2 常压塔顶注水优化工艺

2.1 优化注水流程

常减压装置常顶系统注水为常压塔及汽提塔汽提蒸气同石脑油在石脑油产品分离器分离，产生的常顶酸性水大部分作为常顶系统注水，少部分外送，界位控制外送量。在回流罐—除盐设备—回流罐循环工艺中，利用系统流程提供的净化水的余量，把净化水引到常压塔顶注水系统中，置换常压塔顶注水，降低注水中氨氮含量。

2.2 更改注水水质

为了减少常顶酸性水中氨氮含量，从源头控制水质。把注水流程优化的注水由注非加氢型净化水更改为加氢型净化水，更加降低了注水中氨氮含量，外排常压塔塔顶酸性水氨氮含量降低50%。

3 总结

常减压装置常压塔顶石脑油工艺流程中增设回流罐—除盐设备—回流罐循环石脑油循环除盐工艺，并且与常压塔塔顶—回流罐—常压塔塔顶循环结合，把石脑油中的盐系统提供的净化水在除盐设备中混合并快速分离石脑油中的盐，进行油水分离后脱盐的常顶回流石脑油返回至回流罐。利用常压塔塔顶冷凝冷却系统中回流罐—除盐设备—回流罐循环和常压塔塔顶—回流罐—常压塔塔顶循环，有效减缓了常压塔塔顶冷凝冷却系统腐蚀问题。同时，回流罐—除盐设备—回流罐循环工艺基础上加以常压塔顶注水优化工艺，常压塔顶石脑油氯盐含量下降90%及以上，降低塔顶石脑油盐含量，塔顶酸性水氨氮含量比以前减少50%，减轻常压塔塔顶腐蚀，有效控制常压塔塔顶换热器出口弯头管线和常顶空冷入口管线腐蚀，减薄速率能控制在合理范围内。同时也解决了除盐系统在运行中工艺、设备存在的问题，为长周期运行提供了基础。

(作者：田永旭，广西石化炼油一部，常减压装置操作工，高级技师；李江，广西石化炼油一部，常减压装置操作工，高级技师；李忠杰，广西石化炼油一部，常减压装置操作工，高级技师；韩云桥，广西石化炼油一部，常减压装置操作工，技师；王晓杰，广西石化炼油一部，常减压装置操作工，高级工)

聚苯乙烯装置脱 TBC 床优化研究与工业化应用

◆ 秦文其　陈克栋

广西石化炼化一体化转型升级项目建于广西壮族自治区钦州市钦州港技术开发区，包括码头库区改造、厂外管线改造、炼油区改造、炼油区新建2套工艺装置及公用工程辅助设施、化工新建120×10⁴t/a 乙烯装置与下游加工流程以及公用工程配套设施。项目建设坚决贯彻中国石油天然气集团有限公司"标准化设计、规模化采购、工厂化预制、模块化建造、信息化管理、数字化交付"的"六化要求"，实施"减油增化、结构调整、科技创新"三大工程，充分体现产品的"特色化、高端化、差异化"，实现公司由"燃料型"向"材料型"的升级，建成世界一流的炼化一体化绿色智能示范企业。聚苯乙烯装置为"中国石油广西石化公司炼化一体化转型升级项目"的生产装置之一，其由三条生产线组成，即1条10×10⁴t/a 通用级聚苯乙烯（GPPS）生产线和2条10×10⁴t/a 抗冲级聚苯乙烯（HIPS）生产线，3条生产线均为本体连续法聚合工艺，生产不同牌号的 HIPS 及 GPPS 产品。聚苯乙烯装置建设从工艺包审核、基础设计、详细设计、各级模型审核都按照要求严格把控，积极参照国内外同类装置设计和控制措施与设计院交流并修改。依据苯乙烯在25℃以下相对稳定，遇热发生聚合反应的特性，在输送过程中重点研究减少管线盲端的措施，降低在高温环境下，物料长时间停留发生自由基聚合的风险。

1 概述

聚苯乙烯装置主要原料苯乙烯物料中，阻聚剂对叔丁基邻苯二酚（以下简称 TBC）含量为15mg/kg，其影响苯乙烯聚合反应速率，同时对 GPPS 产品颜色和透光性能等产品指标有影响。在 GPPS 生产工艺中，苯乙烯物料中的阻聚剂脱除方式是在 GPPS 生产线工艺流程中增加脱 TBC 床，在脱 TBC 床内装填脱除 TBC 的活性氧化铝吸附剂。苯乙烯经过活性氧化铝吸附后，将原料中的 TBC 含量脱除至2mg/kg 以下，提高苯乙烯聚合反应速率和产品性能。

广西石化聚苯乙烯装置工艺原设计为5台脱 TBC 床，每台脱 TBC 床的体积为6.6m³，活性氧化铝吸附剂装填量为4t，原料苯乙烯进料的停留时间约为15min。原设计单塔尺寸较小，运行周期较短，导致全年脱TBC床填料更换费用增加，工艺生产成本增加。同时，由于脱TBC床数量较多，备用管线增加，盲端数量增加，物料在盲端内聚合堵塞的概率增加，对工艺生产造成较多的不可控因素。在详细设计和模型审核中，按照降低单耗、减少生产成本、降低生产运行风险的思路，通过扩大脱TBC床容积、优化脱TBC床切换方案、缩短管线流程等措施，实现脱TBC床填料更换周期延长、年平均填料更换费用降低的效果；优化工艺路线，减少盲端死角，降低盲端内苯乙烯聚合反应的风险。

2 设备选型研究

2.1 设备分析

原设计中脱TBC床每台床容积为6.6m³，直径约为1100mm，按照氧化铝吸附剂装填方案和堆积密度（堆积密度为0.7~0.8g/cm³）计算，单台脱TBC床填料装填量约4t。按照生产线苯乙烯进料流量12.5t/h计算，单台脱TBC床氧化铝吸附剂更换周期约为15天。

脱TBC床更改后容积为19.7m³，直径约为2000mm，按照氧化铝吸附剂装填方案和堆积密度（堆积密度为0.7~0.8g/cm³）计算，单台脱TBC床填料装填量约13.5t，有效容积扩大了3.35倍。按照生产线苯乙烯进料流量12.5t/h计算，单台脱TBC床氧化铝吸附剂更换周期延长为50天。

2.2 填料更换费用核算

更换填料使用50t吊车，上入孔设计为20寸，下入孔为24寸，每次更换活性氧化铝时，需要更换上下入孔垫片，防止物料泄漏。每年减少开支31475元（不计人工成本）。

更换氧化铝填料费用对比，如表1所示。

表1 更换氧化铝填料费用对比

序号	项目	吊车（50t）			20寸垫片 元	24寸垫片 元	每年更换频率 次	费用合计 元
		每吨单价 元	计费时间 h	费用合计 元				
1	技改前设计填料更换费用	10	4	2000	300	375	24	64200
2	技改后设计填料更换费用	10	8	4000	300	375	7	32725
3	减少费用							31475

3 工艺流程优化研究

3.1 方案概述

原设计中脱TBC床共计为5台，正常生产时，5台脱TBC床可以串联、并联和独立运行，用以延长苯乙烯在脱TBC床内的停留时间，更好地脱除苯乙烯中的阻聚剂。

脱TBC床苯乙烯物料流程为下进上出，每台床设计有5根出料线，用于脱TBC床之间相互切换，5台脱TBC床共计有25根出料线。设备串联时，只有5根出料线处于运行状态，其余20根出料线处于备用状态。苯乙烯出料线为

4寸线，每根出料线都引至一层平台后统一设计切换流程，出料线的长度为4～13.473m，流程如图1所示。设计虽然满足脱TBC床相互切换的工艺要求，但是备用管线多、管线粗、盲端长。由于高浓度苯乙烯物料或纯苯乙烯物料一旦产生苯乙烯二聚物，在没有阻聚剂的情况下，会不断引发新的自由基产生，更多的苯乙烯单体分子参与聚合反应，反应产生的热量使剩下的苯乙烯单体发生聚合反应加速，引起"暴聚"。因此备用管线内苯乙烯自聚反应风险增加，物料聚合后管线处理非常困难，生产运行不稳定因素增加。

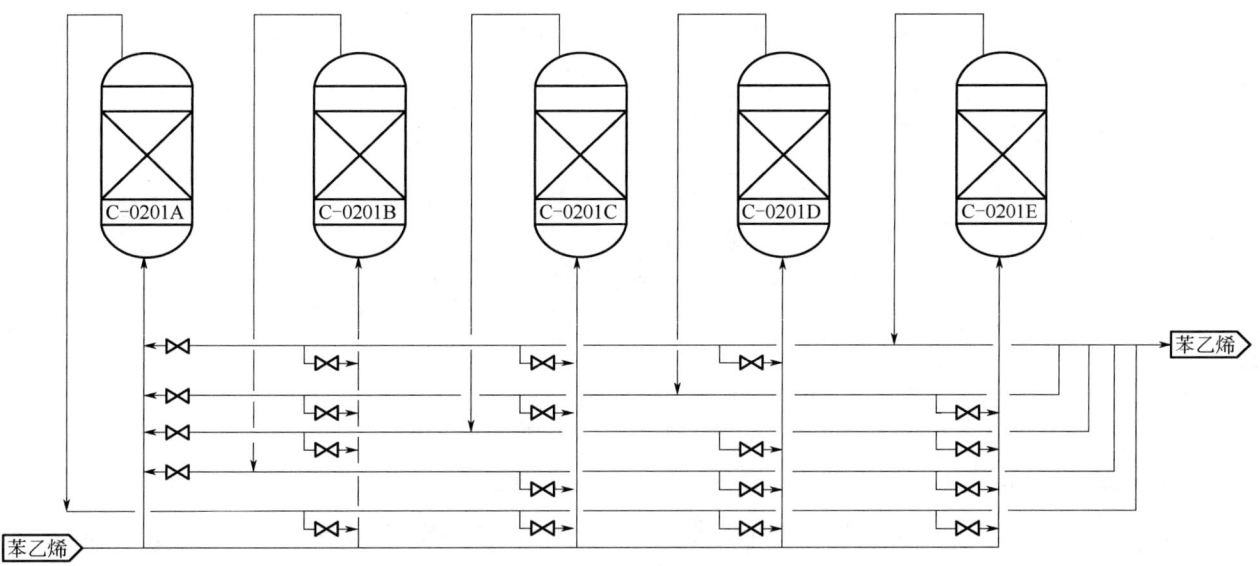

图1 原脱TBC床流程

根据苯乙烯的物化特性和聚苯乙烯装置工艺生产需求，进一步提高脱TBC床在实际工艺生产中的高效性和实用性。经过研究考量后，在满足原设计性能需求的情况下，脱TBC床更改如图2所示。

3.1.1 减少设备数量

将苯乙烯脱TBC床每台床容积从6.6m³改为容积为19.7m³，单台脱TBC床运行周期根据设备容积比例延长，因此将脱TBC床的数量由5台改为4台就能满足工艺要求，设备投资费用总体降低32393元。按照吸附剂每年更换消耗量计算，吸附剂采购数量保持不变。

3.1.2 流程设计更改

（1）5台脱TBC床A/B/C/D/E作为独立个体备用的流程改为4台脱TBC床A/B/C/D后，先以A/B床和C/D床分别作为一个组合，实现A/B床和C/D床组合间的串联、并联和独立运行的备用关系。

（2）将A/B床和C/D床的组合流程在内部拆分为单台床流程，实现A床和B床或者C床和D床之间的串联、并联和独立运行的备用关系。

3.1.3 设备运行方案更改

（1）每次更换脱TBC床氧化铝填料时，保持3台脱TBC床处于串联运行状态，只更换1台脱TBC床氧化铝填料，从而实现2台床之间苯乙烯跨线一直处于物料流通状态，进一步降低管线盲端物料聚合的风险。

（2）在投用新装填氧化铝的脱TBC床时，将吸附过TBC的旧床放置于流程的第一阶段，新床放置于流程的最后阶段，延长苯乙烯在脱TBC床内的停留时间，提高每台床内氧化铝综合利用率，降低生产线物耗。

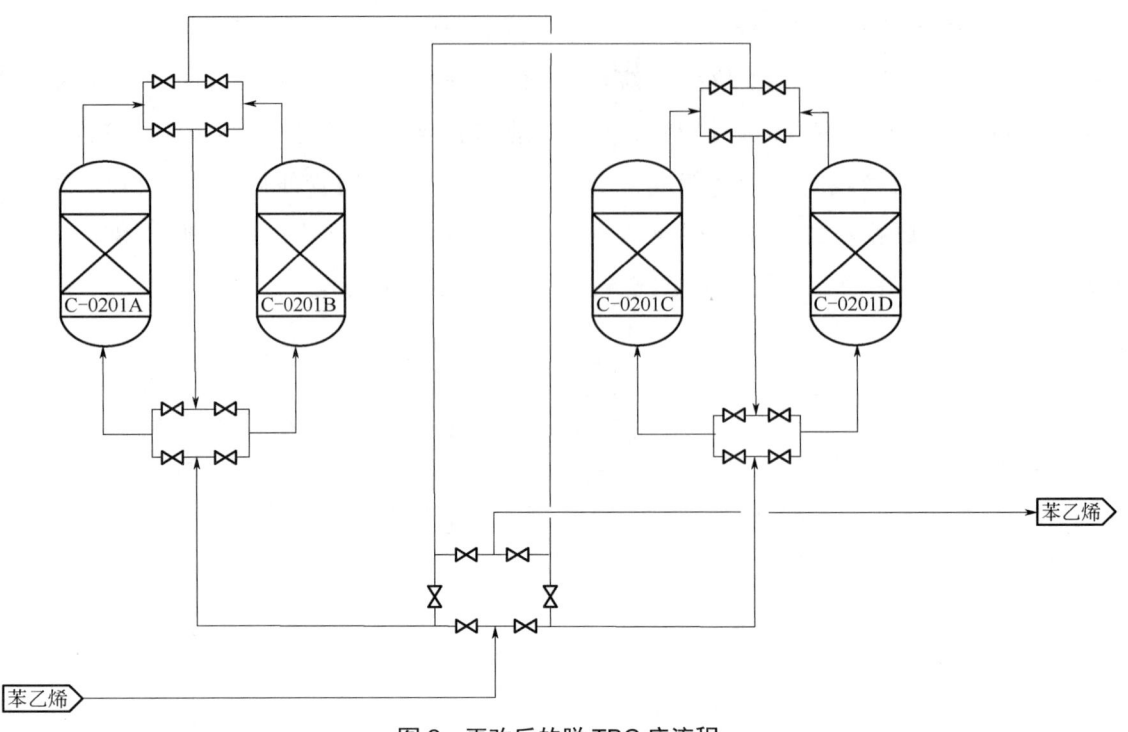

图 2 更改后的脱 TBC 床流程

3.2 实施效果

（1）经过设计更改后，脱 TBC 床由原设计 25 根出料线，共计 147.365m，更改为 4 根出料线，总长 53.892m，减少盲端管线 20 根，苯乙烯管线总长减少 93.473m。

（2）4 台脱 TBC 床 A/B/C/D 可以串联、并联和独立运行，提高氧化铝填料利用率，降低生产线物耗。

（3）脱 TBC 床 A/B/C/D 备用管线可以一直处于运行状态，降低了盲端内苯乙烯长时间停留、自聚，导致备用管线堵塞，脱 TBC 床无法切换的风险。

4 小结

（1）聚苯乙烯装置脱 TBC 床方案更改的时间在装置建设详细设计、模型审核阶段，按照节约投资成本、缩小生产运行成本、降低生产运行风险的理念下实施的流程改造，没有为后续增加技术改造成本。在广西石化一体化建设项目中充分发扬了"敢想敢干，善作善成"的停锅炉精神。

（2）脱 TBC 床流程改造后，减少管线 21 根，苯乙烯管线总长减少 93.473m，且脱 TBC 床 A/B/C/D 备用管线可以一直处于运行状态，降低了盲端内苯乙烯长时间停留发生自聚反应导致备用管线堵塞，脱 TBC 床无法备用的风险。

（3）脱 TBC 床由原设计的 5 台更改为 4 台，每台床容积由 $6.6m^3$ 改为 $19.7m^3$，氧化铝填料更换频率由 24 次/年缩减为 7 次/年，每年减少吊车使用等设备开支 31475 元。

（4）脱 TBC 床盲端减少，氧化铝更换周期延长后，减少了失效脱 TBC 塔更换氧化铝时苯乙烯的排放量，降低了操作人员直接接触苯乙烯的概率和人员中毒风险。

（作者：秦文其，广西石化 PMT3，聚苯乙烯装置操作工，高级技师；陈克栋，广西石化 PMT3，聚苯乙烯装置操作工，技师）

浅谈降低压缩机能耗与运行问题处理建议

◆ 梁英东　邵启超　潘　博　康文元　张兴茂

在催化重整装置中，重整临氢系统中的氢气循环是重整反应最重要的部分，循环氢压缩机就是这部分的"心脏"，是装置运转正常与否的关键。压缩机设备故障导致的装置降量甚至停工，对企业而言会造成重大的经济损失。另一方面，重整循环氢压缩机是装置的用蒸汽大户，尽管重整的四合一炉顶部蒸汽包也可以产出一定量的中压蒸汽，但无法满足重整装置压缩机对中压蒸汽的需求，需要从全厂管网引进一部分中压蒸汽以供使用。因此，在维持生产平稳的前提条件下，寻找出可节约催化重整中压蒸汽用量的调节方法能极大降低装置的生产成本。

循环氢压缩机工艺流程如图1所示，自反应器来的重整产物先后经过重整进料换热器E101、空冷A101后进入重整产物分离罐D101，重整产物分离罐D101顶部氢气经循环氢压缩机K101增压后主要作为循环氢去重整进料换热器E101，剩下部分经空冷器A102、增压机入口一级分液罐D102后进入增压机K102一段增压。重整氢气增压后经空冷A103、一级再接触罐D103进入增压机K102二段继续增压，增压机K102二段出来的氢气经空冷A104、二级再接触罐D104去PSA。

1　降低压缩机蒸汽消耗

1.1　影响因素

根据催化重整装置实际生产数据追踪并查询相关资料文献，发现在工艺操作中影响重整压缩机的中压蒸汽用量主要有以下因素。

（1）重整反应的氢油比。
（2）氢气纯度。
（3）重整系统压降。
（4）重整压缩机的转速。

1.2　调节过程

由于氢油比是根据重整催化剂积碳调节，重整循环氢纯度根据原料组成变化，因此选择后两种因素进行调节。

1.2.1　氢油比不变，调节重整循环氢压缩机K101转数

在单次转数调节不超过50r/min，维持氢油

比 2.7 的前提下，同时将循环氢阀位由 65% 逐渐开至 78%，控制氢纯度和空冷 A101 输出在 60% ～ 85%（氢纯度为摩尔百分比），调节数据如表 1 所示。

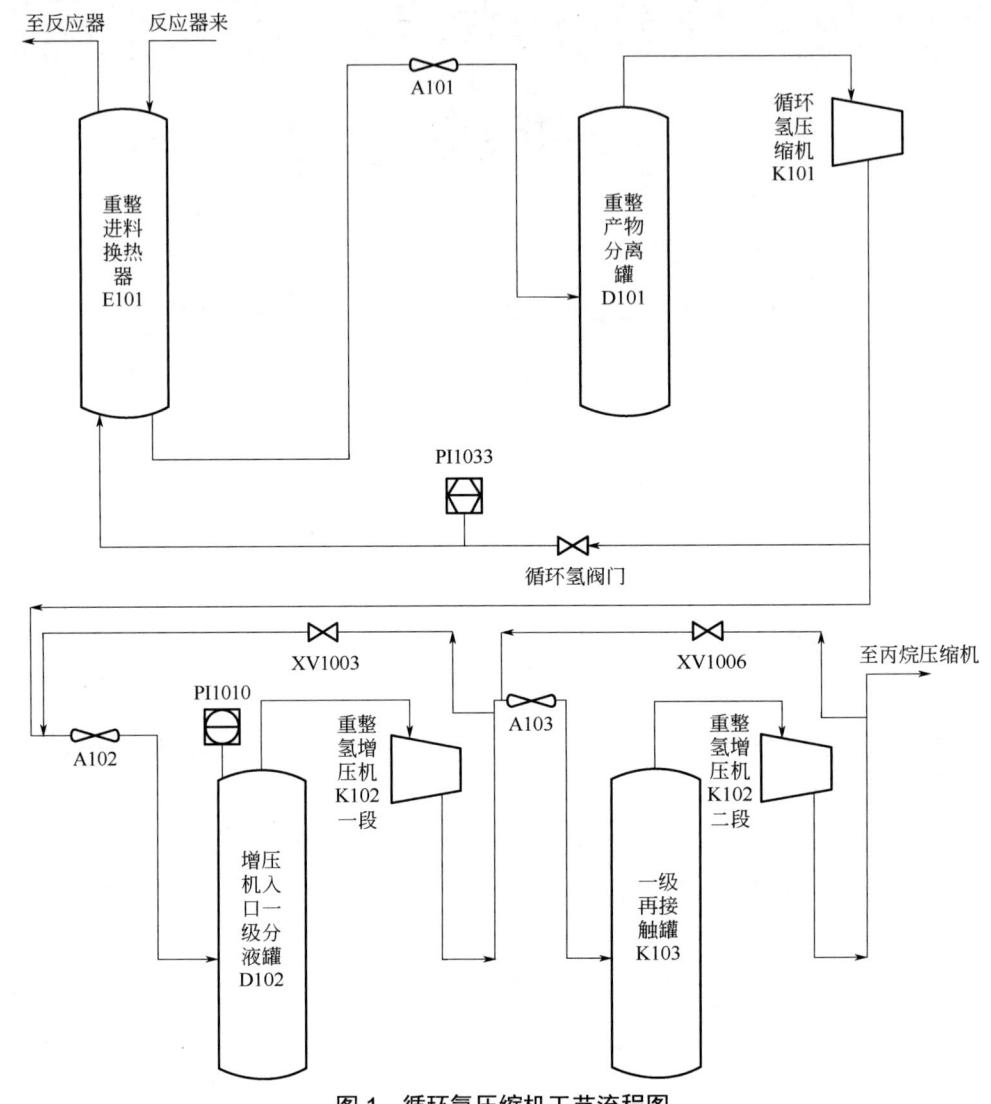

图 1　循环氢压缩机工艺流程图

表 1　调节 K101 转数时 K101 中压蒸汽用量变化

项目	K101 转数 r/min	氢油比	循环氢气量 m³/h	循环氢气纯度 %	K101 蒸汽用量 t/h	同比对照组降低蒸汽用量 t/h
对照组 0	3660	2.7	167150	72.8	29.40	/
调节组 1	3620	2.7	162022	73.9	27.85	1.55
调节组 2	3600	2.7	161190	73.9	24.00	5.4
调节组 3	3580	2.7	163000	73.6	23.80	5.6

（1）转数由3660r/min降至3580r/min（共降80r/min），同比降低蒸汽用量5.6t/h，而循环氢气量最大差值不超过6000m³/h，循环氢气纯度最大差值不超过1.5%。

（2）在循环氢压缩机K101转数符合指标的范围内，转数越低则降低蒸汽用量越大，在3620r/min降至3600r/min时，降低蒸汽用量幅度较大，在3600r/min降至3580r/min时，降低蒸汽用量相对幅度较小。

（3）循环氢控制阀开大，可以降低压缩机至板式换热器的压降，达到降低中压蒸汽的目的。这说明在尽量开大循环氢控制阀开度，适当降低循环氢压缩机K101转数，可以降低蒸汽用量，转数越低降低量越大，随着循环氢压缩机K101转速下降、循环氢阀门开大，循环氢控制阀至板式换热器E101的压力PI1033会下降，要注意分液罐D102设定压力不能低于PI1033。如果分液罐D102压力低于PI1033，则循环氢压缩机K101出口氢气会大部分去分液罐D102，循环氢控制阀开大则没有效果，所以分液罐D102设定压力不能低于PI1033。

1.2.2 氢油比不变，降低增压机入口一级分液罐压力

在重整进料量、进料组分和重整产氢量变化不大的情况下，保持氢油比的量一定，增压机K102的负荷就是重整产氢量。由于增压机K102目前投用的性能控制，在增压机K102高负荷时，压缩机两段防喘振阀关闭，只能通过调节转速来调节压力，这种情况不讨论。在增压机K102低负荷时，也就是两段防喘振阀开启的情况下可以通过优化操作，降低防喘振阀开度与增压机K102转速达到节能的目的。

在进料量相差不超过±5 t/h，维持氢油比不变的条件下，数据如表2所示。

（1）从第1组数据分析，进料在（198±5）t/h，降低分液罐D102压力，降幅为0.005MPa，循环氢压缩机K101和增压机K102蒸汽用量分别下降了7t和3t，共降低中压蒸汽10t。小幅度降低分液罐D102压力，循环氢压缩机K101蒸汽用量下降，中压蒸汽总用量跟着下降。

（2）从第2组数据分析，进料在（218±5）t/h，降低分液罐D102压力，降幅增大至0.01 MPa，循环氢压缩机K101蒸汽用量下降了34t，增压机K102蒸汽用量增加了10t，但两者中压蒸汽共降低24t。分液罐D102压力降幅增大时，循环氢压缩机K101蒸汽用量降幅也增大，增压机K102蒸汽用量反而增加，但中压蒸汽总用量依旧跟着下降且降幅增大。这说明在增压机K102低负荷时，可以通过降低分液罐D102压力来减少循环氢压缩机K101出口压力，也可以减少增压机K102一段喘振阀的开度，最终降低中压蒸汽总用量。但是需要注意的是，当增压机K102两段喘振阀都关闭的情况下，只能通过提高增压机K102转速来降低分液罐D102压力，会造成增压机K102蒸汽用量增加，所以在降低分液罐D102压力时，需要注意观察2台压缩机的蒸汽用量。降低分液罐D102压力的同时要注意设定压力不能低于PI1033。

表2 调节分液罐D102压力时压缩机中压蒸汽消耗量变化

序号	总进料 t/h	D102压力 MPa	K101蒸汽用量 t/d	K102蒸汽用量 t/d	K101+K102 t/d	差值 t/d	自产蒸汽量 t/d	燃料气用量 t/d
1	198	0.475	605	870	1475	10	1109	286

续表

序号	总进料 t/h	D102 压力 MPa	K101 蒸汽用量 t/d	K102 蒸汽用量 t/d	K101+K102 t/d	差值 t/d	自产蒸汽量 t/d	燃料气用量 t/d
1	198	0.47	598	867	1465	10	1113	284
2	218	0.455	605	933	1538	24	1183	303
	218	0.445	571	943	1514		1185	304

1.3 经济效益

根据此调节操作方法，对重整压缩机转速、循环氢阀门开度及增压机入口一级分液罐压力进行调试并跟踪记录数据，最终发现该操作平均可降低中压蒸汽 1.0 t/h，每年可节省 130 万元。

2 压缩机运行中出现的问题及处理建议

2.1 压缩机升速失控

2022 年 1 月 26 日 20 时，催化重整装置循环氢压缩机 K101 转速升速失控，转速由 3750r/min 快速升至 4200r/min，经排查后未能发现具体原因，需停工检修期间再深入排查。出现机组升速失控现象极易造成转动部件断裂停车，甚至引起机组飞车而全部损毁，若出现类似情况必须快速采取措施防止机组升速失控而损坏，可通过 DCS 画面中机组转速、汽轮机主蒸汽流量、出口压力、系统压力等参数同时大幅波动，以及机组控制页面升速命令长时间保持、调节汽阀输出持续增加等现象快速确认压缩机发生升速失控现象，可紧急采取以下几种措施：

（1）按住降速按钮，让升速和降速信号同时存在，阻止转速持续上升。

（2）尝试反复按住、松开升速按钮来触发解除升速的保持信号。

（3）快速联系 DCS 值班人员检查后台升降速逻辑，强制解除升速命令。

（4）现场检查实际转速、二次油压、控制油压、调节阀开度（现场标尺）波动情况等，应急阻止快速升速。还可以在机组转速控制系统增加升降速命令保持时长自动断开保险，即升降速命令只持续保持 5s 就自动断开，如需继续升降速则需要再次点击升降速命令。

2.2 防喘振阀卡涩

2023 年 1 月 9 日 22 时，因氢增压机 K102 后路配套 PSA 氢气提纯装置停车，导致压缩机出口憋压，最终因二段防喘振阀未及时打开，二段出口流量持续下降到 90255m³/h，工作点越过喘振线 4s 后联锁停车。停车后排查发现二段防喘振阀输出与回讯存在严重滞后，开阀命令直至输出 100%，才缓慢打开 20%，导致压缩机流量不足，联锁停车。决定下线二段防喘振阀，打开发现阀前管道中存在粉末，阀笼流通孔堵塞，阀芯与阀笼存在磨痕。查明停车原因为二段防喘振阀 XV1006 卡涩、堵塞，开阀响应滞后。

为改善上述问题，首先工艺操作上可优化重整催化剂再生系统操作，从源头减少催化剂破碎产生粉尘。其次是完善并加强防喘振阀日常管理和预防性检维修策略，关键阀门实施定期测试工作，小幅度手动测试验证阀门开关性能的完好性。另外，在消缺或者大检修期间阀门下线解体清理，更换密封件，进行阀门性能测试，确保阀门功能完好。

2.3 汽轮机排汽压力波动

催化重整装置氢增压机 K102 在长周期运行中，多次出现汽轮机排汽压力波动现象。2023年10月开始，排汽压力由 -84kPa 持续缓慢上涨至 -60kPa（高高联锁值 -30kPa），且受气温影响比较大，特别是在冬季气温低的情况下，排汽压力会长时间在 -60kPa 左右波动，致使被迫打开启动汽抽来维持汽轮机负压。

汽轮机排汽压力的频繁波动及持续缓慢上涨，不仅造成中压蒸汽无法得到高效利用增加了装置蒸汽消耗，而且严重影响压缩机工作效率以及长周期平稳运行。复水器真空度波动后排查现场流程、梳理历年检修情况，分析出导致其波动主要由以下原因造成：

（1）鉴于2020年大检修期间检查喷嘴有开裂情况，怀疑为喷嘴开裂或堵塞导致蒸汽流速降低，使得工作蒸汽不能和凝气器中的不凝气充分混合，导致不凝气抽出不及时，在下次停机检修期间可考虑检查喷嘴堵塞、开裂情况并加以清洗管线。

（2）汽轮机低压缸侧轴封蒸汽主要为了防止外界空气漏入气缸内部影响复水器真空度。目前 K102 轴封汽源为 1.0MPa 蒸汽，且汽源压力和温度受气温变化波动较大，怀疑为气温低时 1.0MPa 蒸汽压力和温度较大幅度降低，导致轴封汽源带水影响汽封效果。可通过重做轴封蒸汽保温，低温天气时保障汽源稳定，汽源末端增加疏水器或改为中压蒸汽作为汽源等措施解决。

（3）复水器管束表面结垢堵塞会大大降低冷却效果，汽轮机末端排汽无法得到有效冷凝引起汽轮机排汽压力上涨。复水器管束结垢主要因循环水质量较差、含杂质较多造成，运行时可提高循环水的流量来提高冷却效果，在检修期间通过清理表面的垢迹、铁锈、油泥等来提高传热系数。

3 总结

依据广西石化催化重整装置能耗分析，总结出影响压缩机中压蒸汽消耗主要因素，并寻找出相应的调节方法，降低蒸汽消耗，经济效益十分可观。同时分析压缩机运行中出现的问题，提出相应的解决建议，保证压缩机长周期稳定运行。

（作者：梁英东，广西石化炼油二部，催化重整装置操作工，中级工；邵启超，广西石化炼油二部，催化重整装置操作工，高级技师；潘博，广西石化炼油二部，催化重整装置操作工，高级技师；康文元，广西石化炼油二部，工程师；张兴茂，广西石化炼油二部，催化重整装置操作工，高级技师）

催化 CO 余热锅炉管束泄漏判断与防范处置

◆ 董四强　王忠海　文　旭　杨灵纯　徐海龙

催化裂化装置是石油化工行业中的重要装置之一，其主要功能是将重质油转化为轻质油，提高油品质量。在催化裂化装置中，再生器烧焦会产生大量的含有 CO 的高温烟气，回收其热能再利用对于降低装置炼油成本有着至关重要的作用。余热锅炉作为热能回收的重要设备之一，在实际运行过程中，锅炉炉管泄漏问题时有发生，给装置的安全稳定运行带来了严重威胁。因此，研究锅炉炉管泄漏的判断方法与防护措施对于提高催化裂化装置的安全性和稳定性具有重要意义。广西石化某炼油厂，$350×10^4$t/a 重油催化裂化装置拥有 2 台余热锅炉（A 和 B），它们的结构从底部到顶部依次是两段省煤段、四段蒸汽段、两段过热段和一段水保护段，其中，水保护段采用 20G 钢材料制作而成。在这个实验中，使用了 3.5MPa 的高温过热蒸汽，并将其加温到了 430 ℃。2023 年 2 月 11 日至 15 日，余热锅炉 B 的炉膛温度、炉膛压力、产气量、上水量等关键参数在燃料气、燃烧风、重催烟气均未发生大幅变化的情况下，逐步发生不可逆的偏离，经分析判断为余热锅炉 B 水保护段炉管泄漏，遂停炉检修。

1　管束泄漏的现象与判断

1.1　炉膛温度持续下降

当水保护段的炉管发生泄漏时，高压水汽会以极快的速度喷射出来，这将导致大量的汽化并吸收热量，从而使得该段的炉膛温度随着泄漏量的增加而持续下降，直至泄漏量完全消失。图 1 为水保护段炉膛温度与蒸发段、过热段的对比趋势图，由图 1 可知：在燃料气、燃烧风、重催烟气量均未发生变化的情况下，水保护段炉膛温度持续下降，而其他段炉膛温度并未发生变化，说明炉膛温度下降处发生炉管管束泄漏。

1.2　炉膛压力上升

余热锅炉的炉膛压力由入口烟道挡板和出口烟道挡板的开度决定。正常生产时余热锅炉的烟道入口挡板与出口挡板为全开状态，所以炉膛压力会维持在一个数值附近，不会发生大幅变化。当炉管管束泄漏后，高压水汽混合物从泄漏口高速喷出，迅速吸热汽化，导致该段炉膛压力快速上升。图2为余热锅炉B炉膛压力趋势图，由图2可知：正常生产期间炉膛压力维持在1.2kPa左右，2月11日15：00开始，水保护段炉膛压力缓慢上升，由1.2kPa上升至1.4kPa，说明锅炉炉管发生泄漏。

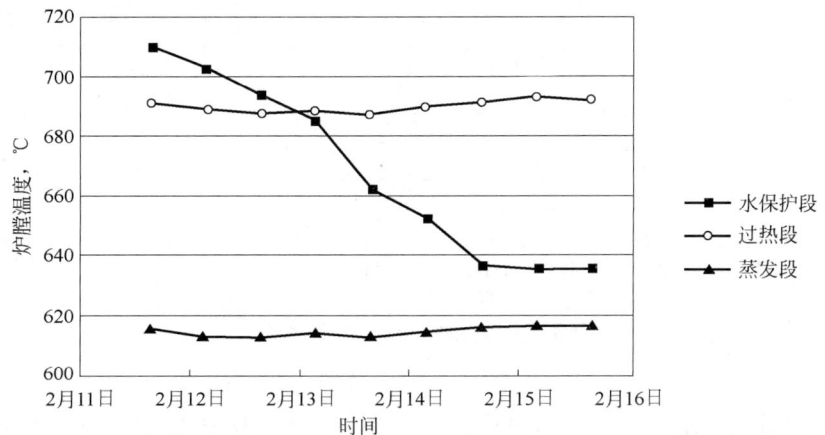

图1 余热锅炉B水保护段与蒸发段、过热段炉膛温度对比趋势图

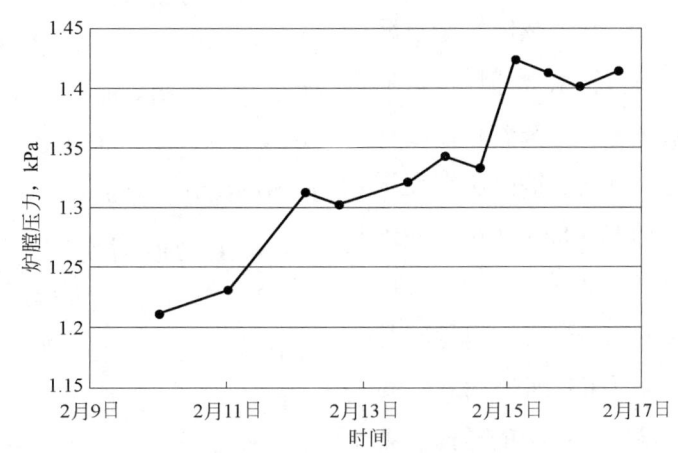

图2 余热锅炉B炉膛压力趋势图

1.3 锅炉汽包上水量不正常的大于产气量

汽包三冲量控制系统通过监测汽包水位和汽包的流量来调节汽包的流量。如果水流量变化，汽包的水平会受到影响，导致汽包水平的变化。在水流量变化的情况下，汽包的流量也会随之变化。图3展示了汽包上水量和产汽量的变化趋势。根据图表，在正常运行情况下，汽包上水量通常在95t/h左右，略低于产汽量。从2月11日15：00起，汽包产汽量明显低于上水量，并且这种变化幅度不断扩大，表示汽包的燃烧室出现了泄漏。

2 停炉检查结果

2023年2月15日对余热锅炉B进行停炉检修，发现余热锅炉B水保护段锅筒边缘与两根炉管根部连接的焊缝处发生泄漏，证明上述分析判断准确。

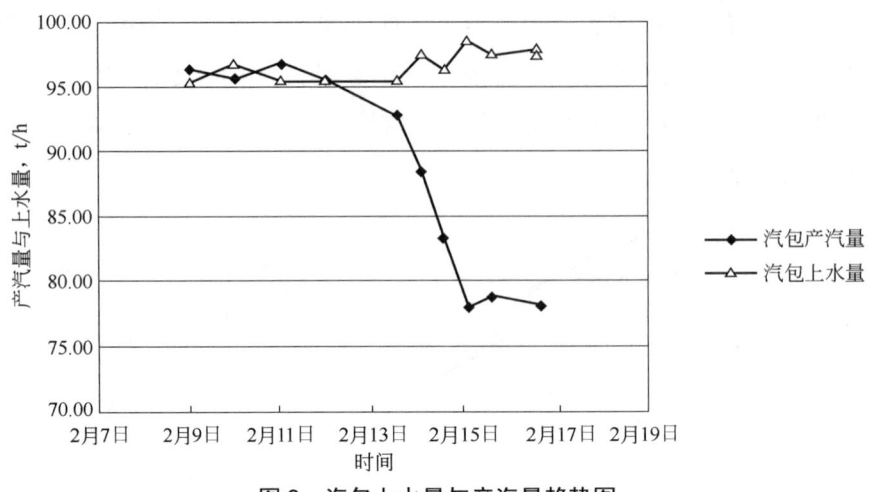

图 3　汽包上水量与产汽量趋势图

3　管束泄漏的处理

邀请省特检院对余热锅炉 B 过热段发生泄漏的原因进行了分析，为锅筒与管束根部焊接缺陷与腐蚀冲刷共同作用结果。后对泄漏的部位进行补焊，并进行 100% 探伤。对其余锅筒所有高压管的焊口均进行了测厚检验和 100% 探伤，并进一步加强对焊口的检查工作。对易泄漏的定排、连排管线根部与锅筒连接的部位进行测厚检验与 100% 探伤检查，并在外表面超音速喷涂新型防腐蚀材料。同时委托省特检院对锅炉的压力设备及附件进行了规范性检查，对其数据登记。

4　防范措施

4.1　强化定期检测与预防性维护

增加检测频率，根据锅炉的实际运行情况和历史数据，适当增加对炉管、焊口等关键部位的检测频率，以便更早地发现潜在问题。引入先进技术，利用超声波、射线探伤等先进技术进行无损检测，提高检测的准确性和效率。制定详细的预防性维护计划，包括清洗、除锈、涂漆等保养工作，确保设备处于良好状态。

4.2　优化运行参数与智能监控

结合历史数据和专家经验，开发智能调整系统，自动调整锅炉运行参数，确保其在最优状态下运行；加强实时监控系统的建设，对关键参数进行实时监测，并设置多级报警系统，确保异常情况能够及时发现并处理。

4.3　加强焊接与安装质量控制

对焊接材料和安装材料进行严格筛选和质量控制，确保符合设计要求；对焊接和安装过程全程监督并验收，确保操作规范和质量要求得到满足；加强焊接工人的技能培训和考核，提高其技术水平，确保焊接质量。

4.4　强化水质与汽水品质管理

为了更好地控制水质，将构建一个全面的监控体系，包括实时的水质、汽水品质管理，自动排污及加药等，以便确保其达到国家规范的要求；此外，还将定期对锅炉的内部腐蚀、结垢等问题进行剖析，以便及时采取有效的治理措施。

4.5　完善防腐与保养措施

在锅炉炉管表面涂覆高性能防腐涂层，提高其抗腐蚀能力；选择耐高温、抗腐蚀的保温材料，确保保温效果并减少热应力；定期检查与更换，对防腐涂层和保温材料定期检查，发现破损或老化及时更换。

4.6 提升人员技能与安全意识

加强操作人员的技能培训，提高操作水平和应急处理能力；通过案例分析、安全讲座等方式，加强操作人员的安全意识教育，使其充分认识到锅炉安全运行的重要性；定期组织应急演练，提高操作人员的应急反应能力和团队协作能力。

4.7 引入新技术与新材料

研究并应用新型耐高温、抗腐蚀材料，提高炉管的耐用性和安全性；引入物联网、大数据等新技术，实现锅炉运行的智能化管理升级，提高安全性和效率。

5 结束语

（1）在生产过程中，对余热锅炉运行参数（炉膛温度、炉膛压力、汽包上水量与产汽量等）的监控与比对，可以及时分析锅炉的运行状态。当各指标出现大幅度波动或同时偏离时，可以作为判断余热锅炉炉管泄漏的依据。

（2）通过以上防范处置措施的实施，可以有效降低锅炉炉管泄漏的风险，提高催化裂化装置的安全性和稳定性。

（作者：董四强，广西石化炼油一部，催化裂化装置操作工，高级技师；王忠海，广西石化炼油一部，催化裂化装置操作工，高级技师；文旭，广西石化炼油一部，催化裂化装置操作工，技师；杨灵纯，广西石化炼油一部，催化裂化装置操作工，技师；徐海龙，广西石化炼油一部，催化裂化装置操作工，技师）

轻汽油醚化装置甲醇回收塔控制参数优化

◆ 王文波　王爱民　张　乐　陈克念　马立朋

　　轻汽油醚化装置是石油化工行业中的重要设备，用于生产高品质的汽油。甲醇回收塔作为该装置中的关键组成部分，负责回收和再利用甲醇，以减少生产成本并保护环境。然而，在实际运行过程中，甲醇回收塔的控制参数往往存在不合理或不稳定的情况，导致甲醇回收出现效率低下、能耗高、环保排放不合格等问题。因此，对甲醇回收塔的控制参数进行优化研究具有重要意义。

　　轻汽油醚化装置甲醇回收塔，需要控制回收塔顶甲醇浓度和塔底萃取水 pH 值及甲醇含量，分离不好会造成塔顶、塔底质量不合格，循环甲醇浓度低，水含量高，易发生醚化反应器催化剂活性降低、床层温度飞温等不利于产品调控现象。萃取水甲醇含量高则 pH 值偏高，剩余的萃取水排入含油污水单元，会造成外排水 COD 超标等现象。

1　甲醇回收系统流程简介

　　含甲醇水混合物从萃取塔底部流出，经甲醇回收塔进料 / 萃取水换热器换热至约 85℃后进入甲醇回收塔，将水和甲醇分离。萃取水自塔底流出并由底泵加压后经甲醇回收塔进料 / 萃取水换热器换热，再经冷却器冷却至 40℃后循环进入萃取塔上部，萃取水在萃取塔和甲醇回收塔之间的密闭循环系统中循环利用。甲醇回收塔塔顶气体经塔顶空冷器和水冷器冷却至 40℃后进入甲醇回收塔顶回流罐。回流罐底部流出物经甲醇回收塔回流泵加压后一部分进入甲醇回收塔塔顶回流，另一部分循环至甲醇缓冲罐回收利用。

　　为了防止结垢和聚结，甲醇回收塔塔底液体定期排放至污水处理单元。并根据液位情况补充除盐水。甲醇回收系统流程简图如图 1 所示。

2　回收塔操作问题及原因分析

　　在甲醇回收塔操作过程中，塔底萃取水的质量控制是保证甲醇回收效率及水排放环保安全的关键。

2.1　萃取水甲醇含量超标的现象及后果

　　某 $50×10^4$/t 轻汽油醚化装置自开工投产后一

直运行平稳，2021年，甲醇回收塔塔底萃取水的甲醇含量均值在2.32%，由于萃取水排放是直接进入含油污水系统的，所以含甲醇量超标的萃取水造成含油污水COD均值达到了1092mg/L，不仅造成部分甲醇损失，还影响装置的安全环保排放。

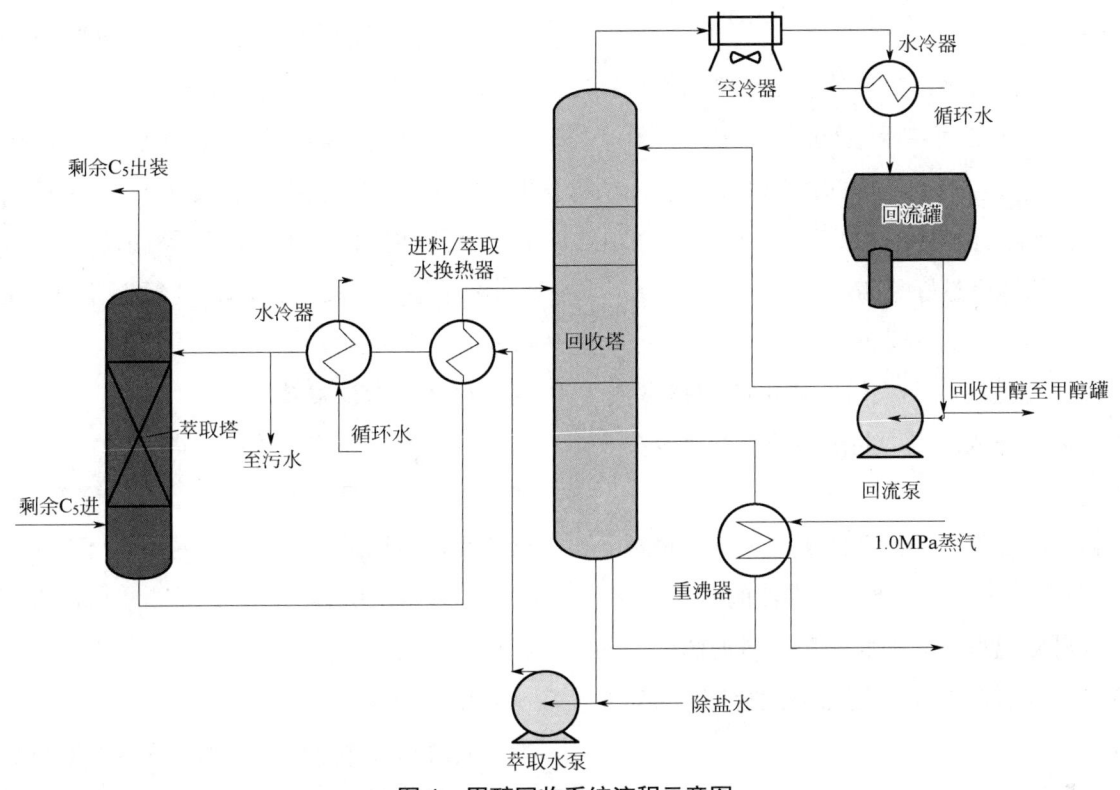

图1 甲醇回收系统流程示意图

2.2 原因分析

根据精馏塔热量平衡、物料平衡和气液相平衡可知，甲醇比水的沸点低，当甲醇回落塔底时，灵敏板温度降低，塔底萃取水的甲醇含量增高。

通过计算可知，1%的甲醇溶液COD为15000mg/L，因此含有2.32%甲醇的萃取水排至含油污水系统，是造成含油污水COD超标的根本原因。

3 工艺要求和指标优化

3.1 工艺要求

甲醇回收是利用甲醇与水的沸点不同，通过蒸馏的方法，对甲醇进行回收再利用。温度控制是回收塔操作的重点，是甲醇能够得到有效分离再回收利用的保证。通过分析回收塔进料甲醇/水混合物的组成，合理控制进料温度、塔顶与塔底温度及灵敏板温度，使回收塔顶部得到纯度不小于99.85%、水含量不大于0.1%的甲醇，回收塔底部萃取水的甲醇含量不大于0.1%。

3.2 指标优化

利用HYSYS流程模拟软件搭建甲醇回收塔模型，研究塔底温度、塔顶压力、进料温度、回流温度、回流量以及灵敏板温度等对甲醇回收塔精馏效果的影响。根据流程模拟数据，对甲醇回收塔指标进行优化调整，最关键的调整方法是：保证灵敏板下层塔板温度必须大于灵敏板温度5℃以上，才能最大限度降低萃取水的甲醇含量。

3.2.1 进料温度

对于甲醇回收塔，进料的温度通常需要根据具体的工艺要求和物料性质进行设定。一般来说，进料温度会影响到塔内的热量平衡和分离效率。多数进料混合物经换热后，温度为75℃左右，而进料的温度最好是86℃。

3.2.2 塔底温度

塔底温度是甲醇回收塔操作中的关键参数。其需要根据甲醇的沸点、共沸物的组成以及分离要求来设定。

塔底温度通常与再沸器的蒸汽流量和塔板上的物料组成有关。通过调节再沸器的蒸汽流量，可以控制塔底温度，从而影响整个塔的温度分布和分离效果。根据分析，塔底温度控制在130℃左右为宜。

3.2.3 回流比

回流比是决定塔内热量分布和物料循环的重要因素。通过调整回流比，可以影响塔顶和塔底的温度，进而实现对整个塔温度的控制。回流比的选择需要综合考虑分离效率、能耗以及产品纯度等因素。另外，增大回流比对塔顶产品浓度提纯有一定效果。根据设计要求，回流比建议控制在3.0以上。

3.2.4 塔顶压力

甲醇回收塔塔顶压力一般设定为常压或微正压，提高压力对精馏塔来说可有效提高换热效率，提高塔顶产品质量。但压力过高同样影响塔底产品质量，所以通过测算将塔顶压力设定在0.15MPa比较合适。

3.2.5 灵敏板温度

甲醇回收塔灵敏板温度受到多种因素的影响，主要包括加热蒸汽量、冷后温度、回流量、釜液位高度等。这些因素的变化会直接影响塔内气液平衡状态，进而影响灵敏板温度。因此，要实现灵敏板温度的精准控制，必须对这些因素综合考虑和调节。对于装置生产现状，提高回收塔灵敏板温度可将塔的整体换热温度上移，有效提高塔底产品的甲醇携带量。通过分析，灵敏板温度控制在108℃以下为宜。

3.2.6 回流温度

对于固定回流比的精馏塔操作来说，降低冷却介质温度，可有效提高换热温度梯度，提高换热效率，所以适当降低回流温度对于回收塔来说有益。根据回收塔设计要求，冷后温度设定在45℃更合适。

3.2.7 参数设定

通过以上对回收塔操作影响参数的分析发现，操作参数的变化直接影响着回收塔的操作，因此，通过实际调整操作及采样分析总结出回收塔操作的几点温度控制，即塔底温度控制在125～135℃，灵敏板温度控制在98～108℃，灵敏板下层温度要控制在107～118℃，而塔顶冷后温度控制在39～41℃，塔顶压力控制在0.13～0.15MPa，进料温度控制在83～90℃，回流比控制在3.0～3.3。

4 优化效果

指标优化调整后，甲醇回收塔操作质量得到有效提升。不但提高了回收甲醇的浓度，降低了萃取水的甲醇含量，同时也保证了外排含油污水的COD指标合格。

5　风险与措施

当汽油醚化装置回收塔灵敏板下层塔板温度低于灵敏板温度时，塔底萃取水的甲醇含量超标，影响萃取水质量和含油污水质量。

可关小或关闭塔底萃取水外排控制阀，少量或停止向含油污水系统外排萃取水，提高回收塔塔底温度至大于130℃，适当增大回收甲醇量即开大塔顶压控阀，阀位开度要缓慢，建议幅度不要大于1%的阀位，降低回流流量，减少回流比，保证循环甲醇浓度的同时提高灵敏板下层塔板温度值大于灵敏板温度，提高塔顶甲醇回收率。

6　结论

根据流程模拟数据，对甲醇回收塔指标进行优化调整，并将参数控制进行实际生产过程检验，达到了调整甲醇回收塔操作优化的目的。优化后的控制参数显著提高了甲醇回收效率，并降低了能耗，同时也降低了污水的甲醇浓度，保证了污水排放质量，达到了环保排放要求。

参考文献

蓝玉达，姚航. 采用轻汽油催化蒸馏深度醚化技术生产醚化汽油[J]. 化工技术与开发，2021，50（09）：73-75.

（作者：王文波，广西石化炼油一部，气体分馏装置操作工，技师；王爱民，广西石化炼油一部，气体分馏装置操作工，特级技师；张乐，广西石化炼油一部，催化裂化装置操作工，技师；陈克念，广西石化炼油一部，催化裂化装置操作工，特级技师；马立朋，广西石化炼油一部，催化裂化装置操作工，技师）

CO 余热锅炉水保护段漏水分析及措施

◆ 王彦新 陈克念 刘秋海 杨林森 谢 鹏

广西石化 350×10⁴t/a 催化裂化装置于 2010 年 8 月 28 日首次开工，装置设置有 2 台 CO 锅炉，并列运行。每台锅炉由 1 台 CO 焚烧炉及 1 台余热锅炉串联组成。装置正常生产时，大约有 $36×10^4m^3/h$ 的再生烟气（565 ℃，CO 含量约 5% 分两路进入 CO 焚烧炉，每台焚烧炉补充约 $0.25×10^4m^3/h$ 的燃料气，输入 $7.2×10^4m^3/h$ 左右的燃烧用风。再生烟气在焚烧炉经充分燃烧后，变成约 850 ℃ 的高温烟气进入余热锅炉，并依次经过水保护段、一级过热段、二级过热段、一级蒸发段、二级蒸发段、三级蒸发段、四级蒸发段、二级省煤段、一级省煤段后排出。余热锅炉的工艺流程简图如图 1 所示。2016 年大检修期间，对两台 CO 锅炉进行了烟气脱硝改造，在余热锅炉第四级蒸发段和二级省煤段之间增设了 SCR 烟气脱硝床层。生产实践发现，仅依靠焚烧炉部位的 SNCR 部分即可实现烟气脱硝环保合格，余热锅炉内的 SCR 床层便未投产应用，目前仍作为烟气流通通道。

以下通过典型事件，从锅炉结构特点、运行条件等方面分析锅炉水保护段漏水原因，并提出整改措施。

1 炉管疲劳期造成炉管泄漏

1.1 泄漏现象

（1）CO 余热锅炉焚烧炉出烟温度、炉膛水保护段出口温度降低。

（2）汽包压力降低与 CO 余热锅炉焚烧炉出烟温度降低曲线一致。

1.2 炉管破裂原因分析

（1）调取开工后至今余热锅炉运行的压力、温度、液位曲线，然后观察 CO 炉膛水保护段温度与 CO 焚烧炉汽包压力、CO 炉膛水保护段温度与锅炉汽包液位曲线图，排除锅炉在运行过程中，汽包液位过低，出现管线局部过热，使管线局部温度过高，管线出现干烧，最后变形的情况。

（2）汽包水质化验数据：pH 值 9.0、磷酸根含量 1.0mg/L（指标为低于 20mg/L）、二氧化硅含量 0.02μg/L（指标为低于 20μg/L）均符合要求。水保护段水流量大,连排、定排按规定排污。打开锅筒封盖,里面水微红、无杂质,排除水质不良或者管线形成死区使管线内壁结垢腐蚀。

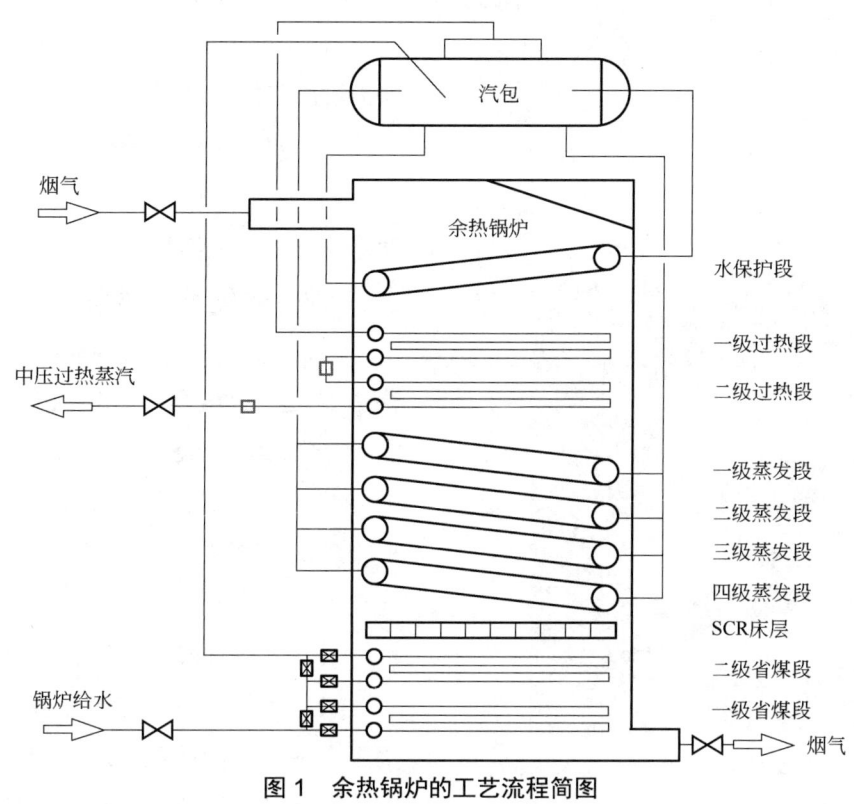

图1 余热锅炉的工艺流程简图

（3）装置历次大检修以及锅炉专项停炉检修期间,均开展炉膛除灰清洗和汽包、集箱内部除垢清洁（手工或机械）工作。炉膛清灰时,利用新鲜水对各段炉管进行高压水冲洗,清除受热面积存的催化剂、炉墙衬里等附着物,防止炉管产生局部过热、腐蚀情况。另外,装置专门开展了两次锅炉吹灰器优化改造,着力提高锅炉换热效率,减少受热面积灰。在装置运行期间未发生跑剂事件,并且三旋入口催化剂浓度控制在300mg/m³左右（低于350mg/m³）、烟机入口催化剂颗粒浓度控制在100～120mg/m³。排除局部管子积灰搭桥,引起局部烟速过高从而加大管子腐蚀和过热的情况。

（4）锅炉的水保护段烟气入口温度为900℃,管壁温度为276℃,联箱及换热管材质分别为Q345R和20G。材质设计符合工艺参数,排除材质设计不合理管线烧变形的情况。

（5）停炉后检查发现,水保护段有1根炉管爆裂,另外2根炉管被该管泄漏出的高压水冲破,如图2和图3所示。水保护段炉管已经使用2个运行周期,经厂家技术人员现场分析炉管已到了疲劳期。

1.3 处理措施

（1）对泄漏管束整体封堵。

（2）锅炉的水保护段,正常工作环境下烟气入口、出口温度分别为900℃和745℃,从锅炉热力计算表中查得管壁温度分别为276℃和258℃,联箱及换热管材质分别为Q345R和

20G，壁温可以适应不大于430℃的工作条件。水保护段换热管开展宏观检查和炉管厚度检测，内检过热管的壁厚集中在3.6～3.8mm，10个测点的平均厚度为3.66 mm。查询锅炉强度计算书，直管和弯管的有效壁厚分别为3.10mm和2.87mm。按现有的减薄速度，现有炉管的直管段可以满足长周期运行。

图2 炉管漏点图

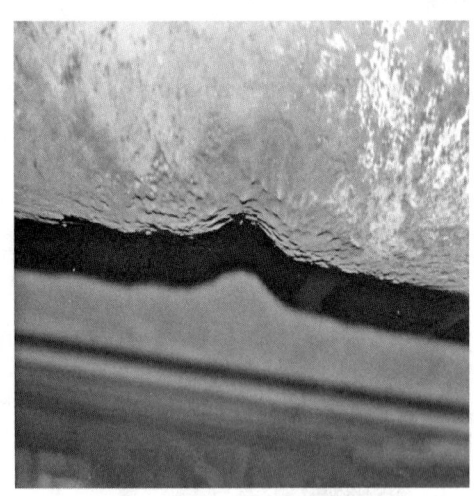

图3 高压热水对管线冲刷

（3）加强对余热锅炉F402B的监控，按照厂家要求定期更换。

（4）对锅筒内表面进行清洁处理。

2 锅筒下联箱封堵销子焊缝穿孔

2.1 泄漏现象

（1）CO余热锅炉焚烧炉出烟温度、炉膛水保护段出口温度降低。

（2）水保护段炉管下层的炉膛法兰漏水。

（3）对比CO焚烧炉，达到相同水保护段温度，需要更多瓦斯量。

2.2 焊缝穿孔原因

锅炉的水保护段烟气入口温度为900℃，管壁温度为276℃，联箱及换热管材质分别为Q345R和20G。经检查发现下联箱位置原最外侧封堵销子环焊缝位置（此前水保护段已封堵过5根管）出现冲蚀穿孔（高温碳化失效），原因有以下几点：

（1）原始处理时销子和炉管胀接强度不够。

（2）水保护段外部环境温度为750～850℃，销子和锅筒之间的原封堵炉管从外部不断高温脱碳失效，最终使销子和锅筒之间产生间隙。

（3）销子焊接的角焊缝也不断受到冲刷减薄，最终导致泄漏。

2.3 处理措施

（1）重新钉销子补焊加强，同时检查发现紧挨一根炉管有损伤减薄，一并进行封堵。

（2）锅炉内部检验采用资料审查、宏观检验、超声波测厚、硬度测定、内窥镜检查、磁粉探伤、超声波探伤、金相检验等方法，对水冷保护段系统测厚。

3 结论

CO焚烧炉运行过程中的检维修期间要做好炉管的外部检查和内部检查，有泄漏点要选择合适的材料焊接。做好管束表面的清灰,提高锅炉的运行效率。在正常运行期间要关注锅炉的各段温度、汽包压力、汽包液位、汽包上水量与蒸汽产量等各种参数,发现参数异常及时调整操作,做好保障CO焚烧炉长周期运行的各项工作。

(作者:王彦新,广西石化炼油一部,催化裂化装置操作工,高级技师;陈克念,广西石化炼油一部,催化裂化装置操作工,高级技师;刘秋海,广西石化炼油一部,催化裂化装置操作工,技师;杨林森,广西石化炼油一部,催化裂化装置操作工,高级技师;谢鹏,广西石化炼油一部,催化裂化装置操作工,技师)

Unipol 聚丙烯工艺主催化剂系统故障原因分析及应对措施

◆ 刘 洋　毛东辉　周铜峰　张晓朋　刘冠层

1　问题的提出

Unipol 聚丙烯工艺使用淤浆主催化剂进行聚合反应，在储存、加剂、进料过程中由于各种原因可能导致主催化剂中断，不能正常加入主催化剂进料罐以及聚合反应器，影响聚丙烯生产。如何快速分析判断处理故障的原因，保证主催化剂连续稳定加入聚合反应器，是 Unipol 聚丙烯工艺长周期平稳运行的关键。

2　主催化剂系统流程概述

Unipol 聚丙烯工艺聚合反应的主催化剂为催化剂固体粉末与矿物油的混合物，采用外购配制好的桶装淤浆主催化剂。淤浆主催化剂卸料前，专用主催化剂桶要在滚桶机上连续滚动 24h，以确保主催化剂颗粒完全均匀分散在矿物油中，随后立即采用安装有倾桶器的叉车将该专用桶从储存区运至卸料操作区，使用低压精制氮气将主催化剂淤浆从专用桶通过主催化剂卸料泵、过滤器送至带有搅拌器的主催化剂进料罐中。在卸料的过程中，主催化剂进料罐搅拌器连续低转速运转以确保固体颗粒均匀地分散，并保持悬浮状态，然后由淤浆主催化剂进料泵抽出加压送入聚合反应器。通过控制淤浆主催化剂进料泵的速度来控制进入反应器的主催化剂量，进而控制反应的产率。

3　主催化剂系统故障原因分析

3.1　主催化剂结块

由于是使用外购配制好的淤浆主催化剂，一般采购周期在半年，采购回来的主催化剂存放在库房，由于长时间的静置，或库房的存放环境不理想，导致淤浆主催化剂结块，在滚桶机上连续翻滚也不能将主催化剂完全均匀分散，在使用主催化剂卸料泵卸料过程中导致块状主催化剂堵塞卸料管线。

3.2　主催化剂卸料泵及驱动氮气减压阀故障

主催化剂卸料泵是气动泵，泵体内部件气马达、气控阀故障，泵体隔膜损坏，密封不严，泵出入口阀门密封不严以及吸入管堵塞都可能导致主催化剂卸料泵故障。低压精制氮气作为动力源通过减压阀减压后进入主催化剂卸料泵，将主催化剂加入到主催化剂进料罐中，由于减压阀密封圈老化或损坏出现裂纹或变形，以及管道中的杂质或沉淀物堵塞减压阀，驱动氮气压力不足，主催化剂卸料泵不能正常运转，导致主催化剂不能正常加入主催化剂进料罐中。或者因为减压阀的调节范围不合理，压力不够稳定，导致主催化剂也不能正常加入催化剂进料罐中。

3.3 主催化剂卸料系统过滤器堵塞

主催化剂卸料软管在日常卸主催化剂过程中会频繁的拆卸安装，难免会导致一些杂质进入到主催化剂卸料系统中，主催化剂卸料泵出口过滤器正常时过滤卸料过程的杂质和未完全分散的主催化剂，以满足正常生产时不堵塞主催化剂流量计的要求，如果杂质和未完全分散的主催化剂长时间积累，和白油混合将形成油泥堵塞过滤器，导致主催化剂不能正常加入主催化剂进料罐中。

3.4 主催化剂进料泵故障

主催化剂进料泵是螺杆泵，泵的入口压力过低，会导致泵无法吸入足够的物料；入口管道中的杂质或沉积物可能阻塞泵的进料；环境温度低主催化剂浆液黏度过大；长时间运行后，螺杆泵内部的密封件和螺杆可能会磨损，螺杆间隙增大；以上原因都会导致主催化剂进料泵故障不能正常将主催化剂加入聚合反应器中。

3.5 主催化剂流量计堵塞

主催化剂的流量计非常精密，稍微偏大的颗粒都会堵塞流量计，导致流量偏低或者中断。而且主催化剂在主催化剂进料罐内随着液位的降低，罐内壁上都会残留主催化剂，长时间硬化掉落到主催化剂淤浆里，随主催化剂淤浆一起进入流量计，导致流量计堵塞。

3.6 主催化剂注入口堵塞

主催化剂是在液相丙烯或高压氮气输送下喷射进入到流化床反应器中部，反应器内的循环气携带聚丙烯粉料在反应器内流化、返混，反复冲刷主催化剂注入口，导致浆液主催化剂和聚丙烯粉料在主催化剂注入口粘黏，长时间累积会堵塞主催化剂注入口。

4 应对措施

4.1 保持良好的储存环境

外购回的淤浆主催化剂专用桶应在专用库房进行存放，检查专用桶是否有破损，压力是否正常；确认在氮气保护下储存于阴凉、干燥、通风的环境中；并且要远离热源、火源和易燃物；储存环境温度在40℃以下，最好在10～30℃的环境温度范围内进行储存。

4.2 定期检查主催化剂卸料泵及驱动氮气减压阀

定期检查主催化剂卸料泵泵体内部件气马达、气控阀是否故障，出现故障及时进行维修更换处理。检查泵体隔膜是否老化或损坏、及时维修；检查泵体密封、泵出入口阀门密封，出现泄漏及时维修。定期检查吸入管是否堵塞并及时清理管线。定期检查主催化剂卸料泵驱动氮气减压阀密封圈是否因老化或损坏出现裂纹或变形，导致减压阀出现漏气，如果漏气，需要更换密封圈或整个减压阀。定期清理管道中的杂质或沉淀物，检查减压阀是否正常工作，并将减压阀压力调整至合理范围内。

4.3 定期清理主催化剂卸料系统过滤器

定期将主催化剂卸料系统过滤器拆除，用蒸汽加热吹扫，清理过滤器上的杂质和油泥，清理干净后用氮气进行吹扫，将残留的杂质和水分吹扫干净再回装投用过滤器，避免因过滤器堵塞导致主催化剂不能正常加入主催化剂进料罐中。

4.4 检查主催化剂进料泵运行条件

检查确认主催化剂进料罐氮封系统正常投用，氮封压力设定正常，确保泵入口压力满足要求。定期清理泵入口管道中的杂质和沉积物，确保泵的进料畅通。检查确认主催化剂进料罐以及泵出入口管线电伴热系统正常投用，温度设定正常，避免因为环境温度低导致主催化剂浆液黏度高。定期检查螺杆泵内部的密封件和螺杆间隙，必要时进行更换，以保证泵的正常运行，出口压力满足正常生产要求。

4.5 定期维护确保催化剂进料罐内部清洁

主催化剂进料罐在正常备用循环的时候密切关注泵出口压力、流量，如果瞬时出现泵出口压力上涨，流量下降后又恢复正常，表明流量计有轻微堵塞，及时通过入口导淋将杂质排出。如果效果不明显，将流量计拆除进行清洗吹扫处理，将杂质清理干净后再重新回装投用，避免长时间不清理导致杂质累积过多堵塞损坏流量计。主催化剂进料罐退料排空后，加入白油清洗时的油位要高于正常加主催化剂的液位，确保所有挂壁的主催化剂都能被白油冲洗到，防止主催化剂残留硬化掉落到催化剂淤浆进入到流量计，导致流量计堵塞。

4.6 加强日常监控

日常密切监控泵出口和反应器的压差、液相输送丙烯的流量，如果压差持续上涨，液相输送丙烯流量下降，说明主催化剂注入口有挂壁现象，通过手动开大液相输送丙烯对主催化剂注入口进行反复冲洗，如果压差和液相输送丙烯流量恢复正常，系统正常投用。如果不能恢复正常，停止主催化剂进料，用高压氮气置换后拔出主催化剂注入管进行清理，清理干净后重新插入主催化剂注入管，恢复主催化剂进料。

5 结论

Unipol聚丙烯工艺使用的淤浆主催化剂，在储存、加剂、进料过程中有很多原因都可能导致主催化剂不能正常加入主催化剂进料罐以及聚合反应器造成主催化剂中断，聚合反应停工。通过以上故障原因分析提出控制措施，并加强日常维护、监控，将主催化剂中断事故大大降低，可以保证主催化剂连续稳定地加入聚合反应器，保持装置长周期平稳运行。

（作者：刘洋，广西石化炼油四部，聚丙烯装置操作工，高级技师；毛东辉，广西石化炼油四部，聚丙烯装置操作工，高级技师；周铜峰，广西石化炼油四部，聚丙烯装置操作工，技师；张晓朋，广西石化炼油四部，聚丙烯装置操作工，技师；刘冠层，广西石化炼油四部，聚丙烯装置操作工，高级技师）

全密度聚乙烯装置添加剂粉尘危害及治理措施

◆ 焦琦 侯明言 王晓明 韦尧意

1 全密度聚乙烯装置添加剂粉尘危害

全密度聚乙烯（FDPE）装置使用的添加剂通常以粉末或颗粒的形式存在，它们在操作过程中可能会产生粉尘，这些粉尘可能包含有害化学物质，例如挥发性有机化合物（VOCs）、氧化剂和其他化学物质，吸入可能导致呼吸道疾病，如支气管炎和哮喘。粉尘中的化学物质可能会刺激呼吸道黏膜，导致气道炎症和痉挛，从而引起呼吸困难和咳嗽，长期暴露还可能导致慢性呼吸道疾病的发展。添加剂粉尘对皮肤和眼睛也有一定影响，当粉尘接触到皮肤时，可能引起皮肤炎症和过敏反应。而当粉尘进入眼睛时，可能引起眼睛刺激和炎症，导致眼部不适和视觉问题。此外，添加剂粉尘还可能对环境造成危害。在装置操作过程中，粉尘可能会通过排放口释放到大气中，污染空气质量。这些化学物质可能会与大气中的其他污染物相互作用，形成臭氧和有害颗粒物，对大气环境产生负面影响。如果粉尘进入水体或土壤中，对水资源和生态系统也会造成污染和破坏。

2 治理措施

2.1 倒带站设置抽风机和过滤器

为减轻全密度聚乙烯装置中添加剂粉尘从倒带站中逃逸，在倒带站中设置了抽风系统。抽风机作为处理添加剂粉尘的关键设备，其工作原理主要基于负压原理。当抽风机运行时，其内部的叶片高速旋转，使得抽风机内部形成负压区域。由于压力差的存在，添加剂倒带站处的粉尘被吸入抽风机内部，并随着气流的运动被排出到指定的区域。

过滤器在添加剂粉尘处理中也扮演着至关重要的角色，其工作原理主要是通过滤材对气体中的粉尘颗粒进行拦截和吸附，从而达到净化气体的目的。根据过滤原理的不同，过滤器可以分为机械式过滤器、静电式过滤器和化学式过滤器等多种类型。在选型过程中，需要根据粉尘的特性、处理量以及过滤精度等要求来选择合适的过滤器类型。同时，还需要考虑过滤器的阻力、寿命、维护方便性等因素，以确保其能够长期稳定地运行。此外，随着环保要求的不断提高，过滤器的环保性能也成为选型时的重要考虑因素。在实际应用中，抽风机与过滤器的组合使用能够有效地降低添加剂倒带站处的粉尘浓度。

为了评估抽风机与过滤器的实际应用效果，可以采用粉尘浓度监测仪对处理前后的粉尘浓度进行实时监测和对比。此外，还可以通过观察工作环境的变化、人员健康状况的改善等方面来综合评估处理效果。抽风机与过滤器作为添加剂粉尘处理的关键设备，在实际应用中发挥着重要的作用。通过合理的选型和布置，以及定期维护并更换滤材，可以实现对粉尘的高效处理和净化，从而保障工作环境的安全和人员的健康。

2.2 封闭处理装置

为减少粉尘的产生，需采取措施设计并改进工艺流程和设备。其中一项重要措施是采用密闭系统，通过封闭管道和设备，防止粉尘在操作过程中的外泄。首先，针对装置的工艺流程，可以考虑进行优化和改进，以减少粉尘的产生。这包括重新评估原料的处理和输送方式，采用更加精确和有效的方法，最大限度减少粉尘的生成。例如，可以采用液态添加剂替代粉末状添加剂，或者调整添加剂的投放位置和方式，以减少在操作过程中的粉尘扩散。其次，针对装置的设备设计，应考虑采用密闭系统，将操作过程中产生的粉尘有效地封闭在设备内部。例如，可以采用密闭的输送管道和阀门，以及密封性良好的设备结构，防止粉尘通过设备表面或连接处的缝隙逸出。另外，对于装置内部的关键设备和操作区域，还可以考虑采用局部抽风和排气系统，将粉尘从操作区域抽出，并经过滤处理后排出。这可以进一步减少粉尘在装置内部的积聚和扩散，提高操作环境的清洁度和安全性。

2.3 厂房内设置轴流风机

为有效减少粉尘对人员造成的危害，添加剂厂房内设置了轴流风机将粉尘排至安全处。轴流风机是一种广泛应用于厂房通风换气的设备，其工作原理主要是通过内部的电机驱动叶片旋转，从而产生风流。这种风流在厂房内部形成循环，可以有效地将室内的空气与室外的新鲜空气进行交换，达到稀释粉尘浓度的目的。轴流风机的布置方式应根据厂房的具体结构和通风需求来确定。一般来说，全密度聚乙烯装置将轴流风机安装在添加剂厂房的侧墙上，以确保风流能够覆盖整个厂房空间。同时，为了避免风流短路和死角，需要合理布置风机的位置和数量，形成有效的通风循环。

通过合理布置轴流风机，可以显著改善厂房内的通风状况，降低粉尘浓度。轴流风机产生的风流能够将悬浮在空气中的粉尘颗粒带走，减少其在厂房内的积聚。同时，通过不断引入新鲜空气，还可以提高厂房内的空气质量，为工作人员创造一个更健康、舒适的工作环境。需要注意的是，轴流风机虽然可以降低粉尘浓度，但并不能完全消除粉尘。因此，在实际应用中，还需要结合其他粉尘处理措施，如定期清扫、使用湿式作业等，以达到更好的粉尘控制效果。

2.4 定期清理和维护

为确保粉尘治理的有效性，必须制定并执行定期的清洁和维护程序。这涉及对粉尘收集器和过滤器的定期检查、清理和维护，以及及时处理可能导致粉尘外泄的堵塞或积聚。首先，定期检查粉尘收集器和过滤器的运行状态和效果，包括检查收集器和过滤器的工作压差、颗粒捕集效率和收集效果等指标，以评估其运行情况。通过监测这些指标的变化，可以及时发现并处理收集器和过滤器的运行异常，确保其正常工作。其次，定期清理粉尘收集器和过滤器，包括收集器和过滤器表面积上积聚的粉尘和污物，以恢复其正常的工作状态和粉尘收集效果。清洁过程可以采用吸尘器、清洗剂和清洗水等方法，彻底清除表面的污物，并确保其干燥后再次投入使用。同时，也需定期更换损坏或老化的部件。粉尘收集器和过滤器中的部件经过长时间的使用可能会出现磨损或老化，影响其正常的工作效果。因此，定期更换收集器和过滤器中的滤料、密封件和其他易损件，以保证其正常的运行。此外，定期清理和维护通风系统和排气管道，清理和维护管道内部的积聚物和堵塞，以确保系统的畅通与正常运行。

3 结语

粉尘问题不仅关系到生产环境的清洁度，更直接影响工作人员的健康和安全。本文提出的治理措施，都是基于实际生产经验并结合环保要求而制定的，旨在有效减少粉尘的产生和扩散，改善工作环境，保障员工健康，从而促进企业的可持续发展。

参考文献

[1] 张克胜. 某石化聚乙烯粉尘职业健康危害现状调查分析[J]. 安全.健康和环境，2021，21（7）：3.

[2] 赵兴龙，郭峰，刘丽军，等. 气相法聚乙烯中试装置细颗粒危害及产生原因[J]. 合成树脂及塑料，2020，37（5）：5.

[3] 吴雪梅，朱顺兵，吴佳梦，等. 高密度聚乙烯粉尘燃爆特性及泄爆实验研究[J]. 中国安全生产科学技术，2023，19（10）：144-150.

（作者：焦琦，广西石化PMT3，全密度聚乙烯装置操作工，技师；侯明言，广西石化PMT3，全密度聚乙烯装置操作工，技师；王晓明，广西石化PMT3，全密度聚乙烯装置操作工，技师；韦尧意，广西石化PMT3，助理工程师）

循环水水冷器腐蚀原因分析及对策研究

◆ 郑丽丽

水冷器是炼化企业实现热量交换的重要设备,其中循环水水冷器占有相当大的比重。循环水水冷器的腐蚀泄漏问题影响装置长周期运行,本文对循环水水冷器腐蚀问题进行了分析,提出了相应的改进措施。

1 运行中存在的问题

大检修末期,第二循环水场的水冷器陆续发生泄漏,严重影响了装置的安全稳定长周期运行,同时也影响了循环水水质的稳定。部分装置的水冷器没有备用,泄漏后,需要停工才能将泄漏水冷器切出系统检修,因生产需要,有时无法第一时间安排停工检修,持续泄漏的物料又对循环水水质造成了较大影响,导致循环水水质的持续恶化,进一步增加了循环水的腐蚀倾向,产生恶性循环。

通过分析泄漏的水冷器,发现碳钢束管腐蚀严重,其腐蚀产物疏松、易碎、密度较小、呈棕红色,且表面有一层黑皮。垢样分析显示,主要为铁的氧化物。具体数据见表1。

表1 腐蚀垢样分析数据

项目	外观	550℃灼烧减量,%	950℃灼烧减量,%	酸不溶物,%	氧化铁,%
结果	棕红色固体	13.36	1.59	5.1	71.3

2 原因分析

2.1 大检修时清洗预膜不规范

对于新建装置或经过大检修后的换热系统,设备和管道在安装过程中,难免会有碎末、杂物和尘土留在系统之中,有时冷却设备的锈蚀和油污也很严重。该公司大检修后期,未对检修及更换的水冷器进行规范统一的冲洗,部分施工杂质残留在管道内,后续充水后,这些杂质聚集在水冷器入口表面,导致水冷器部分管束水量过低,造成了设备的腐蚀和污垢沉积。同时,因各用水装置检修进度不一致,循环水清洗预膜时没有做到所有水冷器同步进行,未预膜的水冷器表面因为没有保护膜,更加快了腐蚀速度。

2.2 补水水质腐蚀倾向严重

公司循环水补充水为生产水和回用水,水质为低硬度、低碱水,在较高的余氯环境下更容易造成腐蚀。如表2所示,通过分析饱和指数L.S.I、稳定指数R.S.I可以得出两股补充水均为极严重腐蚀性水质,当系统较大量补入新鲜水时,新鲜水与循环水不能短时间内混合均匀,容易造成腐蚀。

表2 补充水水质分析数据表

	pH 值	电导率 μS/cm	碱度 mg/L	钙离子 mg/L	饱和指数 L.S.I		稳定指数 R.S.I	
生产水	7.55	114	12.2	20	-1.644	严重腐蚀	10.838	极严重腐蚀
回用水	7.37	334	12	12	-2.093	严重腐蚀	11.557	极严重腐蚀

2.3 泄漏水冷器未及时切除系统

循环水水冷器泄漏后,没有引起足够重视,未能及时将泄漏的水冷器切除,导致物料长期向循环水系统泄漏,造成了持续污染。广西气候湿润,光照充足,物料泄漏工况下养分充足,非常利于微生物大量繁殖。如芳烃装置从发现泄漏到切除,持续时间长达一个月,将导致大量苯类持续泄漏进入二循系统,分析化验连续监测芳烃回水油含量大于60mg/L。

微生物在营养丰富的环境中迅速繁殖并分泌出大量生物黏泥,循环水塔底水池格栅及填料均被污堵,造成塔底水池过水不畅,冷却塔冷却效果急剧下降,一度造成温度快速升高,温度变化曲线如图1所示。

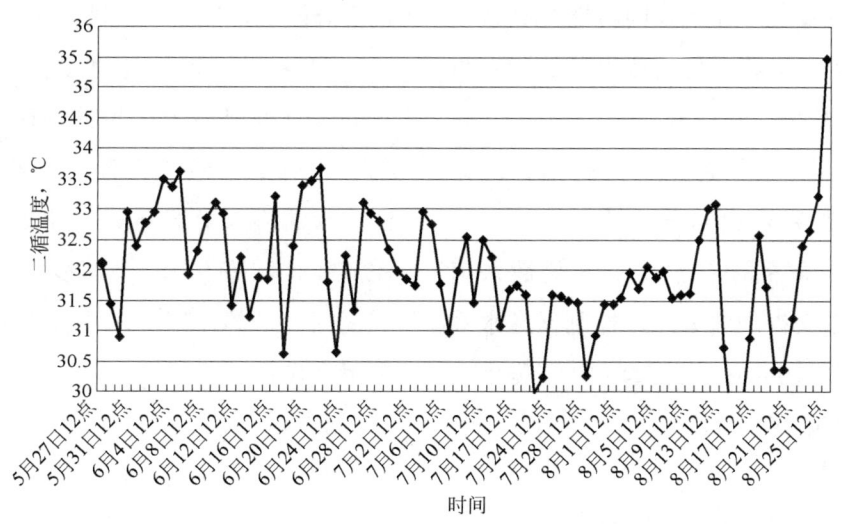

图1 温度变化曲线

3 处理措施

循环水水冷器频繁泄漏,水质各项指标持续超标,没有发生泄漏的水冷器的腐蚀情况也不明朗。为遏制泄漏趋势,从根本扭转被动局面,经多方专家讨论,决定首先确保所有泄漏源全部切除,再控制循环冷却水系统的水质稳定,实现水质长期达标。

3.1 清洗预膜

编制《清洗预膜方案》，系统投运前对设备及管线进行大流量循环水冲洗并且确保冲洗流速大于 1.5m/s，边冲洗边排水，每 4h 分析一次循环水浊度，当循环水排污水与补充水的浊度基本相同且浊度不再增长时，停止冲洗，确保系统内杂质冲洗干净。在大检修期间，对各用水装置界区增加跨线，根据装置开工进度，通过依次预膜及在线补膜的方式，确保所有水冷器表面形成保护膜。

3.2 控制腐蚀倾向

3.2.1 强化杀菌

（1）余氯是控制微生物的主要手段，在正常水体情况下，加药量不变对余氯的控制会相对比较稳定，但当水体中微生物的营养源突然增加，微生物繁殖迅速，则会大量消耗余氯，导致测不出余氯。加大次氯酸钠的投加量，最大限度杀死系统中的微生物及藻类。在此期间缓慢提高余氯值，防止设备黏泥大面积脱落造成设备的堵塞与穿孔。先将余氯缓慢提高到 0.5～1.0mg/L，并维持 2～3 天，然后恢复到正常控制指标，即 0.1～1.0mg/L，维持该浓度 1～2 周。

（2）投加效果好的季铵盐类非氧化性杀菌剂。采取少量分批次投加的方式，控制循环水系统中的浓度为 5～10mg/L。此过程中要防止系统黏泥大面积脱落堵塞管道。

3.2.2 控制腐蚀

（1）在冷水池内投加以锌盐为主剂的缓蚀剂，该药剂具有缓蚀性能同时具备一定的阻垢分散能力，控制并维持循环水系统内药剂浓度在 30～50mg/L，降低循环水的腐蚀性倾向。

（2）在冷水池内冲击性投加以聚丙烯酸及聚马来酸甘为主剂的阻垢分散剂，保证循环水系统内药剂浓度在 80～120mg/L。该药剂能够有效分散水中的悬浮物防止其沉积，同时能够有效稳定水中锌离子，并对碳酸钙垢有一定的抑制作用。

（3）在冷水池内冲击性投加以苯并三唑等为主剂的铜缓蚀阻垢剂，保证循环水系统内药剂浓度在 80～120mg/L。该药剂对铜及不锈钢的腐蚀有良好的缓蚀作用，对金属的点蚀抑制效果良好，同时具备阻垢分散作用。

（4）在提高系统余氯期间尽可能提高系统的浓缩倍数，即提高 pH 值、钙硬度、碱度，可以大幅度降低系统腐蚀倾向。

3.2.3 缓慢溶垢、分散处理

（1）投加有机磷酸盐类螯合剂。控制循环水系统中的药剂浓度为 20mg/L，通过有机磷酸类药剂将系统中松软的铁锈缓慢溶解并分散到锈垢及黏泥水中，同时有机磷酸盐是优良的缓蚀阻垢剂及分散剂，能起到缓蚀阻垢作用。

（2）投加表面活性剂。浓度控制在 2～10mg/L（可视系统产生的泡沫而定）。表面活性剂有较强的渗透去污能力，并能在水中产生泡沫，泡沫将水中部分悬浮物吸附并上浮，可通过溢流或打捞等方式尽量减少系统的污物。同时在表面活性剂的作用下，在有流速的地方污物不易黏附在设备表面。

3.2.4 改善水质

（1）适当排污。在开始下调次氯酸钠投加量后，投加后维持 12～24h，然后适当排污，通过溢流的方式使随泡沫上浮的铁、浊物排出系统，达到降低系统浊度、总铁，改善水质的目的。

（2）增加旁滤反洗频次及强度。旁滤反洗具有较好的过滤效果，该系统旁滤水量约为循环量的 4%，正常运行时，反洗频次为 1 天 2 次，为改善水质,增加反洗频次为每 4h 一次。同时增加旁滤器助滤剂加注量,提高旁滤效果。

3.3 精准定位泄漏水冷器

员工总结出循环水系统精准定位查漏操作法,坚持每日对各循环水场总回水及装置界区回水进行排查,检测可燃气体及硫化氢含量,分析泄漏物料的成分,根据物料的密度、水溶性等特性制作收集部件,在多功能采样的基础上,将不利于便携检测的气体组分密闭收集,并配合质检中心做进一步化验分析。根据不同相态介质采取全方位不同追踪方式:使用四合一报警仪探测可燃气、一氧化碳和硫化氢;采用 COD 检测法和余氯值衰减追踪法判断泄漏有机物,按组分种类缩小泄漏范围,精准排查出泄漏水冷器。目前该方法适用性强、准确率高,一旦发现水质异常,可在 1h 内查出泄漏水冷器。

4 处理效果及后续运行建议

4.1 处理效果

处理第 1 周,循环水的浊度、总铁等指标持续升高,如表 3 所示,这是由于溶垢、分散过程主要是针对铁锈及生物黏泥,证明已经取得了预期效果。经过上述处理措施,经连续运行 3 年,循环水水质恢复稳定状态,各项指标均好于国标要求,循环水水冷器的泄漏率大幅度降低,满足了装置长周期运行的需要。

表 3 循环水水质指标

日期	pH 值	电导率 μS/cm	浊度 NTU	钙离子 mg/L	碱度 mg/L	总铁 mg/L	总锌 mg/L	回水余氯 mg/L
第 1 天	7.95	919	31	101	115	1.74	0.13	0.21
第 2 天	7.88	917	30	73	97	1.97	0.44	0.15
第 3 天	8.02	934	28	92	103	2.21	1.61	0.31
第 4 天	7.92	967	29	80	91	2.38	1.8	0.21
第 5 天	7.99	1005	31	72	95	2.43	1.68	0.35
第 6 天	7.97	1121	34	80	112	2.8	1.76	0.45
第 7 天	8.05	1133	36	89	139	3.2	1.71	0.48
第 30 天	8.11	1530	11	92	162	1.5	1.23	0.37
第 90 天	8.20	1689	7.6	109	199	0.53	0.77	0.29
第 180 天	8.37	2094	4.7	115	207	0.21	0.53	0.26
一年后	8.52	2536	3.1	120	212	0.18	0.55	0.23
两年后	8.69	2769	2.6	132	226	0.16	0.58	0.25
三年后	8.71	2861	1.9	145	234	0.11	0.56	0.26

4.2 后续运行建议

(1)坚持系统思维,提升全系统管控理念。循环水的水质管理,从来就不是仅依靠循环水场就能管好的事情,而是需要公司相关职能处室、循环水装置及全厂所有用水装置各司其职、有效沟通、密切配合方能取得预期效果。各装置、循环水装置都应该建立水冷器泄漏排查机制，建立全厂水冷器台账，明确易泄漏介质，发现水冷器泄漏应该第一时间切除出系统，避免造成持续性的系统污染。

（2）坚持过程控制，严控水质指标不松懈。树立底线意识，确保各项指标合格。循环水装置应将循环水各项水质指标作为班组日常运行监控的关键参数并列入绩效考核项目，对超标数据，严考核、硬兑现。坚持以水质合格率为标准，每日对关键指标进行分析，发现有上升趋势，立即组织分析原因，立即解决，始终保证循环水浊度、总铁等关键指标稳定在较低的数值。

（3）坚持问题导向，深挖短板促提升。组织对易泄漏水冷器进行分析，对于频繁泄漏的水冷器，通过材质升级或内部防腐等措施延缓腐蚀速率，并对防腐涂层的质量严把关，避免出现鼓包脱落等现象。严格遵守国标设计规范要求，重点管控工艺介质温度不超过115℃，或者换热管水侧壁温不超过70℃的水冷器。定期对全厂所有循环水水冷器开展流速检测，重点管控位置较高、流速长期偏低的水冷器的运行状况。各用水装置，根据流速检测结果，及时调整各水冷器用水量，做到循环水量的最优化分配，缓解流速过快导致的冲刷腐蚀及流速过低产生的垢下腐蚀等。

（作者：郑丽丽，广西石化公用工程部，循环冷却水操作工，技师）

催化裂化装置辅助燃烧室熄火的原因分析与对策

◆ 吴 磊　张超平　杨灵纯　付 冲　于永起

辅助燃烧室是催化裂化装置重要设备之一，某3.5Mt/a催化裂化装置辅助燃烧室设计使用的动力燃料为炼厂燃料气，在开工时主要用来加热主风烘干反应器、再生器衬里，提高再生器内温度为再生器装催化剂、喷燃烧油创造条件，正常生产时停止燃烧供热，作为连接再生器和主风机的通道，为催化剂的再生提供充足的助燃空气。该辅助燃烧室在开工期间存在点炉熄火、增风升温熄火的情况，特别是首次引气点炉更是难以点着。本文重点从工艺角度分析了辅助燃烧室熄火的原因，并通过优化调整解决了熄火问题，大大提高催化裂化装置的开工效率和安全性能。

1　辅助燃烧室结构特点

图1为卧式单风道辅助燃烧室结构示意图。该辅助燃烧室由炉膛和混合室两部分组成，自主风机来空气通过调节挡板实现一次风和二次风的分配，并通过隔板将一次风、二次风分离，启用时一次风进入炉膛，燃料在900～1200℃下燃烧完成[1]，二次风从环形通道（内外筒体之间）进入混合室，与炉膛高温烟气充分混合，控制热风进入再生器的温度不高于650℃。

本催化辅助燃烧室的调节挡板和百叶窗为手动控制。在操作过程中，通过控制燃料量、进风调节挡板和百叶窗即可调节辅助燃烧室的温度。由于一次风风量很大，在燃烧时为过氧燃烧，当炉膛温度过低时，可以调节挡板角度和百叶窗开度，使一次风的风量减少，二次风的风量增大；反之亦然[2]。

2　燃料气系统流程简介

图2为辅助燃烧室燃料气流程简图。

燃料气自管网来，经过燃料气控制阀分为三路，一路为主燃料气，为反应器和再生器升温烘干衬里，满足再生器装催化剂及喷燃烧油的温度条件，另外两路为长明灯用燃料气，保证辅助燃烧室供热运行期间保持稳定的燃烧状态。主燃料气和长明灯手阀后至辅助燃烧室器壁阀的连接段为金属软管，与其他加热炉的管线连接方式相同。长明灯、主燃料气管线和各视窗还设有反吹风,以降低长明灯、主燃料气管线和视窗在辅助燃烧室内的温度,保护管线和视窗不被堵塞和烧坏。

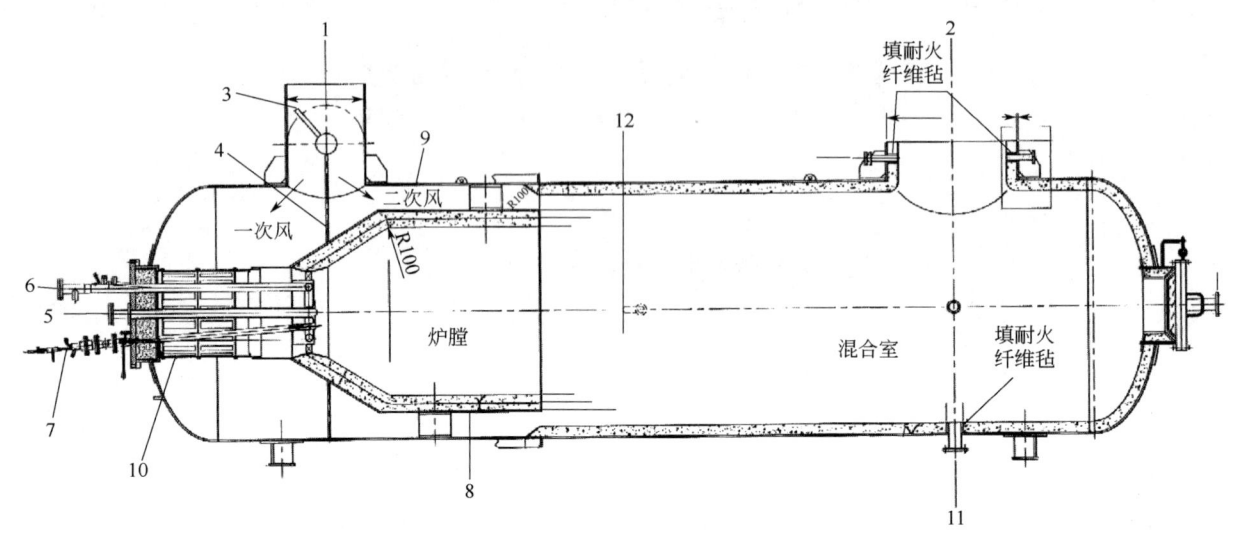

图1 卧式单风道辅助燃烧室结构示意图

1—空气入口；2—空气出口；3—调节挡板；4—隔板；5—主燃料气；6—长明灯；7—点火器；8—内筒体；9—外筒体；10—百叶窗；11—物料排放口；12—看火孔

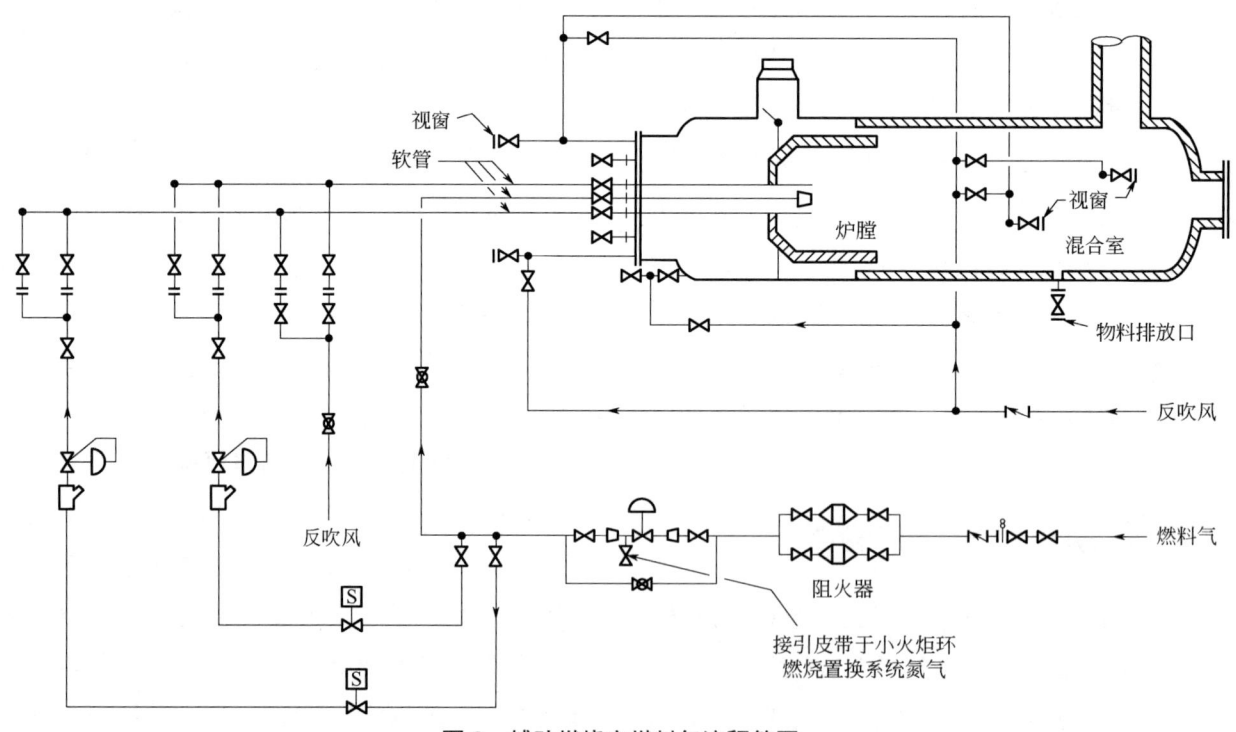

图2 辅助燃烧室燃料气流程简图

3 辅助燃烧室熄火原因分析

辅助燃烧室在装置开工点炉升温期间，多次发生点炉熄火和增风升温熄火的情况，特别是首次引气点炉更是难以点着，显著降低了装置开工效率。另外，熄火导致大幅度的温度波动，极易引发反应器和再生器的衬里烘干质量下降，造成衬里开裂、脱落，严重影响装置的安全运行和操作人员安全。

3.1 燃料气组成影响

表1为催化装置开工期间与正常生产期间燃料气组成数据对比。辅助燃烧室设计燃料气主要为炼厂气和补充天然气或液化气，而辅助燃烧室一般是首次开工或者检修后复工时使用，燃料气性质的变化较大。装置检修后，燃料气系统管线内存在大量空气，在引入燃料气前需要用氮气置换，以防止形成爆炸气，然后再用燃料气对氮气进行置换。从图2可以看出，由于辅助燃烧室的燃料气系统无末端高点放空，只能从燃料气控制阀导淋处放空置换，导致控制阀至辅助燃烧室器壁阀前存在小段管线置换盲端，致使燃料气浓度偏低，炉子点火困难。从表1可以看出，通过在软管处采样分析，开工期间软管内含有大量的氮气和氧气，说明燃料气浓度偏低是造成点炉熄火的原因之一。

表1 开工期间与正常生产期间燃料气组成数据对比

分析项目	单位	开工期间	正常期间
氢气含量	%	4.03	26.27
碳六以上组分含量	%	未检出	0.11
二氧化碳含量	%	0.17	0.34
丙烷含量	%	0.09	6.12
丙烯含量	%	0.1	0.12

续表

分析项目	单位	开工期间	正常期间
异丁烷含量	%	0.16	0.49
正丁烷含量	%	0.07	0.32
正丁烯含量	%	0.08	0.02
异丁烯含量	%	0.05	0.02
反-丁烯含量	%	0.08	0.02
异戊烷含量	%	未检出	0.19
顺-丁烯含量	%	0.06	0.01
正戊烷含量	%	未检出	0.12
1,3-丁二烯含量	%	未检出	未检出
氧含量	%	9.19	0.19
氮含量	%	45.48	2.08
甲烷含量	%	39.88	57.59
一氧化碳含量	%	未检出	0.02
乙烯含量	%	未检出	未检出
乙烷含量	%	0.06	4.67
硫化氢含量	%	/	/
C_3以上含量	%	0.5	1.3
H_2S含量	mg/m^3	未检出	未检出
总含量	%	100	100

注：% 代表体积分数。

3.2 燃料气带水带液

受环境温度、汽化温度、保温效果和燃料组分变化的影响，燃料气管线末端容易产生凝液，造成燃料气带液熄灭炉火。装置停工时，为保证燃料气系统安全，需用蒸汽对燃料气系统进行吹扫，开工时用氮气置换燃料气系统，如脱水不完全易造成燃料气系统带水。开工前期,要补充部分气化液化气并入燃料气管网,液化气的饱和蒸汽压约 0.4MPa,而炼厂燃料气管网的控制压力在 0.35～0.5MPa,管网末端容易存在凝液现象。

点炉前,操作人员通过燃料气控制阀导淋排液,并未排出凝液,说明炉子熄火不是燃料气带液导致的。

3.3 主风风量影响

点炉前,主风机向辅助燃烧室输送 1500m³/min 主风,辅助燃烧室挡板阀开至 50%,百叶窗开 50%,一次风的风量过大,稀释了燃料气浓度,造成点炉困难。另外,在提风升温过程中,由于主风量的增加,一次风的风量也随之增加,燃料气未得到及时补充,致使燃烧室内一次风的流速大于燃料气的燃烧速度,炉火被吹灭。经过多次点火操作总结,点炉时对主风进行适当的降低,能够顺利点着炉火,但在提风升温时炉火再次熄灭,说明主风风量大也是造成炉子熄火的原因之一。

3.4 操作压力影响

辅助燃烧室为正压操作,再生器压力直接影响辅助燃烧室压力,点炉时再生器压力由烟机大小旁路蝶阀控制,小旁路处于全开状态,通过大旁路控制再生器压力在 0.1MPa 左右。过高的操作压力会大大增加点火难度,升温期间再生器压力大幅波动会导致燃料气补充流量变小,导致炉火被吹灭甚至发生回火事故。通过查看多次点炉操作时的 DCS 参数变化趋势记录,未发现再生器压力有大幅波动的情况,可以排除因系统操作压力变化导致辅助燃烧室熄火。

3.5 设备设施的影响

燃料气系统在置换过程中,管线内的垢渣、残垢等杂物会被吹扫至阻火器,缩小阻火器通道或堵塞阻火器,造成燃料气供应不足进而导致燃烧室不易点燃或熄火。氮气置换后,该装置人员均有对阻火器进行清理,可以排除因系统堵塞不畅导致辅助燃烧室熄火。

3.6 其他影响因素

在辅助燃烧室升温初始阶段,燃料气用量较少,控制阀开度较小不易精准控制,需要在现场人为调节手阀开度。在调整过程中,内操人员提风幅度较大,外操人员调节燃料气手阀开度过大,大量的主风或燃料气瞬时涌入辅助燃烧室均会引发炉火熄灭。通过查看调节趋势记录,发现调节操作缓慢平稳,故排除人员操作不当引发炉火熄灭。

4 辅助燃烧室熄火对策

4.1 分段置换管线,消除盲端死角

如图 2 所示,从控制阀低点导淋处接皮带至空旷地面,外接小火炬环固定,对燃料气管线进行置换,点明火,稳定燃烧 20min 以上;拆解连接辅助燃烧室的燃料气软管,放空置换控制阀至辅助燃烧室的燃料气盲端管线,采样分析燃料气系统氧含量不大于 0.5%(体积分数)为合格。

4.2 加强系统脱液,提高燃料气温度

联系生产调度,平衡燃料气压力和组分,加强上游装置脱液;投用装置内燃料气加热器,控制燃料气温度不低于 75℃,同时加强装置内燃料气分液罐脱液。

4.3 降低主风风量,优化主风分配

合理控制主风分布配比,将主风至二再的风量降低为 500～700m³/min,控制调节挡板阀至一次风的开度为 20%,打开百叶窗至 10%,将 90% 的主风送入环形通道,以降低长明灯燃烧器

处的风压。待点燃主燃料气进行增风升温时，根据燃烧及出口温度情况缓慢调整挡板阀和百叶窗开度，逐渐并风进入炉膛，防止风量瞬时增大吹灭炉火。

4.4 降低再生器压力，保持微正压操作

点炉升温期间再生器压力由烟机大小旁路蝶阀控制，将小旁路蝶阀处于手动全开状态，大旁路蝶阀手动开至50%，用大旁路蝶阀调整控制再生器为微正压。操作人员严控操作压力大幅波动，每半小时记录一次操作压力数据，及时做出调整。

4.5 切换清理杂质，疏通阻火器通道

在管线吹扫置换过程中，根据阻火器压差判断堵塞情况，及时切换阻火器清理疏通备用，确保辅助燃烧室用气量充足。

4.6 加强人员培训，密切沟通协作

点炉操作前组织相关人员开展系统的点炉培训，提醒告知难点要点及操作注意事项，加强中控与外操人员之间的沟通，以"先调主风后调燃料气"的原则，微调勤调挡板阀、百叶窗、燃料气控制阀和现场手阀，确保辅助燃烧室不超温不熄火，安全平稳运行。

5 应用成效

表2为辅助燃烧室点炉操作优化前后对比。

表2 辅助燃烧室点炉操作优化前后对比

序号	项目	单位	优化前	优化后
1	主风量	m³/min	1500	500
2	一次风	m³/min	750	50
3	二次风	m³/min	750	450
4	再生器压力	MPa	0.1	0.03
5	挡板阀（一次风方向）	%	50	20
6	百叶窗	%	50	10
7	燃料气软管置换	—	未置换	置换
8	软管氧含量分析	%	9.19	0.19
9	炉膛爆炸气分析	%	<0.2	<0.2
10	阻火器	—	清理	清理
11	燃料气加热器	℃	80	80

经过辅助燃烧室熄火原因分析，主要从燃料气软管置换和主风风量、一次风二次风分配进行调整。从表2可以看出，主风量降低至500m³/min，挡板阀开度控制在20%，百叶窗控制在10%，一次风大幅度降低，避免了助燃空气风量过高吹灭炉火的情况；软管通过置换，燃料气系统氧含量浓度小于混合气爆炸下限要求。炉膛爆炸气分析、阻火器、燃料气加热器优化前后均满足点炉要求。经过优化后，辅助燃烧室一次性点火成功，反应器、再生器升温期间未发生熄火和超温现象（辅助燃烧室温度曲线从600℃下降至175℃，为反应器已经喷入原料，装置开车成功，熄灭辅助燃烧室的趋势）。

6 结论

辅助燃烧室点炉熄火或点炉困难的主要原因是主风进入炉膛的风量过大，助燃空气风压过高；燃料气系统置换不完全，存在盲端死角，燃料气浓度不满足点火要求。再生器压力过高或大幅波动会造成燃料气补充流量变小进而导致炉火熄灭。增风升温熄火是因为挡板阀和百叶窗开度

过大，增加主风量时，一次风也随之增加，风量过大吹灭炉火。通过对主风量、再生器压力、挡板阀和百叶窗开度的优化调整及燃料气软管的置换，规避了点炉操作风险点，实现了辅助燃烧室一次性点炉成功，点炉时间较以往缩短50%，切实保障了装置的安全平稳高效开工和设备安全、人员安全。

（作者：吴磊，广西石化炼油一部，催化裂化装置操作工，高级技师；张超平，广西石化综合管理部，催化裂化装置操作工，高级工；杨灵纯，广西石化炼油一部，催化裂化装置操作工，高级技师；付冲，广西石化炼油一部，设备工程师；于永起，广西石化炼油一部，催化裂化装置操作工，技师）

重质油品储罐突沸原因及优化防范措施

◆ 李 凯

2010年某油库461号重质油罐在收油过程中发生突沸事故，罐顶损毁爆炸，油罐损坏严重，大量热油热气从罐顶跑损冒出，导致环境受到污染，给油库造成了较大的损失。重质油在储运过程中因为油品储运条件的突然变化极有可能发生突然性沸腾现象，尤其是在接收重质油品的过程中，可能性更高。轻则导致重质油品损失、设备损坏、污染环境，重则造成人员伤亡。所以在运输重质油品之前必须做好安全防护措施，杜绝相关事故的发生。

1 事故原因分析

461号重质油罐储存的是渣油，由于渣油中含有较多的蜡质、沥青质，黏度较大，因此流动性较差，极易凝固，在储存过程必须加热。该罐正在接受的油品为重油加氢渣油，当时带有少量油气，罐底有积水，罐内温度在105℃，液态水在常温下，温度高于沸点时，会变成水蒸气，体积膨胀为原有液态水体积的1千多倍。这部分水蒸气迅速向上运动，在运动过程中搅动周围油品，产生大量的高温油泡沫。当水蒸气夹带着高温油泡沫到达油面时，突沸事故就发生了。

2 油品突沸的原因

（1）装置来料带水：装置输送到储罐的介质中带水，介质从罐底进入储罐，水分遇见超过100℃的介质会蒸发成水蒸气，气体上升顶起罐内已有的介质形成突沸事故。

（2）蒸汽扫线时从下进口进罐：蒸汽吹扫，应该从罐体上进口进罐，如果从下进口吹扫，蒸汽温度高于100℃容易使罐内介质中的水分气化，气体上升顶起罐内介质形成突沸。

（3）储罐加热盘管泄漏：加热盘管浸在储罐介质中，如果加热盘管泄漏，用于加热的热水或蒸汽，会在遇到储罐内介质后蒸发，水蒸气上升后形成突沸。

（4）含有轻组分或水的油品突然窜入高温油罐：含有轻组分或水的油品在误操作的情况下窜入高温重质油品后，由于罐内介质温度超过轻组分或水的汽化温度，使之汽化形成突沸。

（5）装置退油或倒罐高温油品进入低温重油

罐中；当温度超过100℃高温油品进入低温油罐时，会使低温油罐内介质所含的水分气化，在低温油罐内形成突沸。

3 防范措施

重质油罐突沸事故的防范和控制主要以降低管内油品含水量和温度为主要措施，只有做好这两点才能消除罐内能量蓄积和释放的条件。

3.1 降低罐内存水

将进料方式调整为灌顶进料，具体步骤为：首先将重质油罐顶部进料口作为进料点位，在罐内放入进料管后，顺着罐体内部继续下放2m，以便进入的油料能够与内部重质油充分混合，而不会产生水汽积聚现象，使罐内气体能够通过灌顶上的呼吸阀快速排出。

减少脱水口高度：重质油罐中的脱水口高度可适当降低，避免内部发生积水，加快内部切水排出速度。在后续工作中必须确保脱水质量，避免罐体内部存在明水。

3.2 避免使用蒸汽

重质油品在加入和扫线的过程中应尽量避免使用蒸汽，可采用工业送风设备对重质油品进行吹扫，并做好静电防控措施，控制好吹扫效率，重质油品在加热过程中主要以导热油进行油液温度的交换，采用的导热油温度不得大于100℃。

3.3 避免互相串油

重油和清油，混合油品，高温油罐，低温油罐，不要使用同一条线路，以防止开停罐过程中，由于操作不当等原因互相串油。

3.4 加强巡检

加强巡检，加大安全巡视和检查频率，一旦发现任何风险应第一时间启动应急处理机制，避免突沸。在重质油存储、运输、交付的过程中，应做到全周期动态巡检，动态测量温度变化、含水量变化，在最大限度上降低或消除突沸风险。

（1）加大热盘管巡检频率，做好重质油加热管和储罐内部温度管理工作。由于油品储罐在加热过程中发生的泄漏原因与加热盘管密切相关，必须定期检查加热器入口情况，做好加热器工作状态调节工作，避免油品流出。

（2）注重检查重质油品储罐上的呼吸阀门和尺度口等位置是否存在蒸汽外溢，如果有则表明内部含水量较大，必须及时排出内部水分。

（3）定期检查重质油品罐内部响声是否正常，在加热时出现响声为正常情况，如果收油时的含水量较大，罐内会发生异常响声，必须检查原因，予以妥善处理，排除所有安全隐患。

（4）定期检查油罐内部控制仪表是否能够正常工作，观察罐体内部是否存在油面异常波动，如果波动异常，应及时分析原因，找出影响因素，妥善处理，避免突沸。

（5）加大工作人员专业技能培训、安全风险防控培训、应急事件处置能力培训，提高人员安全意识，降低人员生命健康风险。

（6）制定并完善重质油品操作的各类制度，如高温油和低温油互倒的操作制度。

3.5 加装防突沸油气分离器

在重质油品储罐罐体纵向固定安装两端贯通的油气分离管（图1），油气分离管和进油管通过切线结构连接。重质油品不直接进入储罐体，而是通过进油管从储罐底部进入，再由油气分离管顶部切线进入储罐体。重质油缓慢旋转向下流动，形成液膜。即使重质油中夹带水汽，也可通过油气分离管从液膜中有效脱出，再经分离器后由储罐体顶部挥发，使重质油罐突沸风险得到有效抑制。

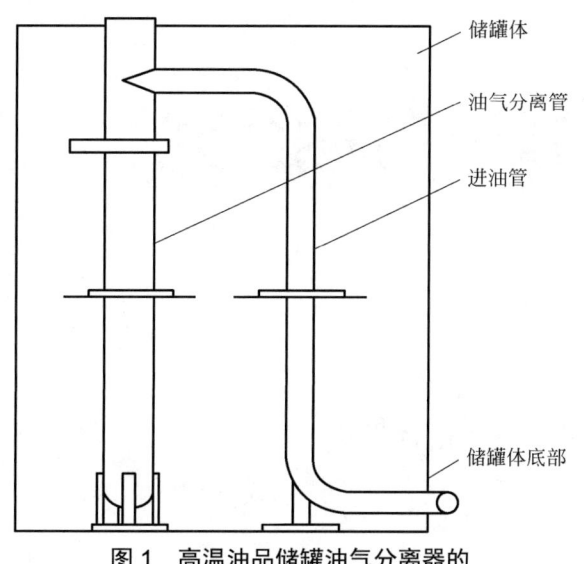

图1 高温油品储罐油气分离器的
突沸防控原理图

4 总结

高温重质油在生产环节、运输环节、储存环节都存在诸多风险，任何不当操作或突发事件都可能引发突沸事故，且生产企业大多遭遇过此类事故。因此，必须建立科学、规范、严谨的高温重质油生产规范、操作规范、巡检规范、运输规范、储存规范，以及突发事件应急处理预案，做好操作人员的安全风险防控教育，从根源上消除各种危险因素和负面因素，降低突沸事故发生率。

（作者：李凯，广西石化储运二部，油品储运调和工，技师）

阀门关键部位防腐措施探究

◆ 王 超 朱宜生 张 冲 张银霞 林和捷

广西石化某炼厂阀门密封压盖处长期积存雨水，水气交接处设备阀门密封压盖螺杆及螺母锈蚀严重，在开关阀门时阀门卡涩，易出现压盖螺丝锈蚀断裂导致阀门密封处泄漏的现象，影响设备长周期运行

1 问题分析

常见的腐蚀有化学腐蚀、电化学腐蚀，通过前期探究发现炼厂阀门压盖主要为氧化腐蚀。由于氧化腐蚀需要氧气和水同时参与反应，在气液交界处最容易被入室。阀门密封压盖处长期积存雨水，压盖螺栓未进行防腐处理，再加上沿海地区雨水多、湿气大、盐分高的气候特点，阀门密封压盖锈蚀严重，紧固螺栓在维修、拆装时很容易发生断裂。

2 阀门关键部位腐蚀应对措施

通过现场探究发现，此处长期积水主要是由于设计原因导致不能及时排除阀门压盖处积水，只能采用防雨措施，防止雨水进水阀门密封压盖处，同时阀门密封压盖螺栓处涂抹润滑脂隔绝空气，对阀门填料处浇筑润滑油进行保养。

2.1 措施一

采用镀锌铁皮制作阀门密封防雨罩，利用阀门自身设备上面的凸起法兰当成"雨伞"，阻挡上部的雨水，侧部完全包裹，可防侧方向雨水。下部卡在两个吊耳处，非常牢靠且不会损伤其他部件（图1）。

图1 镀锌铁皮防雨罩安装后效果图

此阀门防雨罩由铁皮制作，安装简单，材料便宜、牢固，采用不锈钢螺丝钉紧固不易生锈。参照罐区保温外层使用情况，能长期使用，且保

养成本低。但阀杆开关时阀杆升起和下降无法观察到，对于关键阀门不易观察其动作到位情况（显示开启实际阀杆未动）；拆卸麻烦，无法及时发现压盖处泄漏情况，不利于对压盖螺丝的紧固。

2.2 措施二

采用软体透明类材料PVC软胶板（透明桌垫）制作阀门密封防雨罩（图2）。

图2 PVC软胶板防雨罩安装后效果图

PVC软胶板柔韧性高，可达到防雨效果，透明度适中，可以观察阀门阀杆动作情况，且裁剪方便，安装简单。但价格较贵，相对于铁质材料来说，使用周期短（参照桌垫发黄、硬化裂纹）；由于柔软性好，与阀门密封性好，易在内部形成水雾遮挡视线，不利于观察阀门运行情况。

2.3 措施三

采用硬质透明类材料PVC硬质板（类似亚克力板）制作阀门密封防雨罩（图3）。

图3 PVC硬质板防雨罩安装后效果图

PVC硬质板具有一定柔韧性，硬度相对软质材料更高，可达到防雨效果，透明度高，可以非常清楚地观察阀门有无泄漏、阀杆动作情况。根据其材质物品经验判断不易发黄发黑，不易裂纹断裂。与阀门的密封性适中，下部存在缝隙可排出水汽，不易形成水雾，而且裁剪方便，安装简单。缺点是价格较贵。

以上三种不同材质制作的阀门防雨罩对比如表1所示，从防雨效果、现场使用情况、费用、使用周期等方面进行综合比对，发现PVC硬质板制作的防雨罩能够满足日常阀门维护保养需求，同时能够满足日常生产需要，是最佳的选择。

表1 三类材料制作防护罩对比

项目 材料	加工难易	安装难易	拆卸难易	便于观察操作（透明度）	使用周期	单价元（算手工费）
镀锌铁皮	难	难	易	不透明	长	20
PVC软胶质	易	易	易	透明度中等	短	7.8
PVC硬质板	易	易	易	透明度高	中等（试验）	6.7

3 阀门密封防雨罩的设计、制作及安装

3.1 防雨罩的设计与数据测量

在阀门密封防雨罩制作过程中，攻关小组通过理论测算，最后经过论证，在确定数据的准确性和实用性的前提下，需实际测量阀门阀杆套部分的周长、下部法兰面的周长以及保护罩的长度便能快速制作出对应尺寸的防雨罩模具。

3.2 防雨罩的制作

在现场制作阀门防雨罩时,以现场测量数据为依据,分别绘制大小圆。其中小圆、大圆分别为现场阀杆圆周的直径,小圆半径 D_1,大圆半径 D_2,需要做的高度为 H。画出大小圆相平行的直径。然后,大、小圆直径中点的连接线与大小圆直径端点连接线延长相交一点,即为所需最终扇形的圆心 C。

以 C 为圆心,分别以 CD_1、CD_2 为半径画弧,将小圆(或者大圆)的1/4三等分,用圆规取一段弦长(两个黑点之间)在圆弧上取12份,做出图即为需要的尺寸(图4)。

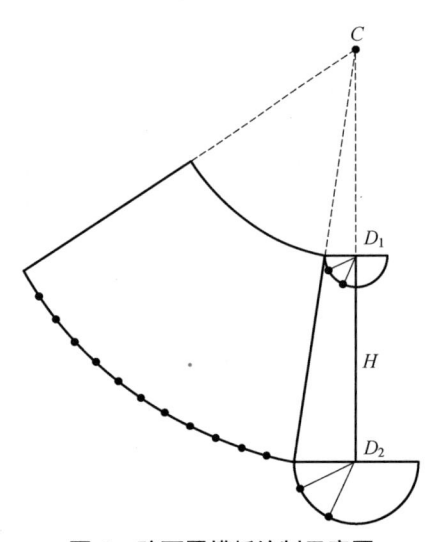

图4　防雨罩模板绘制示意图

3.3 防雨罩的安装

安装分4步完成,第1步需对阀门密封处进行除锈、除水处理,除锈、除水时可用吹风机进行吹扫,起到事半功倍的效果,然后浇筑润滑油、涂抹润滑脂。第2步对阀门压盖螺母及螺杆浇筑润滑油、涂抹润滑脂。这两步主要目的是通过润滑最大限度减少密封附件与潮湿空气的接触,减少锈蚀,保证其长周期运行。第3步,用螺丝钉对阀门密封保护罩进行固定,在固定时尽量使其紧固,防止松动有缝隙而进去雨水。接口处尽量合紧,可多打几颗钉。注意调好位置再固定,以防钉遮挡观察视线。第4步,对上部缝隙打胶密封,充分避免雨水从缝隙进入保护罩引起存水。

4 结束语

通过一年试验观察,不管是经历阴雨绵绵的梅雨季节,还是烈日炎炎、狂风暴雨的盛夏时分,防雨罩内依旧是干干爽爽,状态如初,除了涂抹覆盖螺栓的润滑脂稍有变色外,保护罩无变形开裂损坏,内部无进水的新生大面积锈迹,充分杜绝了雨水浸泡而带来的金属腐蚀,较大程度杜绝螺栓锈蚀断裂而带来的介质泄漏风险,大大延长设备的使用寿命,减少了部门设备的运行成本。

(作者:王超,广西石化储运一部,油品储运调和工,技师;朱宜生,广西石化储运一部,油品储运调和工,技师;张冲,广西石化储运一部,油品储运调和工,技师;张银霞,广西石化储运一部,油品储运调和工,技师;林和捷,广西石化储运一部,油品储运调和工,初级工)

VOCs 源头控制与治理对策

◆ 张 珂　任甲子　韩国柱　马秉城　葛 奇

环境污染的防治是一项重要的社会责任，尤其对国有炼化企业更是重中之重，也体现了绿水青山就是金山银山的理念。广西石化在集团公司的部署下精心筛选技术，高质量施工，率先建立投用 VOCs 治理系统，成效显著。

1　VOCs 的定义与危害

VOCs 是炼化企业排放的最常见的污染物，主要有硫化氢、硫醇类、氨、胺类、硝基化合物、烃类、脂肪酸类、醇类、酚类、酯类以及有机卤系衍生物等，部分已被列为致癌物，如苯、甲苯、二甲苯、多环芳烃等[1]。

VOCs 在大气中通过光化学反应，可以转变为 O_3 和 $PM_{2.5}$，从而加重雾霾天气。长期暴露于高浓度 VOCs 环境中，将提高暴露人群的癌症发病率，因此国际癌症研究机构也已经把大气污染认定为致癌物[2]。

2　VOCs 污染物的来源

VOCs 污染物的来源主要有工业生产固定排放源、机动车行驶过程中尾气排放源和居民日常生活排放源等方面。针对石油炼制行业产生的 VOCs，最大的来源主要是运行生产过程中加热炉、CO 炉燃烧产生大量的烟雾颗粒废气；在重油进行催化裂化和加氢裂化反应时，会产生 SO_2、CO_2 以及 CO 等非目标产品作为废气排放；污水处理装置以及异常工况下的火炬燃烧排放。据不完全统计，在"十二五"期间石化行业的废气排放量约 $20000×108m^3$，约占全国 VOCs 排放总量的 7%[3]。

3　生产过程中的 VOCs 防治手段

通过优化制度、细化现场管理等方式制定全厂 VOCs 管理规定，明确责任分工、任务目标、实施标准。通过各部门联合协作保证 VOCs 检测与泄漏点的消除，减少全厂无组织的 VOCs 排放。

3.1　首抓重点控源头

加热炉烟气排放中含有的主要污染物是 SO_x、NO_x、CO_2 以及 CO，燃料中的硫是生成硫化物的主要原因，燃料油中的硫含量随着组分的变重而升高[4]，因此可以在源头上下功夫。一方面要对燃料含硫量加以控制，可采用脱硫的低硫燃料气或者减少甚至停止使用燃料油；另一方面控制加热炉氧含量继而提高加热炉热效率，开展加热炉热效率竞赛，同时不断总结提升加热炉的操作方法，并进行标准化的推广应用，如此一来，不仅优化了加热炉的整体管理措施，也提高了加热炉的热效率。

对于含有较大颗粒的催化烟气，可在排放前对其进行碱洗脱硝脱硫，增加加热炉烟气排放。此外，得益于在线分析仪表系统及其数据监控，更便于操作人员时时检测与调整，并直连环保部门，增强了全厂安全环保的意识和依法合规性。

3.2 现场精细化管理

将装置设备外泄漏、油污、异味、环保指标检查纳入清洁型班组建设内容中，使全员在整个生产过程中树立清洁安全生产的理念，减少跑冒滴漏现象的产生。

对生产装置重点设备连续采样产生的废油集中处理，吹扫置换中产生的废气废油密闭排放。对于易挥发的有毒有害介质采样时使用密闭采样器，避免采样过程中出现挥发及逸散现象。

根据装置实际情况对现场地漏进行封堵管理，减少装置的无序排放，增强检查的可操作性，并且实现了污油、污水与清洁雨水的分离，达到了雨污分流的目的。减少了污水池的排放量从而降低了VOCs的处理负荷。

4 生产过程中 VOCs 的防治

4.1 多措并举提高环保监测数据准确性

广西石化废水废气外排口全部使用在线监测的仪表设备进行环保数据分析，除定期比对监测外，不再进行手工监测，大幅减少了手工监测频次，各部门在执行公司环境监测计划中，如需临时加样，再由质检计量部执行加样分析任务。

为确保外排口的每项监测指标都按期监测，安全环保处将公司环境监测计划的所有排放口监测指标进行了统计汇总，每月统计分析自行监测数据和外委监测数据；建立监测数据模板，规范储罐、装车、污水场无组织挥发性有机物的异味监测台账，提升了环境监测计划的执行力。

增加仪表校准和实际水样比对频次。污水场人员现场监督，校准后使用质控样比对。质检计量部每月开展2次实际水样比对，由污水场和运维人员一起取水样，同时记录好取样时间和在线仪表COD分析数据，监测数据出来后，及时反馈运维单位和污水处理场。仪表校准和实际水样比对间隔一周，交叉开展。

新增氯离子浓度分析。按照HJ 377—2019《化学需氧量（CODCr）水质在线自动监测仪技术要求及检测方法》，废水中氯离子浓度在小于2000mg/L的情况下，测量结果相对准确，如氯离子浓度过高，将会使测量结果偏大。为此，在COD在线监测数据不明原因异常升高时，污水场第一时间取样，分析氯离子浓度，排除干扰源。

定期对分析仪表系统检查。运维单位对COD分析仪表进行了系统检查，确保仪表分析系统完整好用。

4.2 泄漏点的监测与防治

（1）公司根据不同的设备管线和组件的类型，明确不同的泄漏检验周期。例如：泵、压缩机、阀门或者开口管线、气体/蒸汽泄压设备、采样器等系统每3个月检测一次；对于法兰及其他连接件、密封设备每6个月检测一次；挥发性有机气体经过的管线管件在开工后30日内对其进行第一次监测；挥发性有机液体的设备和管线等组件，每周进行目视化观察。

（2）对全厂95万个密封点常态化开展泄漏检测与修复，当检测人员测到泄漏时，现场进行红牌警示挂牌，标明检测位置、介质的浓度以及日期等，在可行的条件下尽快修复，一般不晚于发现泄漏后15日；第一次维修应在检测到泄漏后5日内；15日内无法维修则可以延迟修复，但最晚不应晚于最近一个停工期，并录入VOCs管控平台，纳入绩效考核。验收合格后摘取红牌警示，签收整改验收单。

（3）广西石化催化烟气净化项目排放口和动力站烟气脱硫脱硝排放口被定为广西挥发性有机物自动监控系统建设点，公司对此高度重视，在生产一部、动力部的全力支持下，顺利完成了配套施工建设，自动监控设施成功开机。公司将按照新标准、新要求，持续强化生产平稳运行，加强设备有效传输率、监测比对、数据监管和日常运维等多方面的管理，确保挥发性有机物自动监控系统始终保持正常运行。

（4）目前广西石化常减压装置电脱盐脱盐后含盐量不大于3mg/kg的合格率为100%，脱盐后含盐量不大于2mg/kg的合格率为85.85%以上。对于可能出现的腐蚀泄漏点进行定点监测或定期管线测厚，为管线运行情况提供数据支持。腐蚀较为严重的装置区域以常减压蒸馏装置为例，常顶腐蚀普遍存在，其腐蚀速率随着原油中的盐含量、硫含量的增加而增加。通过腐蚀风险分析对常顶一脱三注，并对常顶系统进行腐蚀监测，防止意外泄漏造成常顶油气的挥发与泄漏[5]。常减压蒸馏装置对下游输送的产品进行硫含量的监控与分析，给下游装置生产提供数据支撑，常减压蒸馏装置加工后的硫含量分布情况如表1所示。各下游装置根据进料的硫含量进行预调整与监控，从而减少装置设备管线发生腐蚀泄漏的情况。

表1 常减压蒸馏装置硫分布图

	物料名称	硫含量，%	硫，t/h	比例，%
入方	脱前原油	2.372	33.858	100
	合计		33.858	
出方	常顶不凝气	0.38	1.026	3.03%
	常顶油	0.077	0.189	0.56%
	常一线	0.237	0.335	0.99%
	常二线	1.653	0.495	1.46%
	常三线	1.822	1.111	3.28%
	减顶瓦斯	4	0	0.00%
	减顶油	0.7572	0.007	0.02%
	减一线	1.749	0.927	2.74%
	减二线	2.721	6.478	19.13%
	减三线	3.068	3.749	11.07%
	减渣	5.169	19.719	58.24%
	常顶产品罐切水	0.004	0	0.00%
	减顶产品罐切水	0.011	0.002	0.01%
	合计		34.036	

4.3 废物规范化管理

对污水处理场污泥暂存库危险废物暂存情况、危险废物警示标识、危险废物记录台账、污泥干化设施运行情况以及催化装置催化剂储存现场定期检查。对危险废物的年度管理计划备案、申报登记、应急预案备案、合法处置过程管理、转移联单以及转移报批手续等内容和资料逐项排查。产生危险废物的单位，需要更加注重细节，进一步强化危险废物的储存、运输及处置全过程管理。

4.4 细化装置排放标准杜绝无组织排放

开停工期间执行有序火炬、轻油重油、污油密闭排放，规定好检查排放点，在检查完毕后及时关闭，排放期间接油桶收集排放介质，统一回收；正常生产期间需采样含有VOCs的样品时使用符合国家标准的密闭采样器，对不符合标准的定型采样器进行更换与停用；生产装置的属地责任单位持续开展异味治理活动，对于现场不符合规定的直排等低标准设计提出整改意见并进行技改革新，实行密闭排放从而达到装置异味的防治。

5 建设废气处理系统

广西石化11个预处理站建设废气处理系统，将含油污水池及污油池的废气统一收集后送至废气处理系统。废气处理系统产生的废气由管道收集混合后进入干法脱硫罐，干法脱硫是用固体脱硫剂脱除原料气中少量的硫化氢和有机硫化物，确保经过脱硫设备处理后的废气中不含硫或者含少量硫，在脱除硫系恶臭的同时，避免含硫物质在VOCs废气处理设备填料表面形成硫单质，造成填料孔堵塞。废气接着进入深度处理段，采用颗粒活性炭+活性炭纤维吸附装置，对废气中剩余VOCs成分进行吸附。吸附饱和的活性炭纤维利用蒸汽定期进行再生，可长效使用。最后处理达标的尾气通过15m排气筒排放至环境空气中。工艺流程如图1所示。经过处理后的废气，排放时达到国家相关标准要求，明显改善预处理站及其周边区域的空气质量。

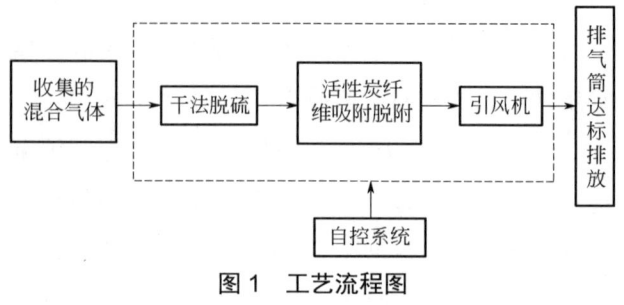

图1 工艺流程图

6 总结与展望

广西石化的VOCs排放量逐年降低，2022年减排VOCs 36t。全年污水处理量同比降低23%，吨油排污数量降至0.18t。危险废物处理量同比减少16%，综合处置利用率100%，并顺利通过广西壮族自治区年度危险废物规范化考评。

广西石化《绿色工厂自评价报告》和《绿色工厂第三方评价报告》报送中国（广西）自由贸易试验区钦州港片区工业与高新技术产业局，经钦州市工业和信息化局审核，自治区工业和信息化厅评审，最终一次性通过评选，并推荐参加中华人民共和国工业和信息化部组织的"绿色工厂"评选。

随着VOCs治理技术的不断进步与成熟，管理的细化以及措施的落实落地，VOCs的排放量将逐渐控制并减少，环境也会越来越好。

（作者：张珂，广西石化炼油一部，常减压蒸馏装置操作工，高级技师；任甲子，广西石化炼油一部，常减压蒸馏装置操作工，高级技师；韩国柱，广西石化炼油一部，常减压蒸馏装置操作工，技师；马秉城，广西石化炼油一部，安全工程师；葛奇，广西石化炼油一部，常减压蒸馏装置操作工，高级工）

检修停工时急冷水的环保排放解决措施

◆ 廖本刚 蒋 瑞 文 军

化工行业各装置停工检修时急冷水系统的倒空一般是将系统内的急冷水排到含油污水池中，这会导致含油污水池的汽油含量很高，汽油气化挥发，现场汽油味很大，不环保的同时还有安全隐患，并且造成大量汽油的浪费。2023年某石化检修，停工期间急冷水系统采用了环保的排放措施，既减轻了含油污水的处理负荷，又增加了汽油产量，其方法值得学习借鉴。

1 急冷水及工艺水流程

急冷水流入到急冷水塔釜后，经过V形格栅设施后（此格栅可以提高汽油和水沉降分离效果）水和汽油有一个初步的分离，可以通过界位表和全塔液位表观察，如果界位表和全塔液位表同时升高，说明水过多，水可能会进入到汽油层，汽油回流泵出口带水，带水汽油进入到急冷油塔回流时会使油塔顶温过低，燃料油泵、中油泵、急冷油泵有抽空的风险。初步沉降分离出的急冷水经过急冷水循环泵加压后主线去各用户提供低能级的热量后再由循环水取走多余的热量，作为水塔的回流。在泵出口主线上还分出一条12寸的支线，这股支线的急冷水先经过并联（一投一备）的管线T形过滤器除掉少量的固体颗粒物后进入正式过滤器S-1260A/S，在此过滤器过滤掉部分汽油后进入到聚结器中，在聚结器A-1261中把急冷水里剩下的汽油脱除，脱除汽油的水就是工艺水。工艺水在经过换热器E-1277、E-1258加热后，进入到工艺水汽提塔C-1260，工艺水在塔内通过DS汽提去除少量的烃后，塔釜的工艺水经过DS发生器进料泵P-1260加压，再分别被3台不同热源的换热器E-1273/1276/1274加热后进入到DS发生罐V-1270中。

2 急冷系统停工过程

停工前几天，裂解炉降负荷，急冷油减黏，油塔、水塔液位低控在35%左右。停工时裂解炉逐台退料切出系统烧焦，烧完焦后，除了端头的2台裂解炉保持热备状态外，其余裂解炉逐一降温停炉。这时急冷油塔内的热量较低，顶温低于90℃，端头的2台裂解炉蒸汽需要切出系统至烧焦罐中，防止蒸汽在油塔内冷凝，造成燃料油泵、盘油泵、急冷油泵入口带水导致泵汽蚀抽空。各泵保持运转，保证急冷油系统、盘油系统、燃料油系统的压力，从系统内的HOBD线将急冷油、盘油排到污油地罐，燃料油作为产品送出。塔内液位送完后，系统氮气充压排出各用户及管线中残存的油。油塔、水塔视情况进行油洗和水洗后，将2台炉的蒸汽切入到急冷系统中，对急冷系统进行蒸煮，系统再氮气充压排出凝液、氮气置换至采样合格。

3 急冷水系统的倒空排放及技改措施

裂解炉都切出系统后，DS放空去大气，这可以起到降低水塔液位的效果，工艺水汽提塔釜泵P-1260出口排放去E-1272的手阀全开，工艺水降温后送到缓冲池中。水塔液位低到15%时停电泵，留1台透平泵运行，透平泵降低转速、出口压力，将塔釜的残液送出，液位低于10%时，外操在泵的位置监护泵的运行，当液位低于3%时，泵出口压力降低，将透平泵停用。之后要排急冷水各用户换热器和系统各管线中的急冷水。急冷水系统用户很多，系统管线多、长，管线和用户中的急冷水快要占到全部水量的一半，水中含有微小的油滴，若不脱油处理，直接送到含油污水池，会加大污水池的处理难度，能耗大且不环保。为了排放这部分急冷水，配置了检修专用排放地线，地线连接远端的急冷水换热器用户低点排放阀，再以钢网软管将地线另一端和1台气动隔膜泵相连，隔膜泵出口连接到聚结器接口（聚结器在停工前更换了新的聚丙烯纤维滤芯），隔膜泵以工厂风为动力，远端管线、用户通氮气加压，将急冷水系统远端各用户及管线中存留的急冷水抽出至聚结器中。急冷区各换热器用排污水地线将急冷水排到污水地罐，地罐污水泵出口也用检修排水专用线接到聚结器，污水泵提供的动力将聚结器中的滤过油的水送到工艺水汽提塔，水经过LS汽提排除余烃后，经过P-1260泵送出到E-1272，排放水被E-1272循环水降温后去缓冲池。聚结器A-1261顶部及油包内的汽油，通过钢网软管连接至汽油产品外送泵P-1250，当集油包内汽油液位足够高时，启动汽油产品泵P-1250，将聚结器顶部的汽油送到汽油罐区。在各用户及含油污水地罐排水到末期时，各容器上部积存的汽油会被泵抽出，这时外操可以通过钢网软管上连接的试镜短管观察流体的颜色、状态，当水变成汽油时，关闭这两股物料到聚结器的手阀（聚结器滤芯不能直接通汽油，否则滤芯寿命将大为缩短），把这两股物料流程改接到多通短管，此短管与P-1250汽油产品泵入口相接，把各设备上部存留的汽油送到汽油产品罐中。整个停工过程排放的急冷水在2500t左右，通过聚结器回收的汽油约100t。这种排水方式既减轻了罐区含油污水的处理难度，又增加了汽油产品的产量，实现了环保和提高产品产量的双重收益。

4 结束语

广西石化的急冷水塔结构，急冷水、工艺水流程虽然略有区别，但可以借鉴此处理急冷水排放的方法。先期排水塔液位时，过滤、聚结、汽提净化处理后的工艺水经P-2032后增加一条去E-2033的管线，排放水再经过循环水降温后去缓冲池SU-9083。远端急冷水用户及管线中的急冷水通过检修专用线及气动隔膜泵送到聚结器脱油及汽提塔汽提后也同上去往缓冲池。需要注意的是，远端管线及急冷水各用户内的急冷水倒空时，系统压力已经很低，这容易导致急冷水从远端排向 S-2032 时断断续续，气动隔膜泵抽水容易抽空，特别是最后液位低时，这就需要给急冷水用户从远端接氮气适当加压。聚结器顶部的汽油和排放后期各换热器顶部的汽油接到汽油产品泵，把这部分汽油作为产品送到罐区。既可提高停工的经济效益又达到环保排放，满足最大限度控制污染的环保要求。

（作者：廖本刚，广西石化PMT2，乙烯装置操作工，高级技师；蒋瑞，四川石化化工一部，乙烯装置操作工，高级技师；文军，四川石化化工一部，乙烯装置操作工，技师）

高抗冲聚苯乙烯中的杂质影响因素分析

◆ 陈克栋　秦文其　于晓娟

聚苯乙烯类产品包括通用型聚苯乙烯（GPPS）以及高抗冲聚苯乙烯（HIPS）。其中，GPPS 树脂因具有冲击强度低，耐环境应力开裂及耐热性差等缺点，使其应用受到了限制。为了提高 GPPS 的冲击强度，采用在苯乙烯单体内加入橡胶进行自由基聚合，制得 HIPS。HIPS 又称橡胶改性聚苯乙烯，是由苯乙烯和橡胶经过自由基接枝聚合制取的一种抗冲击的聚苯乙烯粒子产品，是聚苯乙烯的改性材料，具有韧性强、耐冲击强度大的特点，因此有着广泛的工业用途，主要应用于电子电器的外壳和内件、高档玩具、包装容器、航空杯、酸奶杯等。近年来，随着 HIPS 消耗量不断上升，国内聚苯乙烯生产企业不断研发新工艺，提升产品质量，以满足市场需求。

因此在 HIPS 工业化生产中，产品性能作为产品的重要指标，直接影响 HIPS 及其下游产品的质量和性能，是很多制造企业关注的重点指标。本文研究 HIPS 中杂质的影响因素，为制备高质量 HIPS 提供参考。

1 装置介绍

本工艺为 $4×10^4$ t/a HIPS 装置，该装置引进加拿大 S&W 公司及其合作专利商的工艺技术，采用连续本体聚合工艺。装置工艺流程如图 1 所示，聚丁二烯橡胶（BR）被切碎后溶解在苯乙烯中，配置成橡胶溶液（其中加入硬脂酸锌、抗氧剂），经过两级过滤后进入反应区。反应区由 1 台进料预热器和 3 台串联的平推流塔式反应器组成，通过热引发聚合反应，不使用引发剂，最终反应转化率在 65%～75%。反应产物先进入脱挥预热器，经过脱挥器脱除未反应单体、溶剂、杂质和反应副产物后，用泵输送至造粒单元，最终得到 HIPS 产品粒子；未反应的单体、溶剂、低聚物、水等则进入净化塔。塔顶气相经过循环冷凝器与冷却水换热后变成液相，进入循环受液罐，再经循环泵外排或进入循环苯乙烯罐进行配料，净化塔塔底物料进入反应器继续反应。

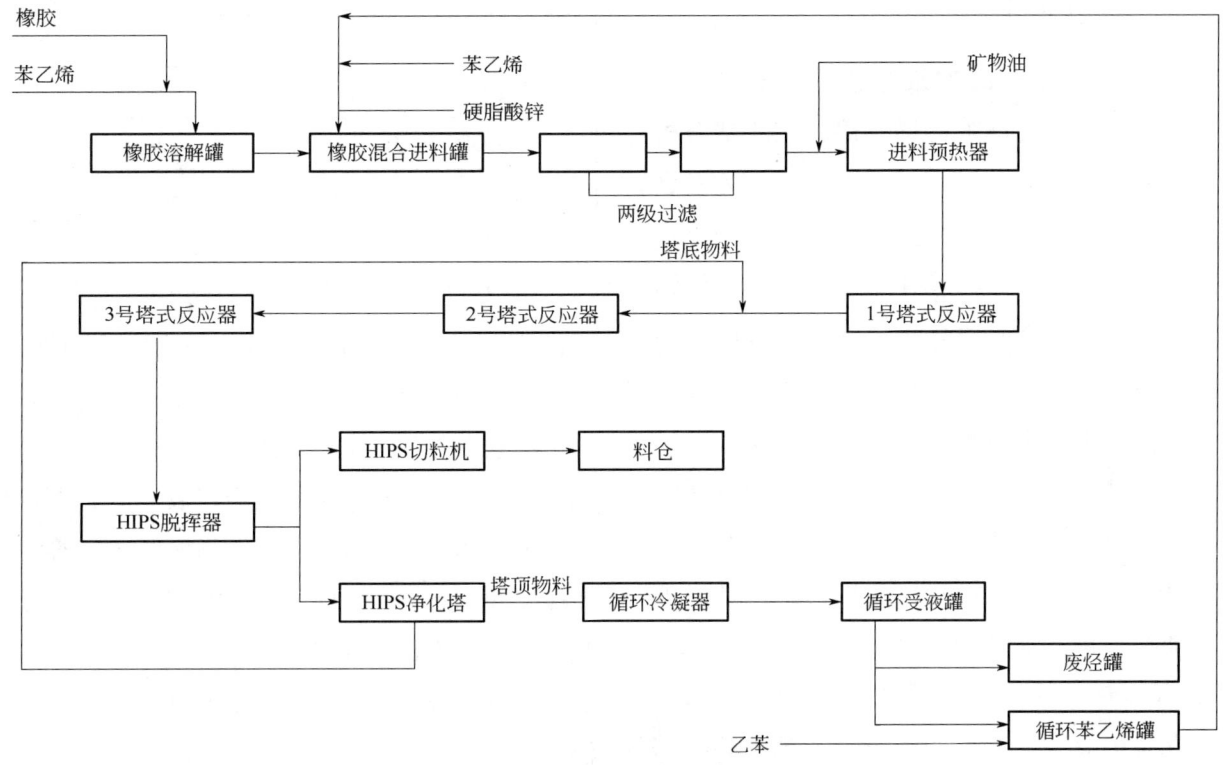

图1 HIPS生产装置工艺流程示意

2 杂质种类及来源

从HIPS生产工艺流程来看，杂质主要在原料、聚合、脱挥净化系统等过程中产生，杂质主要有以下几种。

（1）阻聚剂对叔丁基邻苯二酚（TBC），来源于原料苯乙烯，TBC含量为10～15mg/kg。

（2）游离水，来源于原料中苯乙烯及乙苯，其含量为20～200mg/kg，在系统运行中会逐渐累积，浓度增大。

（3）BR中氯离子，受橡胶生产工艺影响，氯化钙作为汽提剂脱除不充分，最终在产品中含有一定量的氯离子。

（4）异丙苯，界区原料乙苯中含有一定量的异丙苯，在系统运行中会逐渐累积，浓度增大。

（5）凝胶，在橡胶中含有一定量的凝胶，其凝胶会进入生产线中。

（6）低聚物，由于工艺条件的要求，HIPS线的最终转化率要求控制在65%～75%，因此，系统中不可避免的会产生一部分低聚物；由于进料预热器换热能力的下降，温度比正常低24℃（以70%负荷生产为例），需要进料预热器和反应器一区共同加热物料，造成物料反应后移，低聚物增加；正常生产时，物料在脱挥器内高温条件下（正常脱挥器内温度在210～250℃）长时间停留，产生一部分低聚物。这些生产中产生的低聚物在脱挥器内通过高温、低压、增大表面积的控制措施脱除物料中95%的低聚物，随气相苯乙烯进入净化塔，剩余少部分低聚物随产品进入切粒机。

3 杂质影响

3.1 阻聚剂对叔丁基邻苯二酚（TBC）

原料苯乙烯来自苯乙烯储罐，其组成分析结果表明，苯乙烯质量分数大于99.85%，水分含量为200mg/kg，TBC含量为10～20mg/kg，异丙苯、正丙苯、乙苯等其他杂质含量极低。因为苯乙烯单体在高温环境中放置一段时间后会自动聚合，变成黏稠液体。为了避免在储存和输送过程中发生自聚，必须在原料苯乙烯中加入TBC以减缓聚合速度，而TBC在有氧环境下才能起到阻聚作用，因此储罐中含有微量氧。TBC在温和的有氧环境下，会被氧化成叔丁基对苯醌。叔丁基对苯醌单体呈金黄色，其与TBC的混合溶液呈棕色，进一步氧化逐渐变成黑色醌类或醌类的多聚物。醌类和醌类多聚物残留在原料中，会造成HIPS粒子颜色发灰。

3.2 游离水和氯离子

考察分析循环苯乙烯罐与废烃罐中氯离子、铁离子、pH值等，结果如表1、表2所示。其中，氯离子、铁离子含量较高，物料显示强酸性。

表1 循环苯乙烯罐

项目	指标
铁离子，mg/L	17316
pH值（25±1）℃	3.38
电导率（25℃），μm/cm	48800
氯离子含量，mg/L	19248.32

表2 废烃罐

项目	指标
铁离子，mg/L	1109.6

续表

项目	指标
pH值（25±1）℃	4.93
COD，mg/L	3065
氯离子含量，mg/L	330.38

由$CaCl_2$的水解方程式可以知道，它是一种强酸弱碱盐，在有游离水的情况下，氯化钙容易发生水解，形成酸性水。首先氯离子浓度越高，其水溶液的导电性就越强，电解质的电阻就越低，氯离子就更容易到达金属表面，加快局部腐蚀的进程。其次温度对氯离子腐蚀产生诱导作用，温度较低时腐蚀并不明显，随着温度的升高，腐蚀开裂日益加剧。由于苯乙烯聚合是放热反应，随着反应的进行，系统温度会升高。在高温酸性环境中氯离子会在金属表面快速形成氯化物盐层，并替代具有保护性能的碳酸铁膜，从而导致点蚀、应力腐蚀、孔蚀失和缝隙腐蚀的发生。此过程产生较多的无机盐杂质，影响净化系统的平稳运行。尤其是对真空系统的影响，导致液环泵及真空风机能力下降。

3.3 异丙苯

考察分析循环苯乙烯罐中异丙苯含量以及HIPS熔融指数发现，循环苯乙烯罐中异丙苯含量在不断升高，HIPS熔融指数也在上升。

链转移反应对自由基聚合速率和聚合度都有重要的影响。链转移的结果会使聚合度降低。对聚合速率的影响决定于新生成的自由基活性，如果新生的自由基活性不变，则聚合速率不变，如果新自由基活性减弱，则出现缓聚现象，极端的情况成为阻聚。异丙苯是链转移剂，作为溶剂中的一种杂质，通过净化系统进入循环苯乙烯罐，在系统中累积浓度逐渐增高。随着浓度的增高，链转移增强,低分子聚合物增多,导致转化率降低,产品质量熔指偏高。

3.4 凝胶

橡胶中凝胶含量过高,会堵塞橡胶溶解出料泵及橡胶溶液进料泵入口过滤器,影响泵的平稳运行。橡胶溶液进料泵入口堵塞易造成泵功率过载跳停,导致生产线波动,也会造成二级过滤器频繁堵塞。聚苯乙烯凝胶的含量代表橡胶相的体积分数,其数值依赖于橡胶含量、包藏物的数量、大小及接枝程度,常用不溶于甲苯的HIPS的质量百分比表示。在一定范围内,随着凝胶含量增加,HIPS的刚性、热变形温度降低,冲击强度线性增加。

3.5 低聚物

由于系统低聚物含量升高,脱挥器内产品中未脱除的低聚物含量也将上升。低聚物随产品进入切粒系统后,造成切粒系统切刀、牵引辊表面黏附一层低聚物,大大缩短了切粒机运行周期。同时,低聚物也进入切粒水系统,造成切粒水浑浊,增大置换切粒水消耗,影响切粒质量及能耗。在系统中产生的低聚物,进入净化系统后,部分低聚物进入循环受液罐冷凝器,由于冷凝器温度进一步降低,低聚物易在换热器、管线弯头以及离心泵内部流速较低的地方附着积聚,造成换热器堵塞,离心泵功率上涨。

4 对策及实施效果

4.1 更改苯乙烯储罐密封介质

由于苯乙烯具有挥发性,苯乙烯储罐采用密封系统。苯乙烯储罐采用仪表风进行密封,氧气是仪表风的主要组分之一,苯乙烯储罐中的微量氧来自仪表风。为了破坏TBC的氧化环境,对苯乙烯储罐采用氮气密封,用来降低苯乙烯储罐中的氧含量,使TBC不被氧化,降低醛类物质的生成。

4.2 循环苯乙烯罐排水

定期对循环苯乙烯罐排水,降低系统中水及氯离子的含量,从而有效控制氯离子及水浓度在一定的范围内,将其影响降到最低。氯离子对管线的腐蚀形成了大量的无机盐,无机盐在系统中聚集,堵塞过滤器及控制阀等。通过每月定期对循环苯乙烯泵及其进口管线水洗,有效降低无机盐在管线聚集的影响。在出现控制阀堵塞情况及时对其进行隔离水洗操作,清理出无机盐,并及时对循环苯乙烯罐排水,降低系统水含量。

4.3 循环苯乙烯罐置换

定期对循环苯乙烯罐置换,将循环苯乙烯罐中的液体排入废烃罐,降低循环苯乙烯罐中的异丙苯累积含量,从而有效控制循环苯乙烯罐中的异丙苯。按配料比例在循环苯乙烯罐中引入新鲜苯乙烯和乙苯。调整净化系统外排参数,将异丙苯控制在一定范围内。

4.4 调整橡胶配置系统

当出空橡胶溶解罐时,液位下降缓慢或出空后液位较高时应及时清理橡胶溶解出料泵入口过滤器,将大块凝胶取出,清理干净过滤器。每月开始定期降低混合进料罐液位进行置换,缩短混合进料泵切换周期,定期清理泵入口过滤器。当混合进料泵功率出现较大幅度波动时,进行泵切换及清理入口过滤器的操作。当二级过滤器压差上涨较快及时切换过滤器。

4.5 调整净化参数

低聚物主要在反应器中产生,少量在脱挥器。低聚物随气相苯乙烯进入净化塔。根据设计要求,净化塔操作压力为8kPa时,塔顶温度约为70℃,能脱除绝大多数低聚物。塔顶温度每升高1℃，净化塔塔顶气相中低聚物含量增加约200mg/kg。

调节净化系统参数，提高净化塔洗涤效果，减少系统中的低聚物。根据操作经验，塔顶温度每降低1℃，净化塔塔顶气相中低聚物含量降低约200mg/kg。净化塔压力-温度操作在最佳值和最高值之间，可满足一般生产需要。越接近最佳值，净化塔洗涤效果越好，但不得低于最佳值，否则，净化塔液位将快速上升。

目前净化塔压力设定在3.9kPa，PV阀经常达到高限，压力仍然较高。现将净化塔压力控制在5kPa，参考塔顶温度TI，塔顶温度较高时内操及时手动倒阀，将压力抽低。倒阀不能操作过猛，避免对真空造成冲击。

塔顶回流量FIC控制在700～1400kg/h，流量过大易造成液泛，洗涤效果不好；流量过小，净化塔液位下降较快，塔顶气相较大，低聚物洗涤不充分进入循环受液罐，最终进入循环苯乙烯罐，在系统循环累积。

净化系统中的低聚物通过控制塔底流量及外排的流量将低聚物排入废烃罐，保证系统中低聚物含量在一定范围内。

5 小结

随着市场对高抗冲聚苯乙烯产品性能的要求不断提高，为生产出高质量的产品，在生产过程中需要不断优化生产方案。降低苯乙烯原料储罐中的氧含量，使TBC不被氧化，降低琨类物质的生成；定期对循环苯乙烯罐排水，降低系统中水及氯离子的含量；定期对循环苯乙烯罐置换，控制循环苯乙烯中异丙苯的含量；根据生产情况清理过滤器，减少凝胶进入产品；调整净化系统参数，保证系统中低聚物含量在一定范围内。通过一系列措施实现产品质量优化提高，为高抗冲聚苯乙烯生产的可持续发展奠定坚实的基础。

（作者：陈克栋，广西石化PMT3，聚苯乙烯装置操作工，技师；秦文其，广西石化PMT3，聚苯乙烯装置操作工，高级技师；于晓娟，广西石化PMT4，橡胶装置操作工，技师）

常压储罐消防泡沫发生器密封玻璃修复治理

◆ 李 鹏 尹 佳 王印萌 李志芳 蔡万超

广西石化公司储运一部常压储罐共计120台，部分储罐已运行近14年。储罐在长期的运行过程中，部分泡沫发生器密封玻璃存在破损情况。由于密封玻璃的破损，导致罐内气体通过泡沫发生器与大气相通，进而使罐内的可燃气、有毒气体泄漏到大气中污染环境。对于成品航煤储罐，由于罐内气体与大气相通，在高湿度的气候环境下，致使空气中的微生物进入罐内并不断滋生，成品航煤微生物超标，最终只能清罐处置。另外，当罐内可燃气体在泡沫发生器处不断聚集达到爆炸下限，在遇到静电或雷电的情况下极易发生闪爆事故，存在较大安全风险。

1 修复难点

在探索修复破损密封玻璃时，通过现场调查分析，要想彻底修复破损密封玻璃存在以下困难：

（1）固定螺丝长期经受风吹日晒雨淋，氧化腐蚀严重，难以拆卸，故而不能直接更换密封玻璃。

（2）泡沫发生器在设计安装时未预留出拆卸空间，泡沫发生器不能整体进行拆卸更换。

（3）要想彻底更换，则需罐顶临边作业，加之需要切割螺栓或整体拆除与罐相连的泡沫管道，在储罐正常运行期间作业安全风险极高，因此只能在储罐清罐大修时才能彻底处理。

2 方案探讨

2.1 治理要求

（1）符合相关设计规范要求。外浮顶储罐的泡沫产生器密封玻璃无用，亦可划损储罐密封并影响泡沫喷射，要求不得设置密封玻璃。泡沫发生器密封玻璃的划痕面应背向泡沫混合液流向，并应有备用量。密封玻璃在正压0.03MPa，负压0.01MPa气压下，不得有漏气现象。在0.1～0.3MPa水压下应能破碎，残留的环形部分应与管路内径一致，不得有残留的突边。

（2）未到期进行清罐检测的储罐不采用动火方式进行修复。

2.2 密封玻璃修复治理

2.2.1 前期准备

安排专人对故障泡沫发生器进行系统检查，

使用游标卡尺对泡沫发生器的内外径、空气吸入口（操作通道）、密封玻璃尺寸、密封玻璃压盖尺寸等精确测量。通过测量数据分析统计修复需要使用的玻璃片并进行采购。为防止玻璃片符合设计要求，使用消防炮对密封玻璃进行压力实验，实验结果满足规范要求。

2.2.2 一体式固定压盖

此类的消防泡沫发生器密封玻璃片固定压盖为一体式，表面比较平整且光滑，其固定螺丝与压盖内边缘拥有 1~2cm 的距离，因此应采用粘贴的方式进行修复治理。

2.2.3 分体式固定压盖

此类消防泡沫发生器密封玻璃片的固定压盖为分体式，其分体压盖由于变形不在一个平面，故不可采用粘贴的方式进行修复。通过不断探索，最终选择设计补偿模块进行修复，初版设计只适合单罐单个泡沫发生器进行修复，可能存在固定不牢固的问题。受种种原因限制，不断进行设计升级。

（1）第一阶段。在基础结构建立阶段，受吸入口尺寸（操作通道）影响，整个模块的直径尺寸大于吸入口尺寸，为顺利将模块放入泡沫发生器通道，必须把模块一分为二，并且留有密封玻璃定位卡槽。

（2）第二阶段。给密封玻璃添加压片，使用胶水粘贴。由于模块一分为二，虽然模块对内可以固定成圆，但对外还是独立分开的两半，整体性不强。

（3）第三阶段。采用"模具一体化"思路，通过设计凹凸对接口，使模块在进入泡沫发生器后能够形成一个整体，更加牢固，同时通过模具开槽，省略了第二个阶段添加密封玻璃压片的操作，使密封玻璃片变得更加牢固。

（4）第四阶段：为了使模块的密封性和推广性变得更好，特将模块与泡沫发生器的接触面修改为斜面，可以更好贴近现场实际。在解决整体性问题后，模块的安装和固定就成了新的问题，进而来到第四个阶段"补偿模具固定"。在第四个阶段中，设计专用螺母、大头螺杆，通过旋转专用螺母将模块固定在泡沫发生器中，但是在安装的过程中，受限于泡沫发生器内部位置狭窄以及大头螺杆尾巴无法彻底固定等原因，来到最后一个阶段"模具固定升级"，在这个阶段，设计长螺杆，在整个固定结构上，专用螺母一头通过卡槽固定在模具中，长螺杆通过泡沫发生器背板上的开孔进行固定，进而使整个模块与泡沫发生器形成一个整体。

3 治理效果

广西石化储运一部破损的常压储罐消防泡沫发生器密封玻璃通过以上两种修复方法修复后，经过一年的运行时间再次对其进行可燃气体泄漏量分析，结果均小于 $2000mL/m^3$，分析结果均符合要求。

4 结论

本文通过两种方式对破损的常压储罐消防泡沫发生器密封玻璃进行修复，通过修复后可以继续维持储罐的安全生产运行，并坚持到储罐清罐大修彻底处理。大大降低了检维修费用，并降低储罐的运行风险。

（作者：李鹏，广西石化储运一部，工程师；尹佳，广西石化储运一部，油品储运调和工，技师；王印萌，广西石化储运一部，工程师；李志芳，广西石化储运一部，油品储运调和工，高级技师；蔡万超，广西石化储运一部，油品储运调和工，技师）

压缩机入口脱液包排凝线堵塞原因分析与处理对策

◆ 谢 波 张 琢

连续重整装置循环氢压缩机进入冬季以后经常出现压缩机入口脱液包液位快速上涨，脱液包排凝线堵塞的现象，为了避免压缩机入口带液损坏设备就只能采取就地接油桶排放，循环氢气凝液无法排放至低压管网，使汽油加氢压缩机存在安全隐患，加大了操作人员的劳动强度和油品损耗，降低了产品收率。

1 原因分析

（1）连续重整装置原料发生变化，重整反应前段预加氢和预分馏工段未及时调整操作，造成重整反应进料组分变化，循环氢中凝液产生的前身物质增多，循环氢压缩机入口脱液包凝液增加，杂质增多沉积，堵塞排凝管线。

（2）连续重整反应器反应温度、反应压力操作波动大，反应水氯平衡调节不佳，影响了反应深度，使循环氢气中烃类物质增多，造成循环氢压缩机入口脱液包凝液增加，造成杂质增多沉积，堵塞排凝管线。

（3）重整反应器出来的氢气经过高压极冷再接触工段后，进入反应分离罐分离不彻底，罐顶氢气进入压缩机前温度迅速下降，加之冬季温度低，入口管线内循环氢气温度较低容易出现凝液增多的现象。

（4）连续重整装置循环氢压缩机入口脱液包的脱液口设在罐底最低处，易造成杂质沉积，堵塞排凝管线。

2 处理对策

（1）定期对原料组成进行分析，发生变化及时调整工艺参数，做好上游岗位的沟通工作，发现问题及时联系技术人员调整操作。

（2）加强对连续重整装置反应器工艺指标执行情况、反应水氯平衡调节情况的管理，严格工艺纪律，保证装置工艺参数平稳，促进反应系统正反应的发生。

（3）针对循环氢压缩机入口管线冬季温度低、随环境变化温度变化大、容易积液的影响因素，给循环氢压缩机吸入罐出口至压缩机入口管线加装保温，保证压缩机入口温度稳定，降低凝液产生的概率（图1）。

图1　压缩机入口管线加伴热和保温

（4）对循环氢压缩机入口脱液包的排凝线进行改造，在排凝线上加装压力表，可以及时发现排凝线是否堵塞，发现压力回零时可及时处理畅通（图2）。

图2　排凝线加装压力表

（5）对循环氢压缩机入口脱液包的现场玻璃板进行改造，现场液位计下放空处增加一条去低压系统管线，底部杂质堵塞管线时从压缩机入口脱液包现场液位计下放空处去低压瓦斯系统，杜绝压缩机入口脱液包液位高、压缩机入口带液的现象发生（图3）。

图3　增加玻璃板排凝线去低压瓦斯管线

3　效果检验

以上对策实施后，循环氢压缩机入口脱液包再未发生过高液位和堵塞的现象，压缩机压缩凝液得到了很好的回收，连续重整装置收率也有所提升，完成了改造前制定的目标。

4　结束语

通过采取改进措施，连续重整装置循环氢压缩机入口堵塞的安全隐患得以彻底解决，保证了循环氢压缩机的长周期运转以及循环氢凝液的回收循环利用，节约了资源，减少了消耗，降低了现场操作人员的工作量，提高了装置液体收率，完成了节能增效，装置安、稳、长、满、优运行的目的。

（作者：谢波，广西石化PMT2，裂解汽油加氢装置操作工，技师；张琢，广西石化PMT2，裂解汽油加氢装置操作工，技师）

高速离心泵机械密封泄漏故障分析

◆ 张中达　王弘毅　袁崇辉　刘军明

机械密封是氨泵密封系统中的一个重要组成部分，它是为了解决转轴和本体的密封问题而设计的，主要作用是通过在轴向上产生相对移动的密封端面来实现密封，因此也称为端面密封。从设备的生产、安全、环保和经济等方面来看，泄漏事故对设备的安全运行和经济运行都有很大的影响。尤其是炼化企业中高危泵的机械密封泄漏，往往会带来着火爆炸、人员中毒的风险。因此，在机械密封泄漏分析处理及选型方面应引起足够的重视。

1 故障现象

广西石化某动力车间氨区装置一次开车成功，氨水供应由两台转速为9106r/min的GSB-WLA-3-155型卧式高速离心泵提供动力，运行模式为一用一备。设备投运不到1个月，两台泵均出现轴承温度持续升高的现象，机械密封检漏口无介质及密封油漏出，但密封油腔压力持续降低。针对此现象，动力车间工艺和设备专业联合召开工作会议，决定在保证氨水供应系统正常运行的前提下，开展氨水泵的故障诊断工作。

2 故障分析

2.1 轴承温度升高原因分析

对运行泵进行观察，发现每次轴温升高导致停泵后，轴承箱油位较启泵前均有升高的现象，分析原因可能为：轴承磨损或增速箱齿轮咬合有问题；密封高压腔体侧密封油漏至轴承箱内，致使轴承箱油位升高，热量无法及时排除，轴承温度上升；机械密封泵体内介质通过轴套间隙漏至轴承箱内，致使轴承箱油位升高，热量无法及时排除，轴承温度上升。通过对故障后轴承箱内的润滑油进行化验，发现各项指标均符合32号汽轮机油的特点，油质没有问题，排除了泵内介质氨水漏至轴承箱引起油位升高的可能。在拆检过程中对轴承和齿轮的检查排除了轴承磨损和齿轮咬合问题的可能。

为进一步验证齿轮箱油位升高和轴承温度升高的直接关系，决定对轴承箱原有油位视窗进行改造，先解决氨水泵运行中无法对轴承箱油位实时监视的问题（见图1）。改造后的视窗经安装试运后，可以直观地看到轴承箱油位上升的现象，并通过记录分析不同油位高度与轴承温度之间的关系，最终确认了轴承温度异常的原因。

图1　改造前的油视窗（左）和改造后的油视窗（右）

2.2 机械密封泄漏原因分析

2.2.1 密封点O形圈的检查

检查发现轴套O形圈材质为丁腈橡胶，且严重变形（图2）。为解决这一问题，更换新的O形圈，后轴套升级为氟橡胶材质，其他部位沿用丁腈橡胶。另外，后轴套两端为倒角结构，小尺寸的丁腈橡胶O形圈压缩量不够易造成密封失效，讨论决定将O形圈加工成楔形，增大密封圈与轴套倒角的接触面积，从而达到密封的效果。

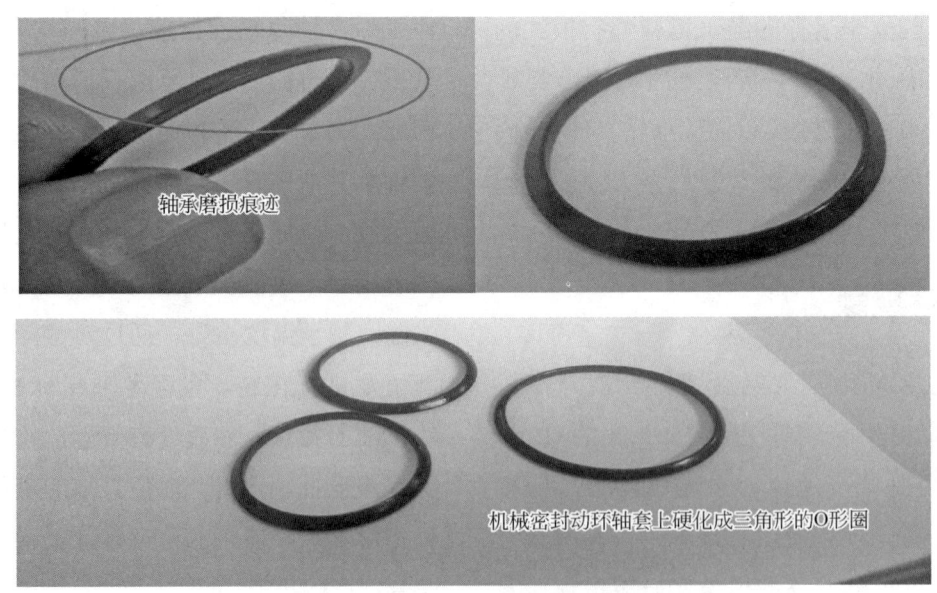

图2　机械密封动环轴套O形密封圈失效

2.2.2 机械密封冷却介质排查

经过相关部门现场探讨制定了氨水泵第三次拆检方案，方案中讨论分析了机械密封系统密封油通过轴套与轴之间的密封面漏至轴承箱内的原因：一种是动静环密封面存在泄漏；另一种是轴套密封圈失效，整改工作围绕以上两点进行排查与维护。

由于现在的机械密封用油为32号汽轮机油，黏度太高，对密封面的冷却效果不佳，热量无法及时带走，造成密封面起泡疤，进而出现泄漏。车间决定将机械密封用油换成15号白油，回装试运行发现，轴承箱油位得到控制，但机械密封检漏口处开始向外滴油，说明密封面泄漏仍存在。

2.2.3 密封面排查

分析拆检时的检查结果得出，机械密封动密封面不可能发生泄漏，机械密封油可能通过弹簧式机械密封静环动密封面的外侧经密封圈漏至轴套外侧，然后通过检漏口漏出。故决定更换新的机械密封静环形式，将原有的弹簧式改为波纹管式，消除所有的静密封点（图3）；改造轴套形式，在后轴套上加一个挡油环，防止泄漏时透过轴套外部越过检漏口漏至轴承箱（图4）；更换原有的迷宫密封。改造完成后，回装试运72h所有指标均正常，未发现轴承箱油位上升，同时检漏口处也未发现任何泄漏情况出现。同样对另一台氨水泵进行改造，改造完成后运行至今未再出现因机械密封泄漏导致轴承箱油位升高，进而引起轴承温度异常的现象。

 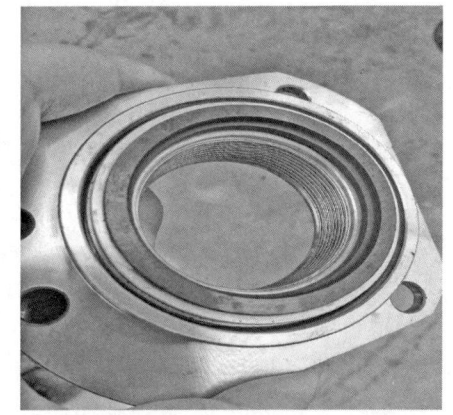

图3　原机械密封弹簧式静环（左）更换为波纹管式静环（右）

图4　原泵后轴套（左）与改造后的轴套（右）

3　结论

通过以上技术措施，彻底解决了氨水泵机械密封频繁泄漏的问题，提高了机械密封的使用寿命，为今后氨水泵的日常运行及维护积累了宝贵的经验。

参考文献

[1] 席傲然，莫岳平，王玉杰，等. 大中型立式水泵机组振动故障诊断技术研究[J]. 科技创新与应用，2022，12（4）：148-151，154.

[2] 李龙骏. 浅谈机泵机械密封泄漏的原因分析与对策[J]. 化工管理，2019（21）：136-137.

[3] 唐伟博，吕昌彦，贾坤，等. 化工离心泵机械密封失效的原因分析和防范措施[J]. 科技视界，2019（21）：65-66.

[4] 曹帅. 大型泵站立式水泵机组大修管理的质量管理对策研究[J]. 流体测量与控制，2023，4（6）：11-14.

（作者：张中达，广西石化公用工程部，锅炉运行值班员，技师；王弘毅，广西石化公用工程部，锅炉运行值班员，高级技师；袁崇辉，广西石化公用工程部，锅炉运行值班员，高级技师；刘军明，广西石化公用工程部，锅炉运行值班员，高级技师）

火炬水封罐压差式液位计失准原因分析

◆ 朱金平 赵亮 闫少恒 满雪 丛培涛

1 研究背景及目的

广西石化储运一部火炬水封罐在运行过程中，由于水封罐内液体中含有各种杂质，这些杂质在引压管内沉积，逐渐导致管道堵塞，使得液位计在正常生产过程中出现失准现象。为了解决这一问题，对火炬水封罐压差式液位计失准现象进行深入研究，分析其原因并提出相应的判断方法与应对措施。

2 压差式液位计工作原理概述

压差式液位计作为一种常见的液位测量仪表，广泛应用于各种工业领域。其工作原理基于流体静力学和帕斯卡定律，即液体的压强与深度成正比。压差式液位计通过测量液体在容器中不同高度点的静压力之差来反映液位的高低。具体而言，它由一对测量元件（一般为引压管）和差压变送器组成。当液位变化时，引压管两侧的静压力产生差异，差压变送器将这一压力差转换为电信号，从而实现液位的测量。

$$H = (p - p_0)/(\rho g)$$

式中 H——液位的高度，m；
p——液体在液位高度处的总压力，Pa；
p_0——液体在容器底部的压力，Pa；
ρ——液体的密度，kg/m³；
g——重力加速度，m/s²。

3 失准原因分析

在实际运行中，火炬水封罐压差式液位计失准现象主要表现为：DCS液位远传显示的液位与实际液位存在较大偏差，尤其是在气温变化时，液位计失准现象更为明显。根据DCS液位趋势和实际操作经验，火炬水封罐压差式液位计失准的主要原因可以归纳为：在长期运行过程中，火炬水封罐内的液体中含有各种杂质，这些杂质在引压管内沉积，由于引压管处无排污点，逐渐导致管道堵塞。一旦发生管道堵塞，引压管两侧的静压力差就会发生变化，从而使得液位计的测量结果失准。此外，杂质沉积还会在传感器膜盒位置形成密闭空间，当温度变化时密闭空间的压力也会发生变化，从而进一步影响液位测量的准确性。在运行过程中可能会出现液位波动，严重时甚至会导致液位控制失误，对生产过程产生不利影响。为了解决这一问题，需要在传感器膜盒位置增加排污设施，定期对引压管进行清洗，确保管道畅通，从而提高液位计的测量准确性。

4 判断方法研究

4.1 差压式液位计工作原理应用

为了更准确地判断火炬水封罐压差式液位计失准的原因，本研究将探讨差压式液位计工作原理在实际应用中的具体操作。通过对液位计失准现象的深入分析，结合差压式液位计的工作原理，提出以下判断方法。

首先，根据差压式液位计的工作原理，可以通过对DCS实时测量数据进行分析，了解液位计测量结果的准确性。在实际操作中，对比液位计显示值与实际液位值，若发现存在较大偏差，在对水封罐现场实际液位进行核实后，即可判断液位计可能存引压管堵塞现象，需要进一步确认失准原因。

其次，根据液位计失准现象的严重程度，可以采取相应的维修策略。例如，在传感器膜盒位置排污管处接新鲜水对引压管内杂质进行清洗疏通或在线拆检等措施，在维修过程中，应密切关注液位计的测量准确性，以确保生产过程的顺利进行。

（1）酸性水封罐差压式液位计受温度影响，当气温升高至一天最高温度时，酸性水封罐液位降至最低，当气温缓慢下降，液位缓慢恢复正常。依据式（1）初步判断为液位计上部引压口堵塞，形成密闭空间，温度升高，压力增大，与底部测量压差减小，导致显示的液位降低。维保人员打开上部引压口，发现管线基本堵塞，证明判断准确。

（2）当温度升高至一天最高温度时，低压水封罐液位升至最高，当温度缓慢下降，液位缓慢恢复正常。依据式（1）初步判断为液位计下部堵塞，形成密闭空间，温度升高，压力增大，与顶部测量压差增大，导致显示的液位升高。维保人员打开下部引压管，发现管线基本堵塞，证明判断准确。

4.2 应对措施

根据本研究提出的判断方法，结合现场实际情况，提出以下应对措施。

（1）增加引压管排污线，定期对液位计进行排污，观察引压管是否存在杂质沉积、管道堵塞等现象。一旦发现异常，应及时采取清洗、疏通等措施，确保管道畅通，提高液位计的测量准确性。

（2）加强现场操作人员的培训和管理，提高员工对液位计失准现象的识别能力，以便及时发现并解决问题。

（3）对于液位计的安装、维护和检定，应严格按照国家相关标准和规范进行操作，确保液位计的安装质量。

（4）建立完善的液位计故障档案，记录液位计失准现象的类型、原因、处理方法等，以便为今后类似问题的解决提供参考。

5 结论与展望

本文对火炬水封罐压差式液位计失准现象进行了深入分析，提出了故障判断方法与维修策略。通过对现场数据的实时监测和分析，结合差压式液位计的工作原理，结论为差压式液位计引压管堵塞,会在传感器膜盒位置形成密闭空间,随着气温的升降,密闭空间压力也随之升降,导致液位计显示上升或下降,影响液位计准确性,可通过此方法,精准判断引压管堵塞的具体位置并采取相应措施,保证差压式液位计正常工作。

(作者:朱金平,广西石化储运一部,油品调和操作工,技师;赵亮,广西石化储运一部,油品调和操作工,技师;闫少恒,广西石化储运一部,油品调和操作工,技师;满雪,广西石化储运一部,油品调和操作工,技师;丛培涛,广西石化储运一部,油品调和操作工,技师)

Unipol聚丙烯生产过程危害分析及安全防控措施

◆ 张海涛　毛东辉　黄昌敏　张　聪　董高源

　　Unipol聚丙烯工艺是引进美国DOW公司的气相流化床技术，近年来，随着市场需求，聚丙烯生产规模越来越大，自动化程度的快速发展对生产工艺的要求更加严格，聚丙烯生产过程中一些不安全因素导致的危害越来越严重，因此要重视聚丙烯装置的安全性，特别要加强在生产中结片、爆聚、静电等危害的防控措施。

1　聚丙烯生产工艺过程中的危害分析

1.1　原料精制单元

（1）精制单元的作用主要是对生产原料丙烯、氢气、氮气进行过滤、提纯、压缩。丙烯、氢气等都是有爆炸风险的气体，因此在精制过程中危害性非常大。在Unipol聚丙烯生产工艺中原料精制单元最大的危险是丙烯、氢气等物料发生泄漏。压缩机密封、管道的泄漏将会导致火灾爆炸事故。分析其泄漏的原因主要包括：压力容器材质不符合要求、新鲜丙烯供料泵密封失效、精制床层阀门填料泄漏、丙烯法兰垫片锈蚀严重泄漏等。都有可能造成燃烧、化学灼伤、爆炸、中毒事故。例如，某装置丙烯精制塔丙烯阀门填料压盖螺栓由于腐蚀严重，导致压盖螺栓断裂，存在丙烯大量泄漏风险；丙烯进料泵法兰垫片出现腐蚀且长时间未更换发生丙烯泄漏。丙烯在精制单元通过脱水、脱硫等系列作用后经过丙烯高速进料泵压力升到4.5MPa，送入反应器，液态丙烯在输送过程中如果发生泄漏，丙烯将会迅速气化吸收大量热，导致设备温度迅速下降，进而会发生脆性破坏，引起管线爆裂。

（2）在精制床层进行再生准备工作的退料过程中，高压氮气进入床层导致压力过高，操作精馏塔不熟练。在再生期间，当热氮气流开始进入干燥塔时，分子筛中存有一些液体丙烯，可能出现-70℃低温工况。管线中的液体丙烯尽量以液体形式排出，避免以气体形式排放。不应使用氮气"吹出"液体丙烯，这样会降低丙烯分压而导致温度降到-100℃，损害设备。

（3）三乙基铝是一种重要的反应助催化剂，遇空气能燃烧，遇水发生爆炸，生成带刺激性气味的氧化物，对人体的气管和肺部都有很大的伤害。装置生产中更换三乙基铝罐属于日常工作，在更换时如果吹扫不干净，拆卸法兰时将导致着火，产生严重的火灾、爆炸事故。

1.2 聚合反应单元

（1）聚合反应为放热反应，首先反应热传递到循环气，然后去循环气冷却器，在冷却器处热量由冷却水移除。如果撤热不及时就容易温度飙升，达到一定温度会使反应强烈放热就会导致片料产生，聚丙烯在反应过程中为放热过程，如果反应热动力不稳定，将会发生爆聚，导致反应器停车。丙烯聚合反应发生危害事故的原因包括：原料中存在会产生静电的杂质；床内催化剂存量较高，特别是开车期间，催化剂活性被激发温度失控；任何导致催化剂活性异常的情况；分布板堵塞可能导致流化和混合状况不佳，并出现结块；循环气压缩机停电或故障停车，丙烯突然中断等。

（2）静电火灾是聚丙烯生产工艺过程中较为常见的一类危险源。生产过程中，流化床内的树脂颗粒由于相互摩擦或与反应器表面摩擦而带电，丙烯输送时与内壁产生摩擦，出料口与管壁摩擦，易产生大量静电。静电探针基线偏移或波动频率增加表明出现了工艺偏差，随后可能就会发生结片。静电活动加剧可能先于表面温漂（少则几分钟，长则1h）。大多数情况下静电应在200V以内，静电高于1kV表明反应器极有可能出现结片。聚丙烯是容易产生静电的物质，聚丙烯粉料经过大量的碰撞与摩擦极易产生大量的静电，密封不严将导致丙烯、氢气泄漏，向外喷出时会产生静电，如果聚丙烯生产环境比较干燥，就更易引发静电火灾爆炸事故。

（3）聚丙烯根据其生产特性，产物具有黏合、依附等特性，进而造成堵塞危险。一旦发生堵塞，就极易引起管内压力高排不出，物料堆积在一起容易发热。当反应器中有杂质或循环水流量低等原因导致反应热不能及时撤走时，就容易产生片料。由于静电作用聚丙烯在生产过程中容易黏结在设备表面会熔融形成片料或块料，这些片料及块料会造成大小头堵塞使得PDS不能正常运行。如果粉料囤积在排料罐中排不出去很可能温度升高造成熔罐现象，而在处理时候置换不彻底容易导致火灾爆炸事故。

1.3 丙烯回收单元

聚丙烯树脂从反应器中排出，通过排料系统进入产品接收仓，脱除树脂夹带的残留烃，在产品净化仓内吹扫熔解的烃类并中和残余的催化剂和助催化剂，如果吹扫系统运行不正常，会使聚合粉料中残留烃类和残余催化剂去除不完全，催化剂残渣的分解会产生氯化氢。不仅影响树脂质量，而且也会给系统安全带来隐患。含有可燃气和残余催化剂的树脂进入系统后在输送过程中存在风险，含有残余烃和催化剂的树脂进入料仓后还存在着火爆炸的隐患。

1.4 造粒风送单元

（1）颗粒在输送过程中表面比较干燥、电阻率高，在与管线摩擦中可能会产生静电，聚丙烯绝缘性好，所以静电很难消除，当静电累积到一定程度后就会放电，进而引发燃烧，严重时会导致料仓爆炸。聚合反应异常或排料系统烃组分不多时，脱气效果不好，在输送中可燃气含量就比较高，容易发生爆炸。颗粒输送过程中产生的聚合物细粉具有爆炸性，所以在生产中要格外注意聚丙烯粉末的情况，避免引起严重爆炸。

（2）挤压造粒厂房一般是密闭空间，厂房里含有聚丙烯粉末、颗粒粉末和添加剂粉末，当这些粉料清理不及时,与设备等发生摩擦时就易产生静电,当设备系统防静电措施失效时,就会造成静电聚集,当静电达到一定程度就会释放,进而发生爆炸事故。添加剂系统的主要作用是造粒时保证产品质量,要加入抗氧剂、除酸剂、光稳定剂等添加剂。生产中要关注添加剂配料系统的密闭性,如果聚丙烯粉末或者添加剂粉末的设备密封不严发生泄漏,在添加剂配置过程中,大量的粉尘就会泄漏,弥漫于造粒厂房内空间,当遇静电或明火,便会发生严重的粉尘爆炸。

2 安全措施研究

2.1 控制爆聚措施

(1) 在生产中按照生产规范进行操作,要熟悉生产流程中的投料顺序,严格控制用量,按比例来投料,并且要熟悉催化剂的活性以及生产负荷,密切关注反应器各个温度,避免反应速率过快,撤热不及时发生温度飙升进而产生爆聚。在投料时确保终止系统投用,以备在温度快速升高时,能够快速加入适量的CO达到降低催化剂效率的作用,更好地提升聚丙烯生产过程的安全性。

(2) 在生产过程中要重点监控反应器的工艺参数,如反应器的温度、压力、露点温差、冷却水流量,上下床层密度等。反应时要防止温漂,当反应速率提高时放热量逐渐增加,水阀就要及时开大,增加冷却水的流量来达到及时冷却撤温的效果。密切关注聚合反应中丙烯分压的变化,反应速率升高,丙烯分压就会下降,露点温差就会升高。出现表面温漂状况时要及时采取措施,比如减少催化剂进料速度进而降低反应器的时空收率,全面提高反应器稳定性;调节反应器冷凝程度即降低反应器温差、使用CO等。

(3) 确保安全控制系统,冷却水系统运行正常;紧急切断系统;终止剂系统运行正常、反应器终止逻辑投用正常;集散控制系统、紧急停车系统、安全仪表系统、可编程序控制器运行正常,确保火灾报警系统及可燃气体和有毒有害物质泄漏检测系统运行正常。

2.2 控制静电火灾措施

对于聚丙烯生产工艺中的静电控制,首先,在聚丙烯的生产过程中应采取静电接地方式,在生产过程中要定期对静电接地情况进行检查,以确保其可靠性。为防止聚丙烯表面的静电与设备、管壁等结合,可以在聚丙烯的输送工艺中增加氮气物质,来进一步提高聚丙烯在输送过程中的安全性。对于聚丙烯料仓及粉料的输送管线也都应采取静电接地,严格执行安全操作规程,防止可燃气体进入系统。为防止较大能量的静电放电,定期检查可能出现导体的设备,严禁聚丙烯装置料仓等设施出现不接地的孤立导体。主要单元发生紧急情况,如火灾或气体泄漏,控制室内应设有丙烯切断阀门,用来远程操作界区丙烯隔断阀。氢气、三乙基铝同样应有切断阀门。严格遵守公司规章制度,进厂区穿着防静电劳保服、工鞋,禁止携带移动电话进入丙烯等防爆场所。

2.3 综合管理措施

(1) 树牢安全发展理念,落实安全生产责任制、相关岗位安全操作规程,优化完善装置事故应急预案体系,定期开展应急演练、桌面推演。加强安全生产培训教育,严格落实聚丙烯操作等特种作业人员安全资格,培养员工的安全意识及综合素质能力。

(2) 定期开展安全检查,对危险化学品重点监控,认真巡检及时落实各类隐患整改。严格落实装置区动火作业、管线打开作业、设备检修作业、受限空间作业等危险作业环节的安全监管，杜绝违章行为。

（3）加强日常维护保养，加强隐患排查，避免一些设备运行后期发生磨损腐蚀等问题，进而避免火灾爆炸事故发生。

（4）严格工艺纪律、操作纪律、劳动纪律。特别加强工艺报警、可燃气体报警管理，强化巡检质量。

3 结束语

生产安全是企业的重中之重，聚丙烯生产装置在石油化工企业中属于易燃易爆、危险性很高的装置。通过以上这些措施的有效实行，可以提升装置的安全性，保障企业安全生产。

（作者：张海涛，广西石化炼油四部，聚丙烯装置操作工，高级技师；毛东辉，广西石化炼油四部，聚丙烯装置操作工，高级技师；黄昌敏，广西石化炼油四部，工程师；张聪，广西石化炼油四部，聚丙烯装置操作工，高级工；董高源，广西石化炼油四部，聚丙烯装置操作工，技师）

制约脱乙烷塔长周期运行原因分析及对策

◆ 王爱民　王文波　付　冲　蓝玉达　张　乐

由于气体分馏装置脱乙烷塔回流泵以及塔顶冷却器频繁泄漏，在处理过程中需要整体切除脱乙烷塔系统，严重影响装置长周期运行以及丙烯产品的质量。

1　装置简介

广西石化 $60×10^4$ t/a 气体分馏装置是重油催化裂化装置的配套装置，其中，脱乙烷塔系统是气体分馏装置的一个子塔系统，主要由一个60层塔盘的精馏塔、塔顶冷却系统、回流罐、回流泵塔底重沸器等部分组成（图1）。设计原料主要是来自重油催化裂化的液化气产品经双脱精制装置脱硫后进入气体分馏装置，经过脱丙烷塔将 C_4 馏分与 C_2 馏分 C_3 馏分分开， C_2 馏分和 C_3 馏分进入脱乙烷塔，塔底重沸器采用低温热源蒸馏，经塔顶冷却系统冷凝后，分离 C_2 馏分和 C_3 馏分，回流罐中的不凝气主要为乙烷、丙烯组分，经压力控制阀调压后送回至催化装置压缩机出口或直接排放至火炬系统，最终 C_3 馏分被送入丙烯塔系统。

脱乙烷塔的作用主要是分离出不易液化的 C_2 馏分和切去回流罐中的离析水，从而得到高纯度合格的丙烯产品，来作为聚丙烯装置生产高附加值化工产品的重要原料[1]。

2　制约脱乙烷塔系统长周期运行的因素

2.1　塔顶冷却系统

脱乙烷塔顶冷却系统主要由1组两台上下串联，重叠安装的冷却器，冷却塔顶物料并通过卡脖子系统来控制塔的压力。根据走访学习不同炼厂气体分馏装置发现，基本全部采用相同的工艺技术，自投入运行以来都会在一个设备检修周期内发生冷却器设备泄漏。很明显此种排列方式最大的弊端就是当换热器发生泄漏时，无法准确判别是哪台换热器泄漏，也无法有针对性地进行定向切除检修，最终造成的结果就是必须彻底切除塔顶冷却系统，同时还需停下脱乙烷塔进行消缺检修。严重影响了气体分馏装置长周期运行并造成丙烯产品出现严重带水的现象。

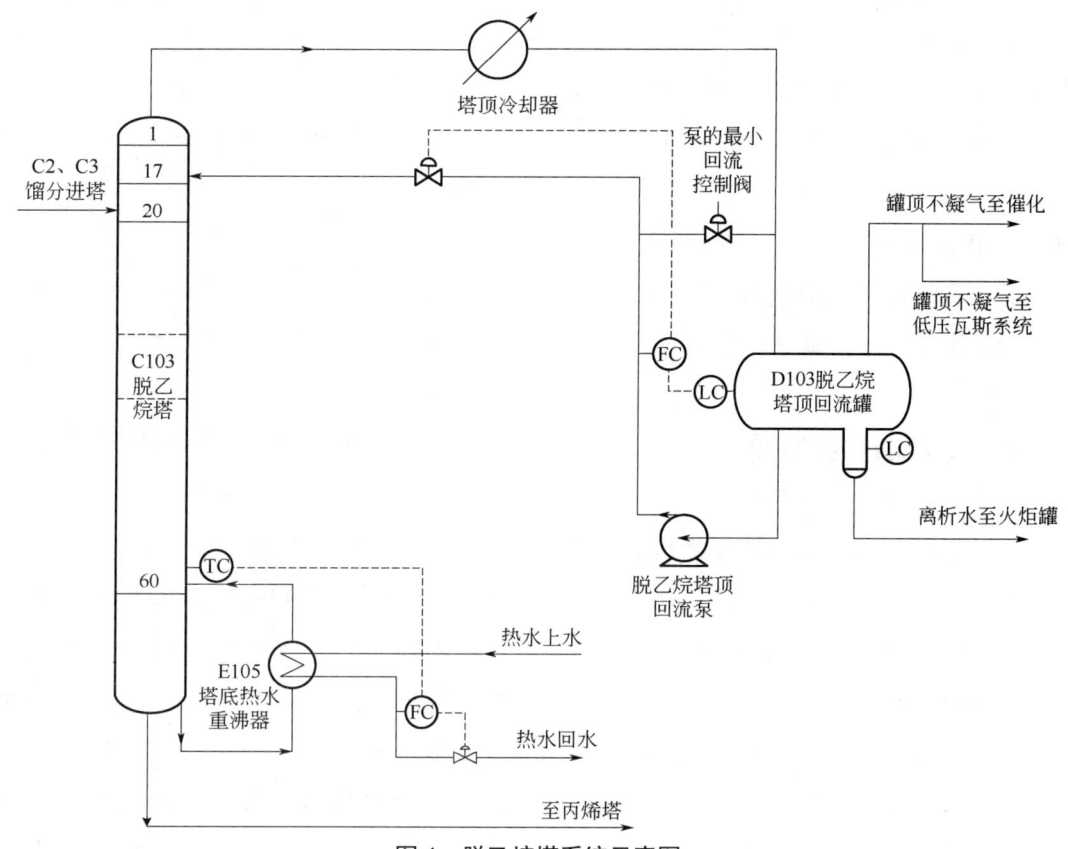

图 1 脱乙烷塔系统示意图

脱乙烷塔顶冷却器总换热面积为1327m²，塔的设计压力为2.82MPa，进入冷却器前后温度为49.3℃和40℃，温降9.3℃，实际操作中塔的操作压力为2.65MPa左右，进入冷却器前后温度为63.6℃和50℃，温降13.6℃，设备参数和DCS实际操作存在偏差，使得管程内循环水量被大量截流，实际阀通量不到30%，通过仪器测得循环水流速为0.33m/s，远远低于规定的0.9m/s。冷却水出口温度不应大于50℃，而实际现场采样温度计测定管程循环水出口温度高达58℃。

研究发现，低流速、高温度的循环水系统为异样菌快速繁殖生长提供了温床，同时菌群产生致密黏液，黏附水中细小的悬浮颗粒等其他菌类、藻类，进而形成黏泥，沉淀在管壁上，一方面，生物黏泥大量集聚堵塞管道，另一方面，黏泥沉淀还为铁细菌繁殖提供场所，形成垢下腐蚀，并进一步加快腐蚀速度，最终导致腐蚀泄漏[2]。

2.2 回流泵密封系统

脱乙烷塔回流泵结构为单级离心泵，其输送介质为混合C_3，转速为2970r/min，运行温度为58.67℃，密封形式采用机械密封和干气（N_2）密封，由于机械密封的频繁失效，其检修频率比其他机泵全年检修的总和还要高，甚至抢修机泵密封还未完毕，现运行机泵又出现密封泄漏情况。

2022年6月更换后运行三天就出现明显泄漏,现场机封拆解后发现较多黑色粉末,经分析,大概率是因为雨天温度下降,导致密封腔压力下降,其饱和蒸气压值在靠近甚至超过密封腔压力,即介质处于气化或气化边缘状态,随时会引起机械密封干磨,干磨会导致密封环断面热量激增[3],而激增的大量热量不能够有效地被引出,从而进一步加剧密封端面的磨损,最终导致机械密封失效泄漏。

2.3 塔底重沸器热源系统

塔底重沸器采用全厂其他装置副产的低温热水作为热源,一方面可以降低气体分馏装置对低低压蒸汽的消耗,另一方面还大大降低对冷却水的需求。但同时,也存在着相应的弊端,在一次装置重油换热器泄漏过程中,大量重油泄漏至热水系统,导致塔底重沸器换热效果明显下降,一度达到98901W/(m^2·K),换热效率下降27.69%,在提高热媒水温度至110～116℃时,仍无法满足装置生产需要,最终导致丙烷和丙烯产品纯度不合格。

3 解决办法和效果

3.1 针对塔顶冷却系统的改造

由于塔顶冷却器系统为一组两台串联运行,现场换热器循环水线开度10%～30%,便能达到工艺操作效果,可说明换热器组合选型过大,也造成运行中循环水线流速不足,水侧管束结垢等严重问题。根据实际情况,提出改造为并行安装。

通过优化工艺操作,并核算冷却器换热面积,提高循环水总管压力,以增加水的流速,避免产生污垢,改造E104AB成1组两台并行安装,虚线部分为改造跨线部分(图2)。

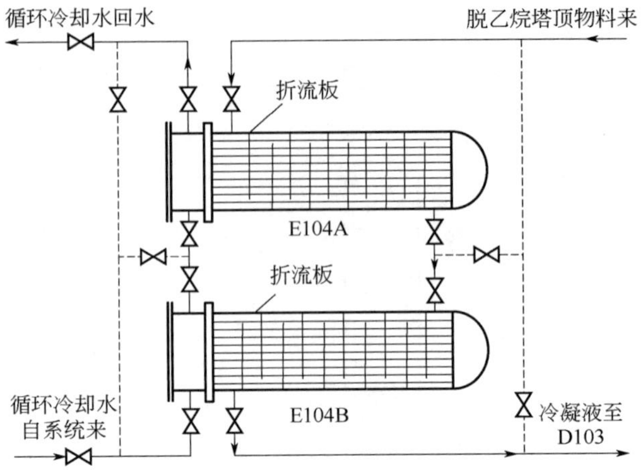

图2 E104AB改造示意图

改造后单台换热器基本能满足现有工艺要求,实现一备一用的状态。在运行工况下,可实现逐台采样检测分析泄漏点,有针对性地进行切除检维修,不需要将整个系统切除停运处理,对整个气体分馏装置做到无扰动操作,丙烯产品水含量不超标。

单台换热器运行,换热面积减少663.5m^2,冷却行程减少16.5m,工艺操作上紧靠工艺指标,保证尽量低的顶冷后温度,降低丙烯水溶解度,以及提高足够的停留时间,来增加回流罐水烃分离效果;同时,对塔底热源的需求量以及回流泵流量进一步优化,也降低了塔顶负荷。

3.2 对机泵密封系统的改造

现场更改了机械密封的冲洗方案,增加一条机封冲洗线,在一级密封腔和泵入口处加一条回流线,以降低一级密封腔压力,从而降低该处温度,进而减少介质气化。

改造后观察运行半年多,在一级密封腔和泵入口处加的回流线,监测温度始终维持在30.5℃左右,改造实用性效果很好。

3.3 重沸器采用在线化学清洗

重沸器换热效果明显下降,公司组织对全厂热媒水系统进行不停车在线化学清洗处理,热媒水换热效果明显改善。

从 2023 年 5 月 20 日对热媒水系统在线化学清洗处理的效果来看，脱乙烷塔的压力从 2.565MPa 迅速拉升到 2.775MPa，上升 0.21MPa，同时，塔底液位从 62.5% 直线下降至 53.6%，液位下降了 8.9%，说明在线化学清洗效果显著，换热效率明显提升。在后续的调整中，系统各参数逐渐恢复正常操作指标。

4 结语

通过对塔顶冷却器泄露以及回流泵频繁发生机械密封泄漏等方面分析，采取相应措施，优化装置操作参数，更改机械密封的冲洗方案，增加一条机封冲洗线，以及对塔顶冷却系统进行可行性技术改造，使装置达到安、稳、长、满、优的高效运行。

参考文献

[1] 刘旭良，潘越，赵金华. 气体分馏装置降低丙烯含水量的探讨[J]. 河南化工，2012，(10)：49-50.

[2] 赵彦龙，岳军健. 气体分馏装置脱乙烷塔顶冷却器泄漏分析及对策[J]. 化学工程与装备，2020，05（75）：161-162.

[3] 马丽涛. 干气密封在气体分馏脱乙烷塔塔顶回流泵上的应用[J]. 石油化工设计，2013，30（4）：21-23.

（作者：王爱民，广西石化炼油一部，催化裂化装置操作工，特级技师；王文波，广西石化炼油一部，气体分馏装置操作工，高级技师；付冲，广西石化炼油一部，工程师；蓝玉达，广西石化炼油一部，工程师；张乐，广西石化炼油一部，催化裂化装置操作工，技师）

液化气脱硫装置碱液再生系统风险分析与措施

◆ 文 旭 王忠海 董四强 张 胜 徐海龙

广西石化的催化液化气脱硫醇装置由液化气脱硫单元和液化气脱硫醇单元组成，其中液化气脱硫醇单元包括硫醇抽提、碱液氧化再生、碱液中和等内容。该装置处理规模为 61.79×10^4 t/a。通过碱液和磺化钛氰钴催化剂将液化气中的硫醇、二氧化碳及硫化氢酸性气体脱除，使其液化气中的硫达标。硫醇被氧化成二硫化油（二硫化物油），从而再生为氢氧化钠，在实际运行过程中出现过溶剂油进入碱液再生系统事件，以及加剂过程中碱液泄漏事件，对安全生产产生了较大风险，本文针对该风险进行了详细分析并提出优化改进措施。

1 装置工艺流程简介

1.1 催化液态烃脱硫醇工艺流程说明

装置主要工艺流程如图1所示，来自催化裂化装置的液化气经过胺液洗后，脱除硫化氢和部分二氧化碳的液化气自塔顶流出后进入液化气脱硫醇部分。液化气经过过滤器去除大于 300μm 的固体颗粒。液化气经过滤后，进入一级纤维膜接触器顶部，与再生系统来的再生碱液及新鲜碱液接触，在表面张力的作用下，碱液会在纤维丝上形成一层薄膜，LPG与碱液在纤维丝上并行向下流动并进行脱硫醇反应，由于本技术脱硫反应过程中流体流动为层流而非湍流，避免了碱液夹带问题，因此本技术也解决了LPG产品的铜片腐蚀问题。所有的硫化氢和大部分硫醇被抽提到碱液内。反应后的液化气和碱液在一级硫醇抽提沉降罐中沉降分离，液化气从罐顶抽出后进入二级纤维膜反应器，液化气的产品质量可达到产品要求，总硫含量和硫醇含量指标合格。从一级纤维膜反应器底部出来的碱液进入碱液再生系统，再生后的碱液可循环使用。脱硫醇的液化气进入水洗纤维膜反应器用除盐水洗去液化气中的微量碱液，经沉降后液化气进入气体分馏装置。

1.2 碱液再生系统的工艺流程

从二级脱硫醇抽提系统来的待生碱液，通过碱液加热器加热至52℃，加热后的碱液同催化剂一起进入氧化塔底部。用于氧化的工业风从塔底注入，通过塔底分布管使工业风中的氧与待生碱液在磺化钛氰钴催化剂的作用下发生再生反应。碱液中的硫化钠被氧化成硫代硫酸钠，硫醇钠被氧化成二硫化物油，碱液得到再生。

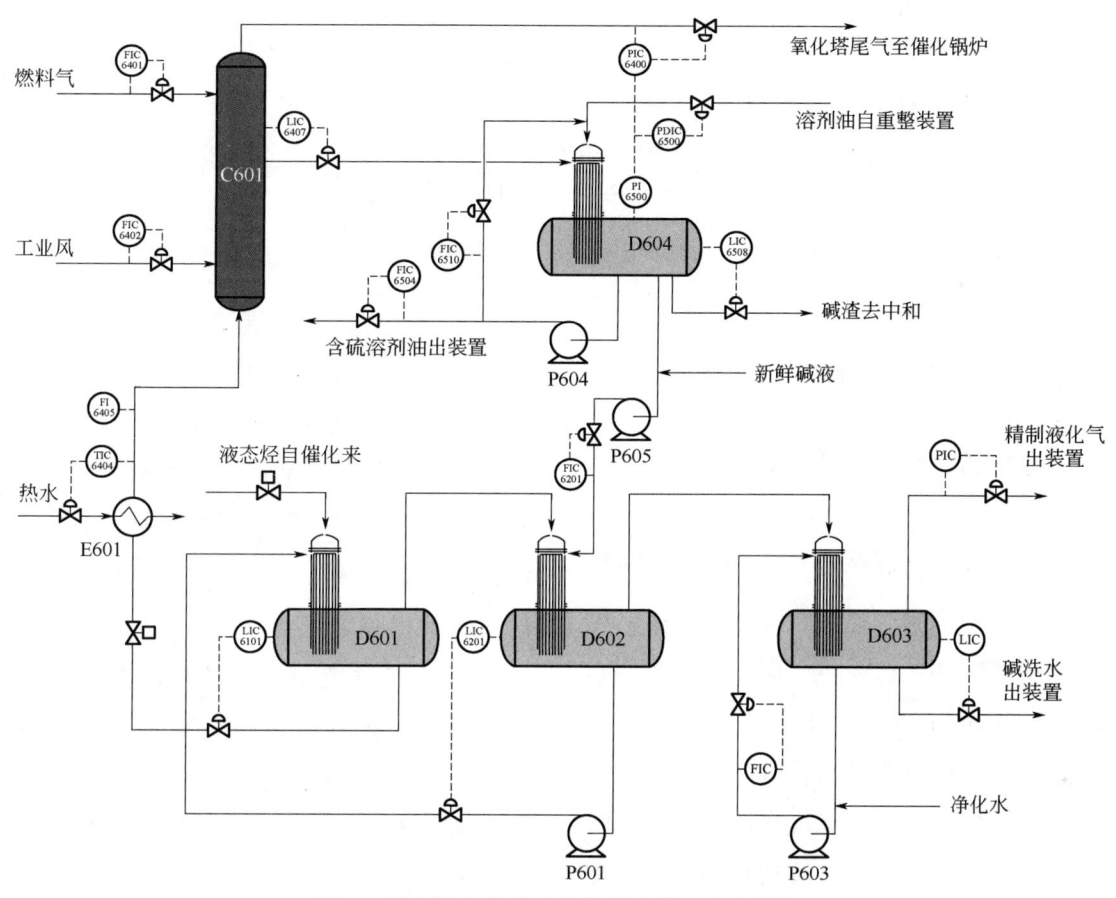

图 1 催化液态烃脱硫醇装置主要工艺流程图

碱液氧化再生反应原理如下：

$$2Na_2S + H_2O + 2O_2 \xrightarrow{催化剂} 2NaOH + Na_2S_2O_3$$

$$4RSNa + 2H_2O + O_2 \xrightarrow{催化剂} 4NaOH + 2RSSR$$

碱液、空气、二硫化物油的混合物进入氧化塔顶部进行气液分离。碱液、二硫化物油的混合物在二硫化物油重力分离器圆顶的液位控制下流出该烟囱盘，并流向二硫化物油脱除段。在纤维膜的表面催化剂碱液与溶剂油接触，使催化剂碱液中的二硫化物油被溶剂油抽提出来，两相在二硫化物抽提罐中分离，再生碱液被送回硫醇抽提系统。溶剂油循环使用，一部分含硫溶剂油送至石脑油加氢装置，同时控制抽提溶剂油的总硫含量，需连续补充少量的新鲜溶剂油。碱液氧化塔顶部通入一股 47.3m³/h 的燃料气，与塔顶气体结合，使塔及尾气管线爆炸可能性降到最低。来自氧化塔顶部的尾气流经尾气收集管，在此冷凝水和其他夹带的碱液均被除去，防止液体流向催化裂化一氧化碳焚烧炉。流程图如图 2 所示。

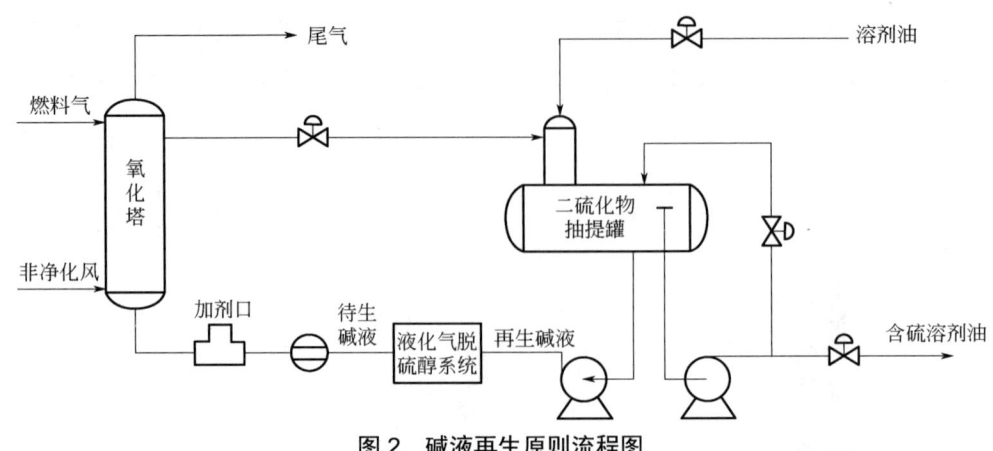

图 2　碱液再生原则流程图

2　风险分析与措施

2.1　溶剂油倒窜至氧化塔

碱液再生系统中，除了碱液氧化塔顶有气相空间缓冲外，二硫化物抽提罐上部为罐区来的精制溶剂油，下部为碱液，此罐为全液相操作，操作弹性小。碱液氧化塔和二硫化物抽提罐之间是差压控制，保证了碱液再生系统中碱液的循环，正常情况下氧化塔的再生碱液通过压差自压至二硫化物抽提罐中。当二硫化物抽提罐压力发生波动时，将影响氧化塔液位波动及碱液的正常循环，若二硫化物抽提罐的溶剂进入氧化塔，因C601容积极小，易导致氧化塔满液位，溶剂油将通过尾气线窜到催化裂化CO焚烧炉进行燃烧，造成CO炉超温，甚至烟囱着火等风险。另一方面，氧化塔液位过高，燃料气压力低，也会使碱液倒流至燃料气的单向阀上结晶，甚至堵塞管线，使燃料气进塔受阻。

当二硫化物抽提罐的溶剂油压力波动、流量波动，或者含硫溶剂油外送中断时，将很快导致此罐压力上升，这时罐的压力高于氧化塔的压力，碱液无法正常循环。应进行以下操作：(1)如果是进罐溶剂油压力波动，应及时手动关小进罐溶剂油压控制阀，或者关闭上下游一道手阀。(2)如果是含硫溶剂油外送中断，及时联系调度看后路是否憋压，检查溶剂油外送泵及含硫溶剂油外送控制阀是否正常。(3)因为氧化塔至二硫化物抽提罐之间无单向阀，氧化塔液位高后，氧化塔的液位控制阀会越开越大，反而增大了互串的风险，此时需要手动干预操作控制，取消自动控制，手动关闭液位控制器以防止溶剂油进入。后续进行风险评估，增加单向阀，避免高低压互串。

2.2　碱液灼伤

正常生产操作下，碱液再生系统每天应加入2.5L氧化催化剂（磺化钛氰钴）。加注氧化催化剂时，首先在加剂口处把待生碱液改走副线，再关闭上下游手阀，泄压后打开加注口阀门进行磺化钛氰钴加注。如果泄压不彻底，打开加注口阀门时会有碱液喷溅到皮肤上造成灼伤。由于磺化钛氰钴的加入是长期作业，每天都要进行，在安全管理中属于管线打开作业，增加了操作的风险，同时也增加了员工的劳动强度，造成工作效率低。

为解决这一难题，在磺化钛氰钴催化剂加注

口附近设立一个加注撬块，2000L 的常压储罐，配置搅拌器、液位计、计量泵，外接除盐水，每次在储罐内配比好磺化钛氰钴，用计量泵连续注入至系统中。中控人员只需关注好储罐的液位和注入量，定期安排作业人员按照比例配好氧化催化剂到储罐即可。这样既减少了员工的操作风险和劳动强度，又增加了工作效率。

3 结论

介质互串一直是装置运行中的风险点，通过综合防范，提升监控能力和应急处理能力，能够有效降低事故发生的概率，同时在突发情况下迅速控制事态，将损失降到最低，保障装置的安全稳定运行。优化现场流程不仅能有效降低介质互串的风险，还可以提升生产的连续性和稳定性，减少设备磨损和故障，从而延长设备使用寿命。此外，通过优化自动加剂系统还可以降低能源及人力的消耗，避免操作人员直接接触危险介质，减少废液排放，从而实现更环保的生产运行，为装置的长期、安全、高效运行提供坚实保障。

参考文献

[1] 王晶，于兆臣，田文君，等. 纤维膜脱硫醇工艺在广西石化公司液态烃脱硫醇装置上的应用 [J]. 石化技术与应用，2012（1）：59-63.

[2] 程红强. 纤维膜技术在液化气脱硫醇中的应用 [J]. 中国石油和化工标准与质量，2016，36（9）：107-108，110.

[3] 李庚鸿，朱振兴，胡立峰，等. 液化石油气脱硫技术研究进展 [J]. 现代化工，2022，（4）：67-71.

[4] 张永鑫. 催化液化气脱硫醇装置工艺优化研究 [J]. 化工设计通讯，2022（6）：121-123.

[5] 张满意，熊新军，刘子杰，等. 催化液态烃脱硫醇装置碱液氧化再生（REGEN）系统液（界）位控制方法探究 [J]. 化工技术与开发，2013（1）：44-46.

（作者：文旭，广西石化炼油一部，催化裂化装置操作工，高级技师；王忠海，广西石化炼油一部，催化裂化装置操作工，高级技师；董四强，广西石化炼油一部，催化裂化装置操作工，高级技师；张胜，广西石化炼油一部，催化裂化装置操作工，中级工；徐海龙，广西石化炼油一部，催化裂化装置操作工，高级工）

轻烃回收装置脱丁烷塔压降高的原因查找与处理

◆ 田永旭 李 江 李忠杰 韩云桥 王晓杰

轻烃回收装置由尾气脱硫部分、尾气吸收部分、石脑油脱丁烷部分、石脑油分离部分、液化石油气脱硫部分、液化石油气脱乙烷部分和液化石油气处理部分组成。2023年年初开始，轻烃回收装置脱丁烷塔压降出现了升高现象，处理后恢复正常，但之后又出现了压降升高现象，每次产品质量的合格率都受到影响。脱丁烷塔的主要作用是将含有轻烃的石脑油分离出粗液化石油气和稳定石脑油。塔顶液化石油气的控制指标主要是要求液化石油气在脱乙烷后C_5（及C_5+）含量满足要求。原料有自气封的加氢石脑油罐石脑油、自罐区来的不合格液化气、自连续重整装置液化气脱氯部分来的C_5馏分、自加氢裂化装置来的气提塔顶液、自石脑油加氢部分来的冷高分石脑油、自尾气液化气油吸收塔富油泵来的粗石脑油，一起进入轻烃回收，经过脱丁烷塔进料—石脑油分离塔塔底油换热器（E205）、脱丁烷塔进料—脱丁烷塔塔底油换热器（E206A/B）后进入到脱丁烷塔（C204）第20层塔盘分馏。

1 脱丁烷塔压降高的原因查找

1.1 压力表的准确性检查

脱丁烷塔共设40层塔盘，进料被分割为气体、粗液化石油气和稳定石脑油。塔顶操作压力为1.103MPa，塔顶温度为67℃，塔底采用重沸炉做热源。脱丁烷塔的压降为塔底压力与塔顶压力的差，2023年初首次发现压降升高时对全塔压力表进行了全面排查，表1为塔压力检查表，之后根据实际情况更换了使用时间长、风吹雨淋有污垢的压力表，但压力表值正常，说明第一次塔压降升高不是压力表假指示造成的。但在以后的几次压降升高中发现，塔顶压力表（远传）变化缓慢，校表后压力变化明显。所以压降高时先校表，排除仪表问题，提高操作准确度。

表1 塔压力检查表

压力表	现场情况	检查方法	处理方法
塔底压力表（就地）	正常	双压力表对比	无
塔底压力表（远传）	正常	检查零点，与就地压力表压力对比	无
塔顶压力表（就地）	表面有污垢	双压力表对比	换表
塔顶压力表（远传）	正常	检查零点，与就地压力表压力对比	换新表

1.2 回流量的检查

在2023年上半年的几次压降升高中，调节回流量对压降的变化不明显。2023年下半年发现回流量增大后塔压降上升很快，小幅调小回流量压降不会降低，只有调节回流量变量达到8t/h以上时，塔压降才开始稳定，然后下降至正常。所以现有工况下应尽量保持回流量稳定，保持压降正常。

1.3 原料及塔内情况分析

排除压力表、回流量等外部影响后，压降升高原因是塔内塔盘一层或几层压降高，浮阀没有全部打开或无法打开。轻烃回收装置脱丁烷塔压降自2023年2月份以来逐渐上涨，最高48kPa，但在2月25日轻烃回收引精制石脑油后，压降瞬间降低至25kPa，分析为进料管线带水，对塔盘冲洗造成压降降低。停精制石脑油后，压降保持正常。3月末开始又呈现上涨趋势，3月18日再次上涨至48kPa，经在脱丁烷塔进料线注水调整后，脱丁烷塔压降下降至33kPa左右。

表2 D203酸性水氯离子分析

D203酸性水氯离子		
水洗前，mg/L	水洗中，mg/L	水洗结束后4h，mg/L
61.9	1200	21.9
	3000	21.9
61.9	2400	36.4
	960	

表2为水洗前后D203酸性水氯离子分析，进料注水前D203酸性水氯离子较低，注水后氯离子升高，最高时达到3000mg/L，塔压降正常后4h氯离子大幅降低。由表2中氯离子变化可以看出塔内塔盘结盐是造成塔压降高的主要原因。通过原料分析，目前造成脱丁烷塔压降高的主要原因为不合格液化气中氯离子较高，导致塔盘结盐。

在压降上升的过程中，我们发现脱丁烷塔12层灵敏塔盘温度随压降上升缓慢下降，且难以提升，灵敏塔盘温度最大降至85℃以下，比正常操作温度小10℃。在水进入塔中后塔压降变化明显，随塔压降下降灵敏塔盘温度上升。脱丁烷塔进料经换热器加热至145℃后进入到脱丁烷塔（C204）第20层塔盘分馏，正常操作灵敏塔盘温度为95℃上下，而NH_4^+在温度100~116℃工况下容易与Cl^-形成NH_4Cl结晶，所以认为脱丁烷塔胺盐结晶堵塞塔盘为13~19层塔盘。水冲洗时进水后塔压降快速下降，表明堵塞塔盘离进料位置较近；冲洗后10h重整装置发现原料含有铵盐颗粒，表明没有溶解铵盐颗粒随塔盘液相进入塔底产品中，所以塔盘堵塞较为严重的为17层、18层塔盘。

2 脱丁烷塔压降高解决方法

2.1 原料中的盐处理方法

通过增设临时注水线对重整来不合格液化

气及脱丁烷塔水洗，减少液化气中氯离子含量，降低脱丁烷塔结盐的风险。增设胺液分离罐注水泵P218B出口至SR204B出口注水流程，把不合格液化气引入M204前，除盐水通过P218B注入M204，油水分离，洗后液化气进入脱丁烷塔，水排入酸性水管网，达到了给原料水洗的目的，图1为脱丁烷塔原料水洗方案。

2.2 脱丁烷塔盐冲洗方法

定期对脱丁烷塔进行间歇性水洗，降低压降，保证液化气产品合格。在液化气水洗流程中，关闭M204排水阀，注水随液化气进入原料流程，达到了给原料线注水冲洗脱丁烷塔的目的。

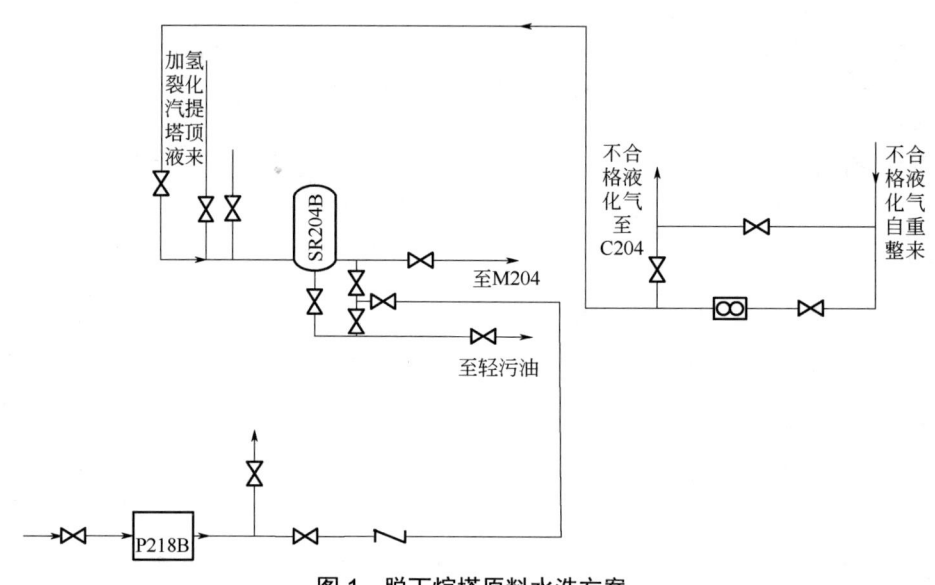

图1 脱丁烷塔原料水洗方案

3 总结

轻烃回收装置脱丁烷塔压降升高，严重影响产品质量的合格率。通过以上方法，可以降低脱丁烷塔结盐的风险，降低压降，保证液化气产品的合格率。

（作者：田永旭，广西石化生产一部，常减压装置操作工，高级技师；李江，广西石化生产一部，常减压装置操作工，高级技师；李忠杰，广西石化生产一部，常减压装置操作工，高级技师；韩云桥，广西石化生产一部，常减压装置操作工，技师；王晓杰，广西石化生产一部，常减压装置操作工，高级工）

丁二烯系统防自聚在设计阶段的几点优化措施

◆ 史　明　刘宏吉　王　薇　车良军　马天翼

丁二烯是一种常见的人工合成的无色气体，气味有刺激性，几乎不溶于水，可溶于部分有机溶剂。丁二烯性质极其活泼，不仅能在液相中聚合，形成二聚物、橡胶状自聚物、过氧化物和过氧化自聚物，气相丁二烯还能在有氧环境中聚合生成端基聚合物。丁二烯自聚物在高温下易燃，自聚物在生产过程中经常发生堵塞管道、阀门等现象，导致设备存在超温、超压的危险。通过在设计阶段总结前期生产经验，采取一些可行的优化措施，保证丁二烯精馏系统长周期安全平稳运行。

1 丁二烯自聚物的产生

氧气、水和铁锈是丁二烯过氧化物产生的三大必要条件。根据丁二烯自聚物的形成机理，丁二烯自聚物的产生除丁二烯二聚物外，都需要有氧气的存在。根据丁二烯过氧化物的分解反应原理，水和铁锈促进了过氧化物的分解反应，导致过氧自由基的形成，所以过氧化物分解的催化剂可以用水和铁锈加快反应进度。因此，彻底清除或尽可能降低丁二烯系统中氧气、水和铁锈的含量，是避免丁二烯因自聚物堵塞导致停工的治本之策。

根据丁二烯自聚物的反应机理并结合实际生产情况，可以将系统内丁二烯自聚的主要原因归纳为两类：系统杂质原因和系统构造原因。

1.1 系统杂质原因

对丁二烯系统检修及日常清理时发现的自聚物进行检查，可以确定主要是端聚物（爆米花状聚合物）。此类自聚物产生的主要原因为丁二烯系统中的氧气和铁锈。

氧气由外部环境通过设备、管线、阀门、仪表的连接法兰或本体密封点向系统渗入，与丁二烯反应生成丁二烯过氧化物。

设备及管线内部长期使用过程中，在氧气和水的作用下产生铁锈，其与丁二烯过氧化物反应生成活性自由基，活性自由基与丁二烯分子继续反应生成爆米花状端基聚合物。

1.2 系统构造原因

丁二烯系统检修时自聚物主要集中在换热器

封头倒淋、塔顶安全阀及管线、换热器折流板（丁二烯走壳程）等盲端死角处。因为系统内丁二烯在这些位置流动性差，长时间停留容易形成自聚物并进一步成为"活性中心"，加速了自聚物的生成，造成自聚物在这些位置积累。

2 优化措施

2.1 系统流程优化设计

（1）通过优化设计，合理缩短丁二烯系统流程，降低系统含氧量。如通过流程改进和功能优化，将进料罐和回流罐合并使用，减少设备静密封点、管路法兰连接点，以及阀门泄漏点，防止氧气进入，在系统内积累。

（2）对系统盲端管线要特殊考虑，特别是安全阀进出口管线。安全阀进出口管线是自聚物堆积的重点区域，即使引入粗丁二烯对丁二烯易聚集的部位进行冲洗，也会由于冲洗量的波动和冲洗部位的死角而无法达到冲洗的目的。长期不彻底的处理，势必造成自聚物堆积，影响丁二烯系统的使用周期。特别是塔顶安全阀的安装位置选择，此处安全阀在设计时可通过塔顶采出线，移至精制框架处，既便于人员检查处理，通过安全阀压力及时判断阀内自聚物情况，又能够稳定冲洗量，防止由于泵流量不够而造成冲洗不到位等情况发生。

（3）丁二烯采出换热器选用立式。丁二烯系统气相采出换热器因为设计理念不同，国内和国外有很大差别，国外的设计一般丁二烯的气相走壳程，冷却水走管程。国内设计院根据现场实际情况，对流程进行了优化和改进，将采出丁二烯走管程，冷却水走壳程，通过加大丁二烯流速和减小气相空间体积减少自聚物的产生和堆积。在此基础上，通过流程模拟和计算，对换热器形式进行了进一步升级和优化，采用旋转折流板立式换热器，可以减少封头的死角，同时让丁二烯自聚物在没有自聚变大前随流体进入下一流程，中部干丁二烯设置U形弯，避免自聚物进入干丁二烯系统，防止因自聚物堆积堵塞导致换热器被迫停车的情况发生。

2.2 降低系统中氧含量

（1）通过优化设计减少系统各密封点的氧气渗透。工业中生产丁二烯的装置均为密闭的内压系统，理论上大气中的氧进入系统的可能性很小。不过，有一种观点认为，根据浓度扩散的原理，空气可以通过设备连接处的法兰口密封面沿表面的边缘进入系统，尤其是密封泄露处含氧量更高，氧气窜入会更多。因此，丁二烯设备法兰口选用的法兰垫片必须保持高度的完好性，以减少氧气进入。故丁二烯系统必须选用完好的石墨缠绕垫片或包覆石墨的波纹垫片，并将法兰接口在设计阶段尽可能减少。此外，还应尽量减少阀门的使用，在能满足停车倒空隔离要求的前提下，优化阀门数量，减少因阀门、法兰等泄漏引起的系统含氧量增加的情况。

（2）阀门选择需谨慎。在丁二烯和苯乙烯生产过程中应重点关注阀座材料对丁二烯聚合物的影响，如特氟隆材料因其本身具有耐化学性而在大多数化工装置中得到成功应用，但已证实由于材料多孔性，特氟隆不适用于丁二烯和苯乙烯装置。由于丁二烯黏度太低，很容易渗透到特氟隆的分子结构中并产生微小气泡，这些微小气泡在有氧环境下时能够发生膨胀，就会产生米粒状的端基聚合物，这就是所谓的"爆米花状高分子聚合物"。

（3）加强系统氧含量检测，及时排除氧气。目前，国家法规已强制要求各丁二烯生产装置需设置在线含氧量监测设备，监测设备可实时掌握系统含氧量数据。但在线含氧量检测设备在生产、储存过程中安装的部位并不具有代表性，从而影响检测数据的准确性。广西石化装置配套的丁二烯精馏系统采用先进的氧含量检测与外排设施，通过实时监测气相丁二烯氧含量数值，自动开启、关闭泄放阀，控制系统氧含量在安全范围以内。

2.3 防止物料在死角处长期积累

（1）设计阶段应通过流程优化尽量减少放空口、放净口、法兰接头、法兰接口，设备入孔等的数量。同时，也要减少日常作业中不涉及的预留管线数量，将导淋、甩头等临时接口尽可能减少。在设备和管道中常见的盲端或低流量区域内，物料的流动性明显降低，甚至处于静止状态，积聚的丁二烯氧化后自聚，在系统中与铁锈和水发生化学反应分解，产生游离基团，最终生成丁二烯端基聚合物，不断累积后使管道堵塞。如果系统管道中的盲端区域无法避免，就必须采取特殊处理措施，比如通过冲洗、放净、隔离、检查等方式，减少丁二烯端聚物堆积。

（2）设计仪表时需考虑尽量减少死角和将不流动的丁二烯管线中的物料量减少到最低。仪表膜盒等部位是产生端聚物的常见区域，这是由于仪表测量区域过程介质通常不流动，许多仪表连接处提供了空气进入的机会。压力与液位控制系统应考虑使用没有死区的传感器，尽可能使测量元件与物料接触减少。特别是易堵塞或泄漏高风险区域应考虑采用衬垫法兰，同时选用合适的仪表避免产生死区。同时可以增加丁二烯冲洗过程，借助引入的流体增加扰动，防止在此处产生自聚物。

（3）优化流程在生产运行中对设备和管道上的"盲端""死角"等部位，定期或不定期采取强制性的物料流动措施进行扰动。其中，安全阀入口、管线高处的测压点和精制系统的热交换器是物料自聚的高风险区域，特别要防止在这些区域产生端聚物和结垢。一般的结垢就会影响安全阀的泄放能力，所以在安全阀前安装爆破片，定期切换调节阀的副线、备用机泵和热交换器，保证进出管线等的畅通。在具体设计阶段可综合考虑多种防控技术并用，以达到最佳的防自聚效果。如定期或不定期用氮气、粗丁二烯或阻聚剂对进料管线进行冲洗；尽量将爆破片安装在容器、管线的管口根部，消除丁二烯在安全阀入口管线中形成的盲端，并采取在爆破片上游加阻聚剂含量较高的粗丁二烯冲洗进行扰动等措施。

3 总结

丁二烯作为一种活泼的二烯烃，容易自聚产生危险物质，设计时应充分考虑流程优化。本文探讨了丁二烯系统在设计阶段防止自聚的几点优化措施，旨在降低丁二烯系统风险，保障生产安全，延长丁二烯系统运行周期。

（作者：史明，广西石化PMT4，工程师；刘宏吉，广西石化PMT4，工程师；王薇，独山子石化研究院，高级主管；车良军，广西石化公用工程部，工程师；马天翼，广西石化PMT4，工程师）

UNIVATION 聚乙烯 PDS 系统阀门常见故障及运行优化对策

◆ 王雪枫 朱 靖 王 旭 陈秦君 莫少帅

聚乙烯是如今常见的塑料产品之一，市场竞争激烈，装置长周期运行可以有效降低生产成本，提升市场竞争力。影响装置长周期运行的主要因素之一就是产品排料系统（Products Discharge System，简称 PDS）中产品排料阀（PDS 阀）的运行，采取正确的处理措施可以有效减少 PDS 阀门的故障，增加装置长周期运行时间。

1 PDS 系统简介

1.1 PDS 系统简要流程

UNIVATION 公司的 UNIPOL 气相法聚乙烯专利技术是目前聚乙烯装置常见的气相流化床工艺，该工艺主要由精制系统、反应系统、脱气系统、回收系统、挤压造粒系统、风送系统和包装系统等组成。该工艺的核心是反应系统，反应系统就是精制后的原料与催化剂在反应器中反应生成聚乙烯粉末产品，产品通过排料系统送至脱气系统。排料系统一般配备两条排料线，每条排料线都有 1 个产品接收罐（PC 罐）和 1 个产品吹出罐（PBT 罐），排料线可以交替运行，也可以独立运行。排料系统主要流程是反应器的床高和床重达到一定要求，且维持时间也满足条件后，反应器就可以开始排料至 PC 罐，然后到 PBT 罐，最后送至脱气仓。排料系统流程如图 1 所示。

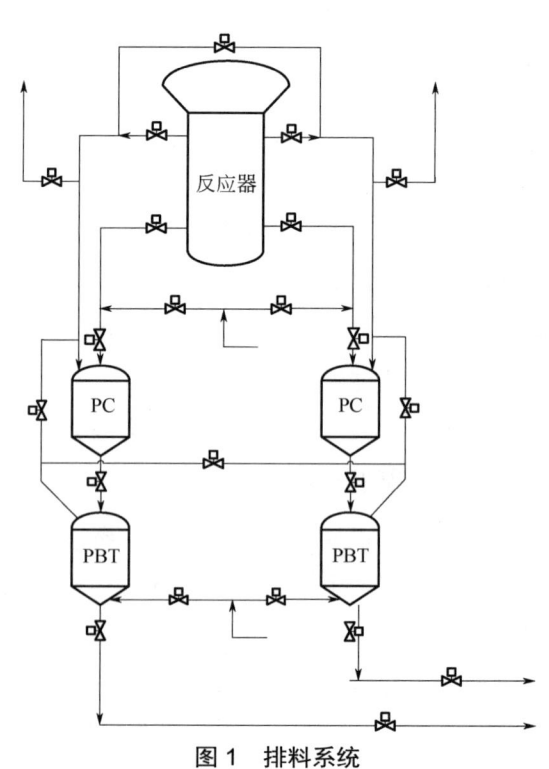

图 1 排料系统

1.2 PDS 系统工况特点

排料系统交替运行时,两条线之间的 PC 罐和 PBT 罐会通过交叉阀平衡压力,排料系统单线运行时,气体排至脱气仓。装置正常运行期间,通过交叉阀平衡压力可以有效降低产品单耗,减少生产成本。

排料系统中的介质为聚乙烯粉料和循环气,在催化剂活性过高、反应器内粉料流化不好、反应器中静电高等情况下,反应生成的产品可能会出现块状料、棒料和细粉料,块料尺寸过大时,会堵塞出料管线,导致 PDS 系统排料效率低或者失效。PDS 系统阀门为球阀,其开关速度快,固体物料在高压差的作用下会冲刷阀体和阀芯,阀门开关频率高,每小时开关 25~30 次,且要求防止乙烯等可燃气体泄漏,因此密封要求高。阀门故障会直接导致排料系统停止运行,反应系统停车,操作风险及经济损失较大。

2 PDS 阀常见故障及处理方法

(1) 阀腔、阀座腔、轴承腔物料堆积导致阀门卡涩:更换备用阀门,送维修单位清理内部物料。

(2) 阀杆断裂:①改进操作,不可用力过大;②选择合适材料,装配公差符合要求;③更换备用阀门,送维修单位更换阀杆;④检查限位装置,检查过力矩保护装置。

(3) 阀座变形、刮刀失效导致内漏:更换备用阀门,送维修单位更换阀座、刮刀。

(4) 阀门不动作:①检查驱动机构气源是否被关闭;②检查驱动机构是否存在异常漏气;③检查减压阀处设定压力是否在 0.45~0.5MPa,如果偏低可能不动作;④观察驱动机构开关指示开关与阀杆动作是否一致;⑤联系仪表人员拆卸气缸进出口风线,测试电磁阀能否正常开关。

(5) 阀球、阀杆部位金属黏结、磨损从而导致阀门开关卡涩甚至卡死:更换备用阀门,损坏阀门送检修单位。

(6) 阀球磨损导致内漏:更换备用阀门。

(7) 阀座磨损导致内漏:①改进操作,重新开启或关闭;②阀门解体,阀芯、阀座密封面重新研磨;③调整阀芯与阀杆间隙或更换阀瓣;④阀门解体,消除卡涩;⑤重新更换或堆焊密封圈;⑥更换备用阀门。

(8) 阀门开关角度不正确导致内漏:①现场观察驱动机构的开关角度是否到位,排除仪表故障;②对于驱动机构有调整限位的阀门,检查调整限位的位置是否变化;③检查减压阀压力是否设定正确;④如果使用带有弹簧的驱动机构,通过开关速度判断弹簧是否损坏;⑤开关几次判断是否卡料。

(9) 填料泄漏导致外漏:①正确选择填料;②检查并调整填料压盖,防止压偏;③按正确的方法加装填料;④修理或更换阀杆;⑤停止阀门自动动作后,紧固填料。

(10) 静密封点泄漏导致泄漏:紧固静密封点处螺栓观察阀门动作,如果消除泄漏且阀门动作无变化可以继续使用,如果出现动作变慢则需要更换阀门。

3 长周期运行优化对策

3.1 反应器冷凝率影响及优化

气相流化床工艺由于利用循环气的显热带走反应热,反应器的撤热能力很低,使生产受到了限制,反应器体积也很大。为克服这一弊端,在循环气中加入一定含量的液体,利用液体在反应器内蒸发所吸收的蒸发潜热带走反应热。为保证安全稳定操作，循环气中的液体含量应控制在10%左右，可提高生产能力60%。通过增加液体在循环气中的含量（含量超过10%），生产能力可提高200%以上，该技术被称为"超冷凝"操作。目前国内大多数气相流化床工艺聚乙烯装置采用循环气中凝液为5%～20%。液相原料会随着产品排料至排料系统，然后在排料系统中气化，排料系统内压力升高，导致排料系统交叉阀打开时间增加，甚至会扰乱排料系统整体排料时间直至排料系统不能正常工作。为了保证反应器内冷凝量保持在一定范围内，可以略微地提高一点反应器温度。

3.2 PDS 运行方式及阀门设定时间的优化

PDS 阀门的设定时间是 PDS 系统控制的关键参数，也是影响 PDS 出料效率的关键参数之一，可以通过装置长时间运行摸索出阀门合适的设定时间。

实际生产过程中，过于宽松的时间设定可以满足 PDS 系统的基本运转，却会使 PDS 系统的效率和负荷下降。随着装置系统的长时间运行，阀门会因为各种原因发生一定的泄漏和损坏，增加操作和维护的难度。当反应器工况或 PDS 系统工况发生变化时，PDS 系统的设定时间一般也会随着变化调整，设定时间不存在不变的情况。

3.3 阀门材质选择及维护

随着装置的生产规模增大，且需要频繁切换牌号以适应市场竞争的需要，因此，对 PDS 阀门的要求越来越高，建议 PDS 阀门升级为金属密封，并将气缸升级为扇形气缸，以适应长周期生产的需要。由于 PDS 阀门的重要性，又属于特种阀门，一般供货周期长，在日常生产中，一定要有充足的备件。为了减少库存又能满足生产需要，建议每种尺寸的阀体备用 1 台，每种类型的气缸备用 1 个，备用单条 PDS 线的全部阀门的维修包各 1 套。生产中某个 PDS 阀门故障，可以先更换备用的阀体尽快恢复生产，将下线的故障阀用备用的维修包将其维修好并处于备用状态，同时补充消耗的备件。在 PDS 阀门的解体维修时，一定要严格按照厂家的要求维修，提高维修质量。每次 PDS 阀门的检修都做好记录，包括维修下线日期、维修内容、阀门的状况等。对每台 PDS 阀门的运行状况做到心中有数。

4 结论

聚乙烯装置产能不断提升，对装置长周期稳定运行提出了更高的要求，也对装置的日常操作和维护进一步细化。PDS 系统不断升级发展，操作人员需要及时掌握系统操作和维护要点。在生产过程中，操作人员应不断总结经验做法，优化反应参数，改进 PDS 系统操作，及时适当处理各种故障。

(作者：王雪枫，广西石化 PMT3，聚乙烯装置操作工，高级技师；朱靖，广西石化生产准备部，工程师；王旭，广西石化 PMT3，聚乙烯装置操作工，高级工；陈秦君，广西石化 PMT3，聚乙烯装置操作工，技师；莫少帅，广西石化 PMT3，聚乙烯装置操作工，技师）

重整还原段电加热器跳停原因分析及对策

◆ 潘 博　康文元　杨宏涛　赵刚刚　张敏超

某炼厂 $220×10^4$ t/a 连续催化重整装置采用美国 UOP 公司专利技术，使用上游轻烃回收装置提供的精制石脑油为原料生产高辛烷值汽油组分，同时还副产含氢气体、C_5 组分（液化气）等产品。重整反应部分采用 UOP 超低压连续重整工艺，反应器为 2+2 布置。催化剂再生部分采用 UOP 第三代催化剂 CycleMax 再生工艺，其中再生催化剂还原为低温和高温两段还原，两个电加热器 F201 与 F202 进行高温加热。UOP 第三代 CycleMax 再生艺克服了以往设备材料要求高、工艺流程复杂，以及需要专门的高纯氢还原的难题。

1 电加热器 F201 两次跳车

重整第一反应器 R101 上部还原段电加热器 F201 如图 1 所示，经 F201 加热后氢气部分至 F202 继续加热，其余至还原区上部区域，经 F202 加热后氢气至还原段下部区域。F201 发生过两次非正常跳车。第一次发生在 2020 年 9 月 30 日，检查未发现问题，重新开启运行正常。第二次发生在 2020 年 10 月 17 日，检查发现触控面板出现故障，在更换触控面板后恢复升温。第一次停机可能是工艺条件引起，因瞬间流量无法记录并且很快恢复正常，原因有待确认。第二次停机确定为设备本身故障造成。

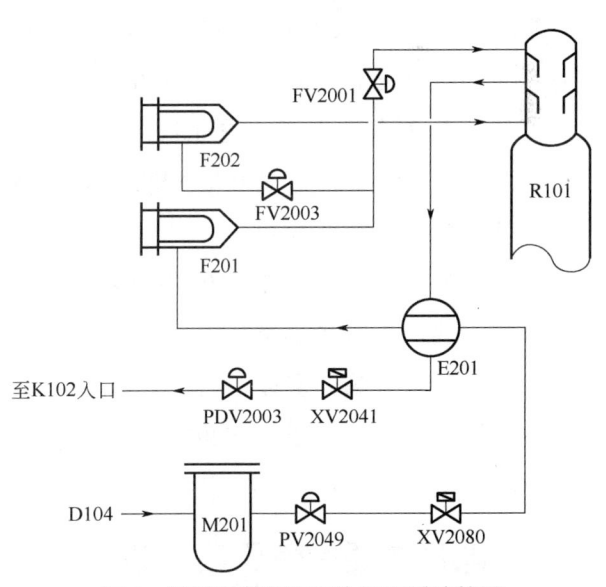

图 1 连续重整催化再生还原系统简图

在 F201 第一次跳停和第二次跳停期间，电加热器 F202 入口流量 FIC2003 从 2300 m^3/h 骤降至1300m³/h，F202流量波动引起F201流量也在大幅度波动。通过现场敲击阀体后流量可恢复，后续又出现多次流量波动，用同样方法解决。根据上述的现象和分析结果，初步判断管道或加热器内存在异物导致流量骤降的可能性较大。9月30日的跳停可能是工艺联锁造成。

电加热器F201工艺联锁满足以下任意条件则造成停机：

（1）F201管束元件温度大于750℃。
（2）F201入口氢气流量小于1920m³/h停机。

2 电加热器第二次跳停后的处理过程

2020年10月17日F201跳停后，在更换触控面板后电升温过程中又发生跳停，设备专业对流量控制阀FV2003及单向阀下拆检查，管线内均无异物，阀门解体检查也无异物。回装调试控制阀FV2003及单向阀合格，在升温过程中电加热器F201流量低，报警触发停机。现场敲击阀体后流量恢复正常。组织工艺、设备、电气及维修保运部相关人员到现场进行联合诊断分析后，决定将两台电加热器F201、F202和控制阀FV2003阀体及孔板下线检查。

拆解后在F202入口、FV2003阀体和孔板发现少量焦炭块，在电加热器F201管束末端发现较多焦块，管束有部分烧坏。判定F202入口和FV2003阀体的炭块来都来自F201。焦炭化验分析结果显示含碳量为93.5%。

3 电加热器跳停原因分析

3.1 电加热器内部和控制阀存在炭块

重整氢气冷后的氢气纯度在90.8%左右，C_4^+烃类平均含量为0.81%，偶有C_4^+含量超过1.0%。C_4^+大分子烃类为结焦的前身物质，高温环境下会发生裂解，裂解产物长期附着在电加热器管束上形成焦炭。在升温过程中管束热胀冷缩，来自F201内部的焦炭块脱落卡在电加热器F202入口和控制阀FV2003阀体处，通过敲击震动可以在短时间恢复，如果遇到较大的炭块，敲击则没有效果。存在的炭块是发生流量波动从而使电加热器跳停的直接原因。

3.2 还原氢气存在带液体烃类可能会产生炭块

还原氢气进入还原段前先经过聚结器M201脱液，以防止氢气带入液体，或因为氢气温度高带入烃类，因此氢气进入还原段前尽可能降低温度并进行脱液。2018年更换电加热器管束至今，丙烷压缩机制冷系统K103有两次异常停机，一次在2019年1月10日，因为系统程序故障造成，另外一次发生在2020年1月11日，因为润滑油压力低造成。两次的异常停机会造成冷后温度大幅增加30℃左右，两个再接触段氢气与油气分离效果不好，会造成氢气夹带液态烃，这些液态烃在高温下发生分解产生炭，还会造成还原氢纯度低，纯度从99%降低至94%，甚至更低。电加热器结焦，这是导致跳车发生的根本原因。

4 电加热器结焦的原因

4.1 电加热器相关参数无明显异常变化

结合行业同类装置电加热器结焦的情况，电加热器结焦的现象主要有两个：

（1）在电加热器出口温度相同的情况下，随着管束结焦的加剧，电加热器功率会逐渐增加。
（2）在加热器管束表面设有热电偶，在结焦的情况下表面温度会增加。但经过对比往年历史数据分析，F201/F202的功率及两个表面热电偶温度均无明显的增加。

4.2 电加热器F201管束结焦位置不在表面热电偶探测范围之内

管束结焦的位置在管束末端内部，而热电偶设置的位置在管束最外侧，因此未能有效监测出加热器内部结焦的情况。F201现场拆检发现在管束末端中心位置出现焦块，部分已经脱落在管束固定格网上，中心位置部分管束已经损坏。

5 整改措施及建议

（1）如图2所示，增加PSA1高纯氢至还原段流程，当还原氢使用重整生成氢时，适当掺入PSA1的高纯氢，提高氢气纯度，从源头上降低管束结焦的风险。

（2）加强对丙烷压缩级制冷系统运行的管控，保证氢气温度在10℃以下，当制冷系统异常停时，增加还原氢中的高纯氢比例，减少重整氢携带的C_4^+烃类进入还原段电加热器，或者全部改为PSA1高纯氢。

6 结论

采取以上措施后，没有再出现氢气流量波动和电加热器跳停情况。判定为电加热器上的积炭主要是因为还原氢中C_5^+烃类造成的，在高温条件下可能会发生氢解反应，使氢气纯度下降，严重时下降10%～20%，不仅降低了还原反应速率，其产生的积炭会覆盖在电加热器上，长时间积累就会导致炭块越来越多，致使氢气流量下降，这是造成电加热器跳停的主要原因。因此在优化操作上，主要是提高还原氢的纯度，另外还要尽可能减少还原氢中的C_4^+等重组分，可有效减少电加热器上的积炭。

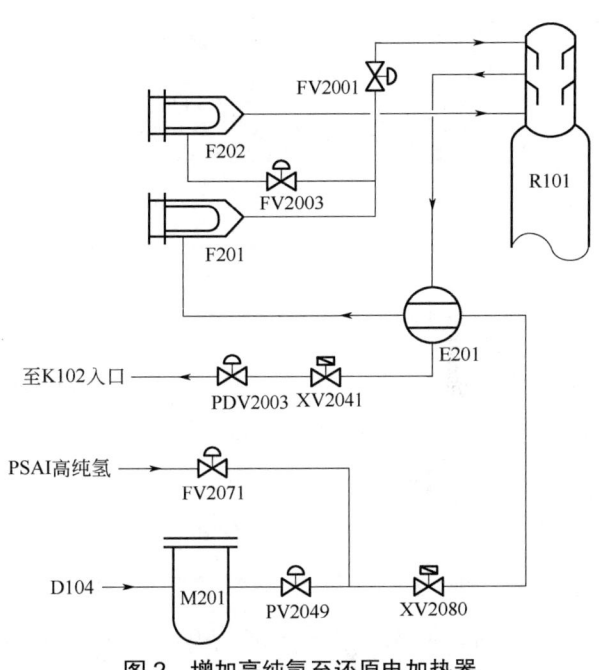

图2 增加高纯氢至还原电加热器

（作者：潘博，广西石化炼油二部，重整装置操作工，高级技师；康文元，广西石化炼油二部，工程师；杨宏涛，广西石化炼油二部，工程师；赵刚刚，广西石化炼油二部，重整装置操作工，高级技师；张敏超，广西石化炼油二部，重整装置操作工，技师）

聚丙烯给电子体流量波动原因分析及处理

◆ 毛东辉　张海涛　刘　洋　宋寿亮　周铜峰

聚丙烯（PP）为当今世界上产量最大的合成树脂之一，具有机械性能优异、热稳定性高、无毒、绝缘、耐腐蚀、可循环再利用等优点，已被广泛应用于工业农业、医疗卫生、食品包装，日常生活等领域。聚丙烯的催化剂体系主要包括主催化剂、给电子体和三乙基铝，其中给电子体（DONOR）作为聚合过程的助催化剂与高效催化剂结合，用来控制产品的等规度，主要用作主催化剂的定向引发剂，控制产品的空间结构形式。给电子体加入量不足，导致聚合物中含有大量的无规聚合物，影响产品质量。高黏度的无规物易堵塞设备和管道，对设备检维修造成一定的困难，所以在正常生产中，一定要保证给电子体流量的稳定。

近期，某聚丙烯装置给电子体流量出现一个异常现象，在串级控制状态下，给电子体流量呈周期性"跳跃"现象如图1所示，幅度最大约0.1kg。正常生产加入量1kg/h，10%的波动较大。

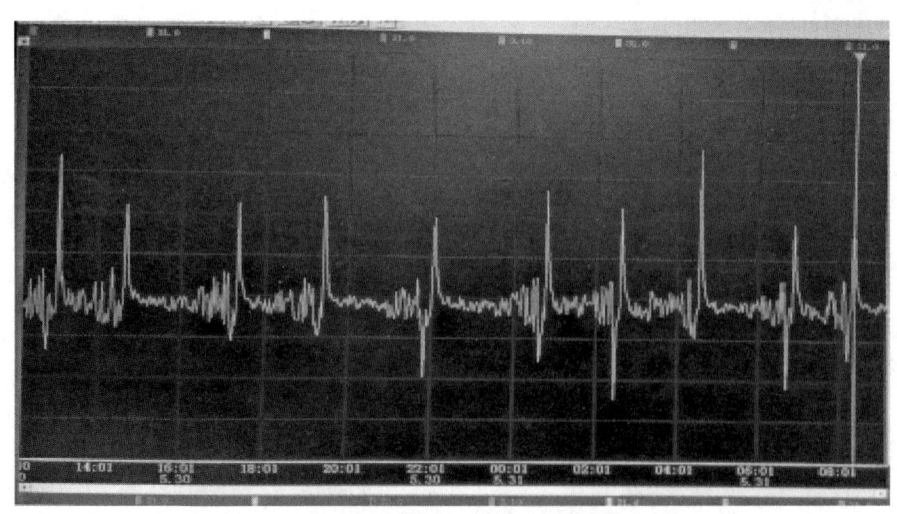

图1　周期性"跳跃"现象

1 原因分析及处理过程

聚丙烯给电子体工艺流程如图2所示，配置好后的给电子体在罐内经过10min的氮气鼓泡，脱除残余的湿气和氧气，经过泵入口过滤器过滤，进入给电子体泵，升压到3.4MPa，计量后在液相丙烯的输送下一起进入循环气管线，最终进入流化床反应器。针对这个"怪异"现象，从工艺、设备、电气、仪表等四个方面进行分析。

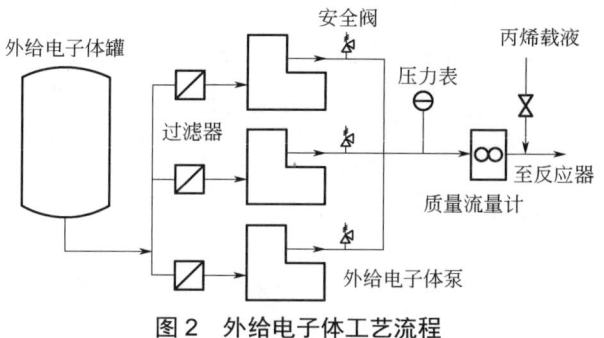

图2 外给电子体工艺流程

1.1 工艺方面

在DCS解除串级控制改为手动，输出保持不变，流量波动较小，但还是逐渐降低，约1h后，流量突然上升，然后又逐渐下降，如图3所示。

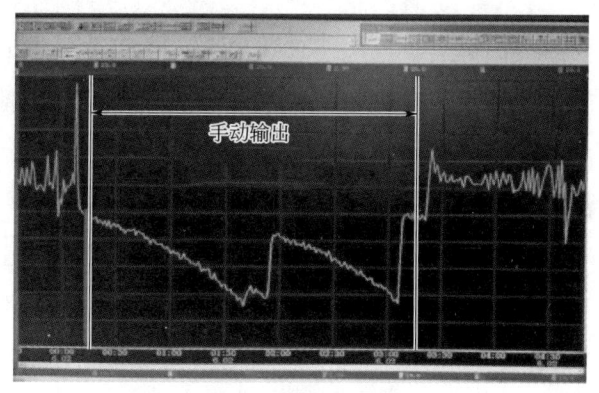

图3 流量变化图

在整个流量波动期间，泵出口压力一直都是平稳的。通过对控制器的PID参数进行调整，流量趋势有所改善，但是仍然不能完全避免这种突然"跳跃"现象，重新对现场流程进行梳理。

（1）调节给电子体罐氮封减压阀压力，稳定在设计要求的34～45kPa。

（2）在泵入口安装就地压力表，显示60～70kPa，用来检验是否因为入口压力不足导致泵不上量（计量泵要求入口压力不低于36kPa）。

（3）更换泵入口2个过滤器滤芯，确保滤网清洁无杂质。

（4）关掉给电子体液相输送丙烯阀门和泵出口安全阀阀门，减小由于丙烯压力波动或安全阀微小泄漏，对给电子体流量的影响。

（5）检查给电子体罐体和管线电伴热，给电子体管线伴热带设定是50℃，实际显示34℃，罐体伴热设定45℃，实际显示25℃。由于电伴热温度检测热电偶和工艺管线贴合不好，造成设定温度和实际显示温度温差较大，但给电子体流量计显示介质温度为30～37℃，符合给电子体对温度的要求。

（6）在新配置给电子体时，增加氮气鼓泡的时间，从10min调整到30min，尽量除去内部可能残存的湿气。通过几天时间对这些参数的调整，从实际效果看，给电子体流量波动的现象没有得到改善。

1.2 电气和仪表

电气和仪表涉及DCS信号到电气的输入输出，通过以下几方面进行分析处理。

（1）泵出口流量计和口压力表指示是否准确。

（2）DCS控制器输出到电气的4～20mA信号是否稳定。

（3）电气变频器输出到电机的频率信号是否稳定。

（4）电机的转数是否稳定。

(5) 给电子体泵变频器参数。

1.2.1 泵出口流量计

聚丙烯给电子体采用美国艾默生 Micro motion 科里奥利高准流量计，这种流量计不受流体温度、压力、密度或黏度变化的影响，能提供准确可靠的质量流量计量。这种流量计出现故障的概率非常低，如工艺管线未充满或有气体，也会导致流量波动。从流量波动的趋势看，可以排除内部存在气体的原因。

此流量计采用全封闭结构，在大检修期间标定过，流量计的安装形式也符合安装要求。计量站人员对流量计内部的设定参数进行检查，参数设定正常，变送器的检测信号到DCS机柜间的传输也是稳定的。给电子体工艺管线设计没有流量计跨线，不能在线更换同型号流量计。

1.2.2 泵出口压力表

仪表专业，对三个泵的三块出口压力表的变送器重新调试，完全放空后压力显示"0"，投用后压力上升平稳，响应很快，三块压力变送器正常。

1.2.3 DCS 控制器输出信号

将给电子体泵和电机的联轴节断开（不带负载），在机柜间串入电流表，如表1所示。

表 1 电气参数

时间	DCS 输出	机柜间电流表显示电流 mA	变频器显示电流 mA	电机转数 r/min
10:00	50%	12.10	12.15	765
11:00	50%	12.11	12.16	766

测试1h，机柜间电流信号、变频器电流、电机转数稳定，说明电机在不带负荷情况下运转平稳。

1.2.4 给电子体流量变化

如表2所示，手动输出不变的情况下，给电子流量0.5h降低0.15kg，电机转数有较小波动，这种转数波动和流量降低是不成比例的（大致推算出电机转数差10转，影响流量为0.02kg），也就是说电机转数基本不变的情况下流量降低了约0.15kg。

表 2 电机参数

时间	位号	DCS 手动输出 MV	流量 kg/h	电机转数 r/min
14:30	G4063	67%	2.37	1041
14:45	G4063	67%	2.28	1033
15:00	G4063	67%	2.22	1031

1.2.5 给电子体泵变频器参数的设定

与给电子体泵配套的变频器，是美国ABB公司的ACS355变频器，电气专业对变频器中将近400个参数点一一和说明书对比，严格按照说明书规定的设定，对于常用的20多个参数的设置，也经过和供应商交流后设定，确保变频器运行过程的稳定。

1.3 设备方面

聚丙烯装置给电子体进料泵，采用美国帕斯菲达880液压变频双隔膜泵，在大检修时，设备专门更换了泵的出入口单向阀和膜片，并更换新油。有过前期大量工作做基础，再与厂家工程师和维保人员交流，初步将问题锁定在泵的液压驱动三阀系统（液压补充阀、液压旁通阀、自动泄放阀）。

1.3.1 三阀系统原理

液压补充阀的作用，是在泵的每一次排出冲程，都会有极少的油通过柱塞密封和自动泄放阀而丢失。这就会使得每一次吸入冲程时隔膜被拉回得更远。此时液压系统内压力变为负压，液压补充阀使得油进入系统。液压旁通阀的作用是使泵可以免受太高的液压，超过设定压力自动排放。自动泄放阀是一个依靠重力运行的球形止回阀，其设计是用来从液压系统脱除气体。在每次排出冲程上，排出聚集的任何气体。液压补油阀在出厂时设定为 $0.51kg/cm^2$，如果液压补充阀设定压力降低，会导致液压系统内溶解的空气溢出溶液并产生气泡，这些气泡积压并导致生产能力降低。

1.3.2 调整方法

拆除液压补油阀、液压旁通阀、自动泄放阀检查、清洗，多次调整液压补油阀的开启压力设定值，经过多次的调试比对，回装启泵运行，流量非常稳定。通过三阀的工作原理可以知道，随着设备长周期运行，设备的老化、密封的泄漏、弹簧的疲劳等原因，都会导致原始工况的改变，三阀在整改液压驱动系统是相互协调运转的，任何一处有问题都会影响泵运行的稳定，所以在日常一定要关注设备的维护和保养。

2 应用效果

（1）在丙烯的整个聚合过程中，最佳的主催化剂、三乙基铝和给电子体的配比和流量的稳定，是保证产品的质量的前提。给电子体的流量稳定后，减少生产过程因为二甲苯可溶物的波动而频繁调整，产品质量得以保证。

（2）给电子体既可以提高丙烯聚合过程中的立构规整性，同时也是主催化剂活性的杀死剂，尤其在生产BOPP时，给电子体流量稳定，主催化剂的活性均匀释放，反应器的丙烯、氢气、氮气等组分均衡，避免丙烯聚合反应过程中参数波动，保证平稳生产。

3 总结

回顾给电子体流量波动问题处理的整个过程，涉及的专业范围广，从设计、工艺、仪表、电气、设备等多方面查找原因。在流量计不能更换、不能影响正常生产的情况下，同各专业人员采用排除法，对可能导致给电子体流量波动的因素逐一分析、排除，最终解决问题，确保装置长周期稳定运行。

（作者：毛东辉，广西石化炼油四部，聚丙烯装置操作工，高级技师；张海涛，广西石化炼油四部，聚丙烯装置操作工，高级技师；刘洋，广西石化炼油四部，聚丙烯装置操作工，高级技师；宋寿亮，广西石化炼油四部，工程师；周铜峰，广西石化炼油四部，聚丙烯装置操作工，高级技师）

脱丁烷塔压差高的原因分析及优化措施

◆ 羊智鹏 张国辉 李 科 赵 帅 苏伟康

广西石化轻烃回收装置采用 UOP 工艺包，年设计生产能力为 320×10^4t/h。脱丁烷塔的主要作用是将含有轻烃的石脑油分离出粗液化石油气和稳定石脑油，为下游装置提供原料，其运行是否平稳直接影响轻烃回收装置的运行周期。运行过程中脱丁烷塔压差高可能会导致塔内流体运行不畅，甚至影响到后续生产设备的正常运行。所以，针对脱丁烷塔压差高的问题，有必要采取相应的优化措施，以提高生产效率并降低成本。

1 工艺流程简介

罐区的加氢石脑油与不合格液化气、自连续重整装置液化气脱氯部分来的 C_5 馏分、自蜡油加氢裂化装置来的汽提塔顶液、自石脑油加氢部分来的冷高分罐底液和自尾气液化气吸收塔来的粗石脑油一起进入脱丁烷塔进行分馏。进料被分割为尾气、粗液化石油气和稳定石脑油。

脱丁烷塔塔顶油气经空冷器和水冷器冷却后进入塔顶油水分离罐进行油气分离。油水分离罐顶部排出的气体去尾气吸收塔进行胺洗脱硫，底部分离出的粗液化石油气抽出后分为两路，一路通过塔顶回流泵输送至脱丁烷塔顶部，另一路通过脱丁烷塔塔顶泵输送至液化气脱硫塔进行胺洗脱硫。脱丁烷塔塔底的稳定石脑油也分为两路，一路进入石脑油分离塔再分离出轻石脑油、重石脑油，一路经塔底泵打出进入塔底重沸炉加热后返塔。脱丁烷塔系统工艺流程如图1所示。

2 问题描述

自 2020 年第三次大检修以来，脱丁烷塔的运行状况一直良好，压差保持在 25kPa 左右。然而，从 2023 年 3 月开始，由于进料中含有大量水分，以及塔内腐蚀的加剧，使得脱丁烷塔的压差不断攀升，最终达到了 48kPa，远超设计值。

由于脱丁烷塔压差过大，分馏效果受到严重影响，从而使得稳定石脑油进入石脑油分离塔时，其中的 C_4 含量超出了工艺要求，导致混合 C_4 的收率大幅度降低，同时也会危及下游储罐的安全。此外，由于粗液化气中的C_5含量超出了工艺指标，装置的液化气C_5指标无法达标，而且脱丁烷塔的波动也变得异常剧烈，最终迫使装置减少负荷运行。

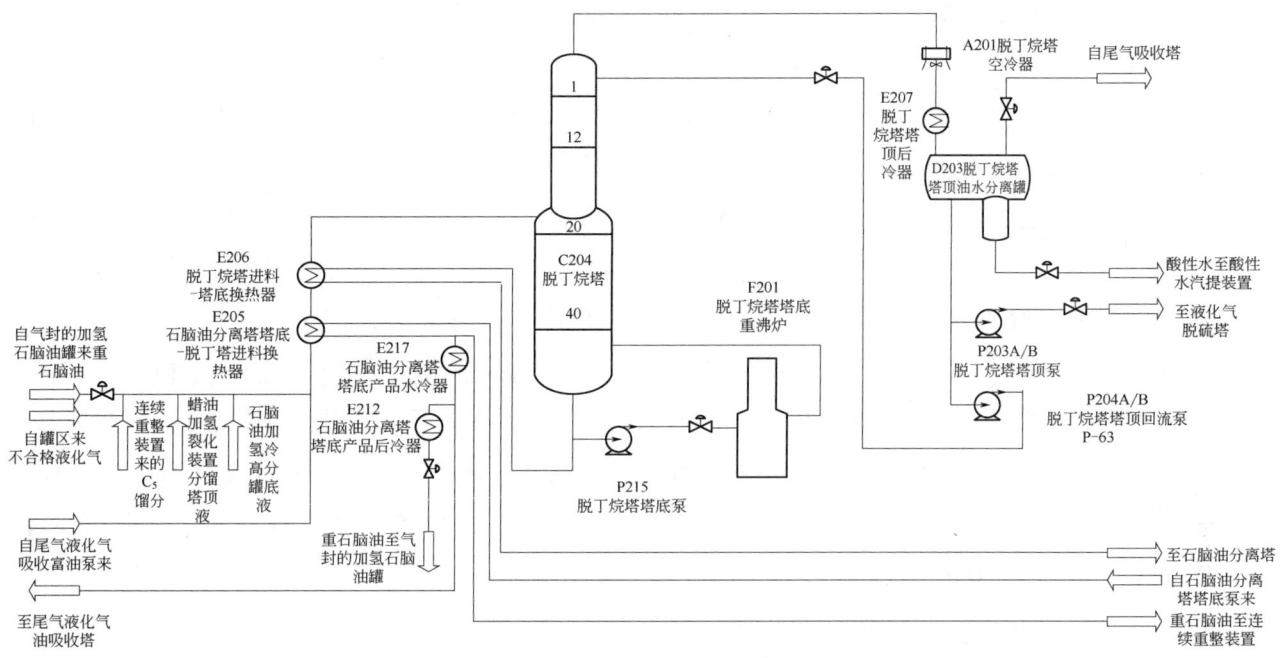

图1 脱丁烷塔系统工艺流程图

3 原因分析

3.1 脱丁烷塔塔内分馏塔盘堵塞

由于进料中含有大量的硫化氢、铵盐以及水，这就形成了一个$HCl-H_2S-H_2O$的腐蚀环境，这种污染物会形成堆积，并且阻碍塔盘、浮阀、降液管、受液槽等机械设备的运行，从而干扰塔的传热性能，最终导致产品的质量波动，同时也会引起压差的增加。

3.2 塔顶压力高

自2020年5月脱丁烷塔开工以来，塔顶压力一直保持在1.10～1.14MPa之间，塔顶空冷器冷却后的温度被严格控制在（50±2）℃，塔顶水冷器的循环水阀的开度只有50%，冷却后的温度也被严格控制在40℃，但是由于夏天的气温较高，塔顶的压力被提升到了1.14MPa。随着时间的推移，脱丁烷塔的压力不断攀升，一直保持在较高的压力水平，而压力的增加会导致液相中酸性组分浓度增加，腐蚀性加强，导致塔板腐蚀加剧，增大脱丁烷塔压差。

3.3 回流比大

脱丁烷塔灵敏塔盘温度控制在（96±2）℃，塔底炉出口温度控制在220℃，塔底热负荷较大，上升的蒸汽流量大，为了控制好灵敏塔盘温度，防止塔顶粗液化气C_5指标不合格，操作会加大回流量，导致脱丁烷塔上部气液相负荷量变大，增大脱丁烷塔压差。

3.4 塔底温度控制高

塔底温度通过塔底重沸炉来控制塔内物料的沸点。当塔底温度升高时，混合物中的易挥发液化气组分会更容易蒸发，从而提高分离效率。但是，如果塔底温度过高，经塔底换热后的进料温度也会过高，导致原料和塔底的高沸点组分 C_5^+ 大量蒸发，塔内上升的气相量增大，速度变快，塔内降液管的液体不能顺畅流下，逐渐趋向于液泛点，导致压差不断上升。

4 处理措施

4.1 工艺防腐处置

向脱丁烷塔塔顶注入缓蚀剂，可有效中和酸性物质并在设备表面稳定成膜，起到良好缓蚀作用。缓蚀剂与酸形成的水溶性的非沉积性盐，可避免垢下腐蚀的发生。其抗乳化性能强，避免冷凝水带油，不含金属及其他对催化剂有害物质，对下游产品和加工过程无影响。使用后溶解到水相而进入含硫污水处理系统，对环境和油品质量无影响。

加大缓蚀剂的注入量，多频次分析脱丁烷塔回流罐酸性水 pH 值和氯离子含量，解决脱丁烷塔的腐蚀问题，从而减少或消除塔内堵塞现象，使物料流通通畅，塔内的传质传热过程恢复正常状态，塔顶和塔底产品质量合格，塔压差恢复正常。

4.2 技改措施

4.2.1 增设脱丁烷塔来料的过滤水洗流程

在重整来不合格液化气和加裂来汽提塔顶液来路上加设过滤器 SR204 和聚结器 M204，起过滤杂质和脱除带液作用；加设除盐水流程，洗涤来料中的铵盐，减少铵盐携带，同时通过注水流程实现脱丁烷塔的在线水洗。增设的技改流程如图 2 所示。

4.2.2 增设注水流程

通过增设胺液分离罐注水泵 P218B 出口至 SR204B 出口注水流程对重整来不合格液化气注水水洗，该流程有效洗涤出不合格液化气中携带的铵盐组分，进而减少了脱丁烷塔进料中的铵盐携带量。经实践证明，此方法效果非常明显，有效降低铵盐携带量。

4.2.3 脱丁烷塔在线冲洗铵盐的处理方法

在聚结器 M204 底部增设注水流程，在切除聚结器的情况下进行装水操作，待装满水后快速投用，利用满罐的水对脱丁烷塔进行在线水洗，降低塔压差。通过不定期的在线水洗，降低脱丁烷塔压差的效果明显。

4.3 过程工艺操作优化控制

在解决脱丁烷塔压差问题时，操作参数的优化是至关重要的。通过对操作参数进行合理调整，可以有效降低压差。以下是针对操作参数的优化调整。

4.3.1 温度控制

在脱丁烷塔的操作中，应当注意控制塔顶温度和塔底温度。塔顶冷却后温度由原来的 (50 ± 2)℃ 下调至 (48 ± 2)℃，回流温度降低，所需塔顶回流相应减小，能有效降低压差。塔底温度下调，塔底重沸炉出口温度由正常控制的 220℃ 降低到 196℃，有效控制了上升气相量，气液接触状态好转，脱丁烷塔的压差明显降低。

4.3.2 进料控制

合理控制进料流量和进料组成，特别是重整来不合格液化气和加裂来汽提塔顶液的流量，避免过大或过小的情况发生。不合格液化气和加裂汽提塔顶液的总量控制在 22～32t/h，有效降低进料中易挥发组分以及塔顶负荷，脱丁烷塔压差上涨趋势明显缓慢。经精心设计和实践证明，石脑油加氢装置来料量在 200～260t/h，不合格液化气和加裂汽提塔顶液与脱丁烷的液相进料比都控制在 11% 左右，脱丁烷塔压差可以有效控制在 (26 ± 2)kPa 左右。

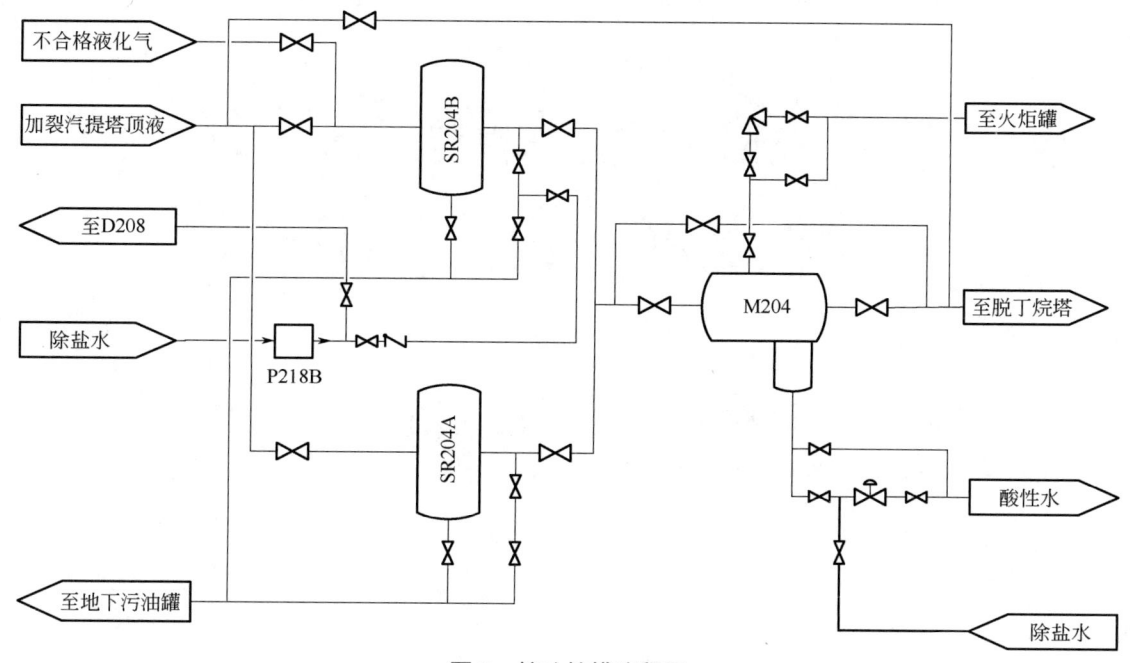

图2 技改技措流程图

4.3.3 回流比的控制

脱丁烷塔压差高,调整回流比,将回流量由原本设计的163t/h下降至98t/h左右,加大回流罐粗液化气外送,不仅降低脱丁烷塔压差,还有效降低装置的能耗。合理的回流比有利于提高脱丁烷塔的传质效率和传热效率,确保脱丁烷塔压差控制在(26 ± 2)kPa左右。

5 结论

在本文中,对脱丁烷塔压差高的原因进行了分析,并采取了相应的优化措施。经过实际操作证明,这些措施都能有效降低脱丁烷塔压差,提高装置的稳定性和生产效率,不仅减少由于塔压差过高而导致的停工损失,从而节约不必要的开停工成本,也为类似问题的处理提供了有益的借鉴和参考。

(作者:羊智鹏,广西石化炼油一部,常减压蒸馏装置操作工,高级技师;张国辉,广西石化炼油一部,常减压蒸馏装置操作工,技师;李科,广西石化炼油一部,工程师;赵帅,广西石化炼油一部,常减压蒸馏装置操作工,高级技师;苏伟康,广西石化炼油一部,常减压蒸馏装置操作工,高级工)

聚丙烯装置火炬系统的技术改造和应用

◆ 李佳卓　翟学刚　吴　敌　陈自旭

广西石化聚丙烯装置引进的是美国道氏化学公司的 Unipol 聚丙烯生产工艺。Unipol 工艺是联碳公司和壳牌公司在 20 世纪 80 年代中期联合开发的一种气相流化床 PP 工艺，是将应用在聚乙烯生产中的流化床工艺移植到 PP 生产中的工艺。

该工艺采用气相流化床反应器，反应器内无其他部件，设备费用较低，无机械维修问题。但为了防止反应器中出现热点，流化气体的速率必须足够高，这样就需要有较大的鼓风机和能量消耗，以及反应器中应有足够大的固－气分离空间，因此相同规模的装置，该反应器的尺寸较大。气体流化床反应器比机械搅拌反应器更容易移出聚合热，因为在各个分散的粒子之间存在气体传递介质。另外，流化所需的气流体积随着粉末直径、密度变化而增大，容易产生颗粒相分离，操作范围比搅拌床反应器小。由于流化床反应器必须使大量气体循环以除去反应热和维持反应床层的流化，因此需要庞大的循环压缩机，其费用抵消了搅拌床反应器的搅拌器费用。

本装置主要由原料进料及精制系统、聚合系统、脱气系统、丙烯回收系统、挤压造粒系统、产品输送系统、包装码垛系统等组成。装置涉及的主要危险化学品有丙烯、氢气、丙烷、三乙基铝、一氧化碳等，这些烃类原料和氢气一旦泄漏可造成爆炸或火灾事故，并且会产生大量有毒有害气体和浓烟，对大气造成污染，若控制不及时，其事故后果会是灾难性的。所以装置的连锁和应急排放就尤为重要。

1　火炬系统的原设计

全厂一期工程火炬设施只有高架火炬部分，它包括高压放空系统、低压放空系统、酸性气放空系统。低压放空系统主要处理来自常减压蒸馏装置、重油催化裂化装置、气体分馏装置、汽油精制装置、连续重整装置、芳烃抽提装置、液化气球罐及聚丙烯装置高压放空气体。高压放空系统主要处理来自蜡油加氢裂化装置、石脑油加氢精制装置、柴油加氢精制装置、PSA1、PSA2、轻烃回收装置放空气体。酸性气放空系统主要处理来自硫黄回收联合装置、聚丙烯装置低压放空气体。但是在聚丙烯装置原料精制塔的再生和预载时，排放量最大能达到9000kg/h，并且排放的基本是氮气，没有回收的价值，还经常把酸性火炬吹灭，影响火炬的正常运行。

2 增加地面火炬

配套工程改造聚丙烯装置低压含氮放空气体的去向，不进入酸性气火炬。为此，新建1座地面火炬处理来自聚丙烯装置的低压含氮放空气体，地面火炬选用封闭式地面火炬。

地面火炬成套设备由中国石油工程建设公司华东设计分公司设计，洛阳瑞昌石油化工设备有限公司提供成套设备，低压放空系统设有独立的放空总管、水封罐。聚丙烯装置低压放空气体通过水封罐后，排入地面火炬，经燃烧器燃烧排放。地面火炬采用分级燃烧的方式以提高对火炬排放量变化的适应性，共分成六级燃烧控制。分级控制根据排放总管上的压力自动控制分级，当压力达到每级的设定压力时，就自动投入每级的燃烧器，当排放量减小到设定低限值时反向逐级关闭地面火炬的各级燃烧系统。

由于丙烯精制床再生时N_2含量为93.5%～98.5%，热值过低，需要补充燃料气助燃，本地面火炬设置一套燃料气助燃系统。助燃燃料气补入信号来自丙烯精制床再生信号，地面火炬根据丙烯精制床再生信号、排放状态信号及第一级燃烧器的燃烧信号自动控制补入燃料气。燃料气助燃信号亦有手动遥控操作补入燃料气的功能。

2.1 对火嘴的改造

地面火炬投用以来，在装置正常排放量下，为满足燃烧器6个火嘴的正常燃烧，所需的燃料气用量过大。为了节能降耗，装置人员将燃烧器6个火嘴分两组控制，正常排放时投用一组3个火嘴，排放稍大时再投用另一组3个火嘴。地面火炬自技术改造项目完成投入使用以来，投用一组3个火嘴，聚丙烯装置正常低压排放量为500～550kg/h，地面火炬水封罐压力在2～2.7kPa，燃料气阀门开度在22%～25%之间，燃料气用量在100～200m³/h，燃烧正常且二级火炬燃烧器自动关闭状态，比改造前的燃料气用量少消耗200m³/h左右。每年可节约燃料气成本约86.3万元，同时消烟蒸汽也将大幅减少，降低运行成本。

2.2 对回收系统两个排放的改造

回收系统入口排放气去低压火炬，改造后增加一条管线去地面火炬，装置正常生产时，回收系统入口排放气去低压火炬，如遇紧急情况，如PDS阀门故障，单线排料，造成排放压力高，无法回收，有必要间歇性排放系统低压火炬。排放气多为丙烯气，可排放到火炬系统的气柜进行回收，减少不必要的浪费。但是在反应器的开停工过程中，由于反应器体量大，并且对反应器杂质含量的要求极高，所以要用大量的氮气置换，如果排放到全厂的酸性火炬，排放时只能小开度地排放，将大大延长置换时间，所以在反应器的开工过程中，将回收系统入口排放气改到地面火炬，就可以自己调整排放量的大小，极大缩短反应器的置换时间，提高效率。

回收气轻组分缓冲罐入口有一个压力控制阀，排放气去低压火炬，改造后增加一条管线去地面火炬，装置正常生产时，回收系统入口排放气去低压火炬。回收气轻组分缓冲罐是一个回收不凝气储罐，用来作为反应器排料系统的输送气，需要保持稳定的压力，所以多的回收不凝气就经过入口的压力控制阀排放到低压火炬。同时它也是回收系统开停工过程中置换时重要的排放阀，回收系统由于流程长，管线复杂，所以要用大量的氮气置换，排放至全厂的酸性火炬，只能小开度地排放，大大延长了置换时间，因此在回收系统的开停工过程中，将C5229入口排放气改到地面火炬，就可以自己调整排放量的大小，极大缩短回收系统的置换时间，提高效率。

3 现生产主要操作要点

地面火炬在平时正常生产时，由于装置排放量小，排放量为700m³/h，火炬只燃烧第一级，所以关闭其他五级的长明灯，减少燃料气的消烟蒸汽用量，既实现提质增效，也降低了碳排放。

在丙烯精制塔再生时，由于装置排放量大，排放量为3800m³/h，火炬只燃烧第三级，所以在操作前，先要将火炬的二级、三级长明灯点起来，使其排放压力达到设定值时，阀开后才能顺利燃烧。

在丙烯精制塔预载时，由于装置排放量大，排放量为8000m³/h，火炬能燃烧第四级或第五级，在操作前，先要将火炬的第四级和第五级长明灯点起来，使其排放压力达到设定值时，阀开后才能顺利燃烧。

在反应器的开停工过程中，回收系统入口排放气由去低压火炬改去地面火炬，加快反应器的置换速度，缩短反应器的置换时间，提高效率。

在回收系统的开停工过程中，C5229入口的排放气由去低压火炬改去地面火炬，加快回收系统的置换速度，缩短回收系统的置换时间，提高效率。

4 结论

聚丙烯装置根据自身排放量的特殊性，及时进行技术改造，增加一个地面火炬系统，保证装置在精制塔再生、预载等特殊工况下能正常排放，并且通过改造技措，解决反应器和回收系统开停工置换过程中的应急排放难题，保证装置快速稳定运行，同时实现提质增效，降低了碳排放。

（作者：李佳卓，广西石化炼油四部，聚丙烯装置操作工，高级技师；翟学刚，广西石化炼油四部，聚丙烯装置操作工，高级技师；吴敌，广西石化炼油四部，聚丙烯装置操作工，高级技师；陈自旭，广西石化炼油四部，聚丙烯装置操作工，技师）

浅析溶剂再生装置蒸汽能耗的优化

◆ 马 飞 王清鹏 孟 勇 高 飞 王腾龙

炼化行业作为我国国民经济的重要支柱，具有高耗能、高排放的特点。节能降耗是企业实现绿色、科学发展的必由之路，而当前各个企业也都在大力推进节能降耗、提质增效工作。在炼油企业中，溶剂再生装置在蒸汽能耗的控制上有很大的操作空间。通过在生产过程中总结经验、优化操作可以直接减少装置的蒸汽用量，以此降低能耗，从而达到降低运营成本，提高经济效益的目的。与此同时，在国家大力推进"双碳"目标的今天，装置的节能降耗也是减少碳排放的重要举措。

1 装置简述

广西石化公司700t/h溶剂再生装置采用目前国内成熟的热再生工艺，循环胺液为30%浓度的N-甲基二乙醇胺。装置向上游蜡油加氢裂化、柴油加氢、重油催化裂化、常减压等装置外送H_2S含量小于1g/L的贫胺液，贫胺液通过与上游装置脱硫单元中富含H_2S的介质接触，将介质中的H_2S吸收脱除。吸收H_2S后的贫胺液变为H_2S含量为14～18g/L的富胺液，之后回到溶剂再生装置的再生塔加热再生。再生后H_2S自溶剂再生塔塔顶进入硫黄回收装置制硫，贫胺液自塔底进入贫胺液储罐，再从贫胺液储罐送至各上游装置循环脱硫。

2 装置的主要能源消耗

根据本装置加工工艺流程及工艺技术原理，在实际生产过程中需要使用能源来确保装置连续稳定运行，以便保证贫胺液质量合格，进而保证上游脱硫装置的产品合格。根据表1可以看出溶剂再生装置在生产过程中能源消耗主要由循环水、电、除盐水、0.4MPa蒸汽、净化风、氮气和能源输出凝结水构成。

溶剂的再生过程就是一个溶质解析的过程。在溶剂再生塔内，当塔底温度在115℃以上时，进入溶剂再生塔的富胺液中所含的H_2S、CO_2就会从中解析，并且随着温度的升高反应会向右进行，其反应如下：

$$(RNH_3)_2S \longrightarrow H_2S + 2RNH_2$$
$$RNHCOONH_3R \longrightarrow CO_2 + 2RNH_2$$

表 1　主要综合能源消耗

序号	项目	年消耗量		能耗指标		能耗 ×10⁴MJ
		×10⁴	数量	单位	数量	
1	循环水	t	646.8	MJ/t	4.19	2710.092
2	除盐水	t	1.2432	MJ/t	96.30	119.7202
3	电	kW·h	1094.667	MJ/(kW·h)	10.89	11920.9236
4	0.4MPa 蒸汽	t	71.232	MJ/t	2763	196814.016
5	凝结水	t	−71.232	MJ/t	320.29	−22814.8973
6	净化风	m³	40.32	MJ/m³	1.59	64.1088
7	氮气	m³	16.8000	MJ/m³	6.28	105.5040

溶剂再生塔的加热热源即为 0.4MPa 蒸汽，因此再生塔底供汽量的多少决定了富胺液净化程度的高低。由表 1 也可以看出，溶剂再生装置的主要能源消耗为 0.4MPa 蒸汽，其占到了装置总能源消耗的近 93%，因此在实际的生产过程中 0.4MPa 蒸汽能耗的优化对节能至关重要。

3　蒸汽消耗的影响及优化

3.1　0.4MPa 蒸汽压力及温度

如表 2 所示，不同温度和压力下的蒸汽对应的焓值是不同的。当蒸汽压力升高时，温度和焓值也相应升高。

表 2　蒸汽焓值表

蒸汽压力, MPa	蒸汽温度, ℃	焓值, kJ/kg
0.30	133.54	2725.5
0.35	138.88	2732.5
0.40	143.62	2739.5
0.45	147.92	2743.8

对于溶剂再生装置来说，在其他条件不变的情况下，入塔蒸汽的温度和压力越高，就越有利于塔内富液中的 H_2S 解析，在达到同样的贫胺液质量条件下，装置所使用的 0.4MPa 蒸汽量也会相应减少，蒸汽单耗也将降低。装置 2023 年 12 月蒸汽的压力温度变化趋势如图 1 所示，0.4MPa 蒸汽的压力与温度呈明显正相关。在操作中当蒸汽压力、温度升高时装置蒸汽用量明显减少，反之亦然。因此在生产操作中保证 0.4MPa 蒸汽的压力和温度稳定极为重要，其对装置的蒸汽单耗有直接影响。

但在日常操作中蒸汽管网的压力通常由动力站控制，除了加强与其沟通外，装置自身的保温完好情况也极为重要。特别是对于雨水较多的南方地区来说，蒸汽管线保温的完好性尤为重要。若蒸汽管线保温不完好，一旦出现暴雨天气，蒸汽管网压力将会快速下降，此时为了保证再生塔的操作条件和产品质量，就需要快速增加溶剂再生塔的蒸汽用量，装置能耗也将相应升高。

3.2　入塔胺液温度

700t/h 溶剂再生装置的流程如图 2 所示，可以看到富胺液在进塔前需要和出塔 120℃左右的贫胺液进行两次换热，经换热后的富胺液由进装置时的 45℃左右被加热至 95℃左右后进入再生塔。若换热器的换热效果不好,富胺液进入再生塔时温度将会偏低。由于富胺液中硫化氢的解析温度在120℃左右,因此当进入再生塔的富液温度偏低时,就需要使用更多的蒸汽将其加热至解析所需的温度才能保证贫胺液质量的合格,这将必然导致蒸汽用量增加。

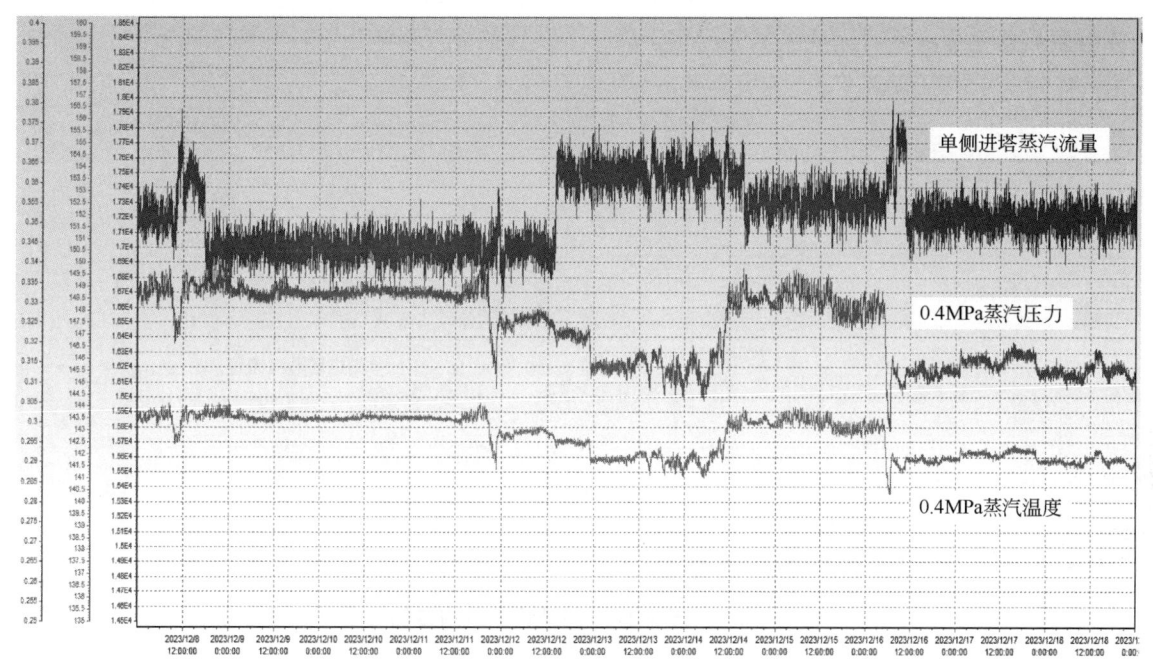

图1　2023年12月蒸汽压力温度变化趋势

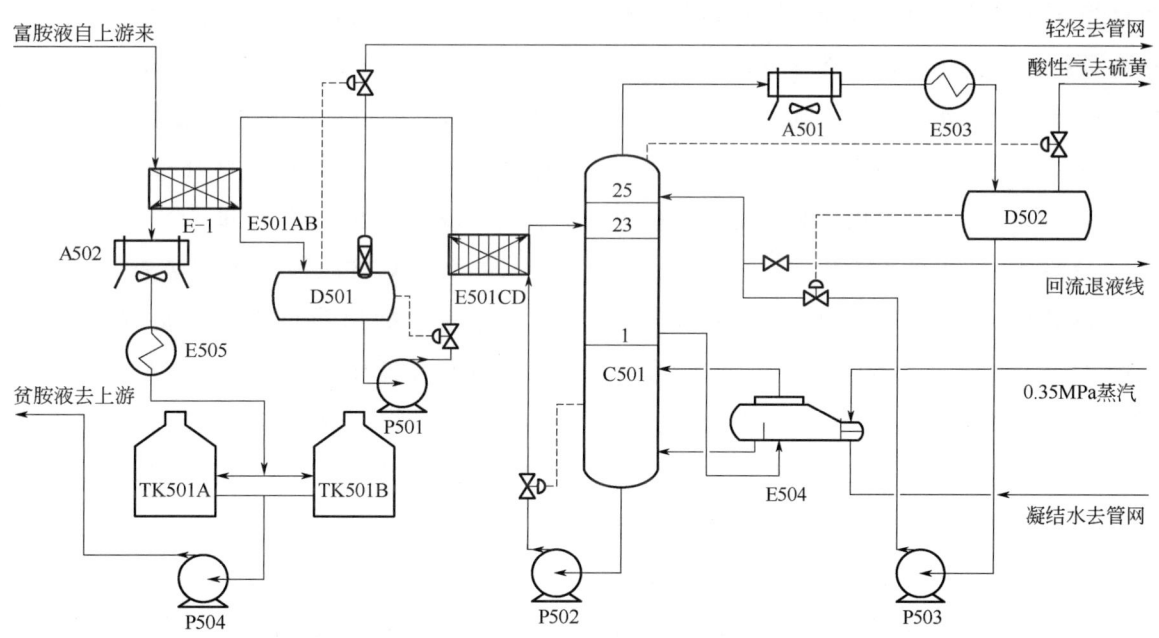

图2　溶剂再生装置流程图

2023年9月，由于运行时间过长，加之上游装置波动富胺液携带大量杂质，导致溶剂再生闪蒸后贫富液换热器结垢，换热效率严重下降，进而使装置蒸汽用量大幅增加。因此装置将贫—富液换热器切换至备用换热器运行，并对原换热器进行化学清洗。换热器切换完成后，在富胺液进塔流量不变的情况下温度由75℃上涨至95℃，上涨20℃。再生塔蒸汽用量则由51t/h降至43t/h，降幅达到了8t/h。由此可以看出富胺液进量不变的情况下入塔温度对装置的能耗影响巨大，如图3所示。

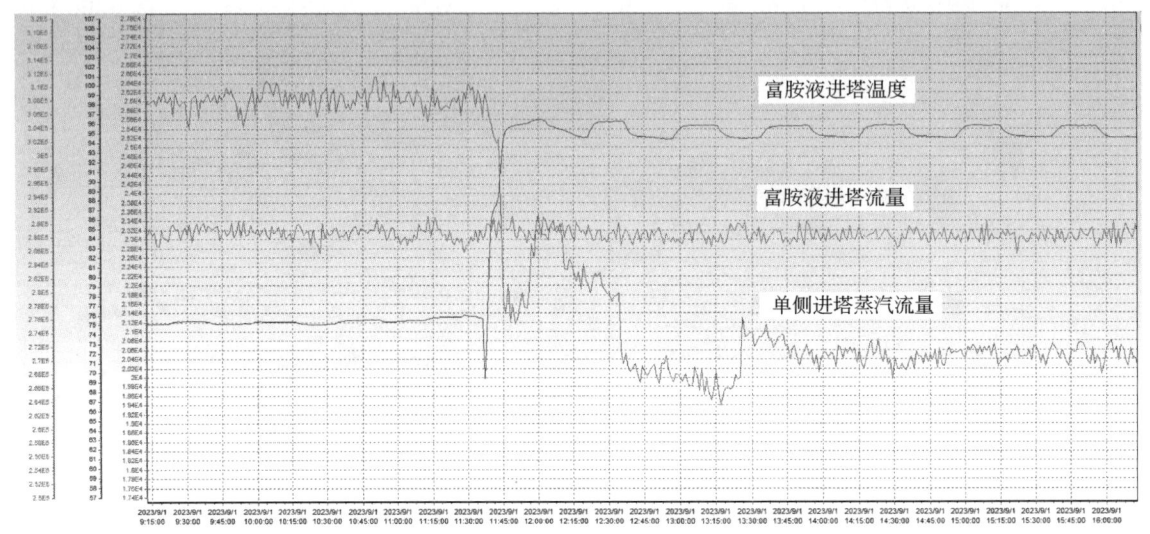

图3　富胺液进塔温度与装置蒸汽用量的关系

3.3　塔顶抽出量

在溶剂再生塔内，富胺液经过解析后产生的H_2S从塔顶抽出，抽出温度约为110℃，故其中含有大量的水蒸气。水蒸气进入制硫炉后会对制硫系统的克劳斯反应造成很多不利影响，如会让克劳斯反应向逆方向移动从而使装置的硫收率降低，造成设备腐蚀，降低克劳斯催化剂寿命和损坏制硫炉衬里等。因此一般情况下进入硫黄回收装置的酸性气含水量控制为2%～5%。在溶剂再生装置的生产操作中，为保证出装置的酸性气含水量合格，从再生塔顶抽出的硫化氢-水蒸气混合气体先要经过空气冷却器和循环水冷却器两级冷却，冷凝出其中的水蒸气后再将高浓度H_2S的酸性气体送至硫黄回收装置。分离出的含有高浓度H_2S的冷凝液则进入回流罐，以回流的形式返塔。

在正常生产过程中，用于调节酸性气的塔顶抽出量的塔顶温控阀作用至关重要。若塔顶温控阀开度过小，被解析出的酸性气就不能被全部抽出，在塔顶形成H_2S富集区，再由返塔的温度约为35℃的冷回流压回至溶剂再生塔内，造成贫胺液H_2S含量升高，贫胺液不合格，进而影响贫胺液在上游装置的脱硫效果。同时，塔顶抽出量过小还会造成塔顶温度偏低。当温度低于30℃时酸性气管线内就可能会产生结晶物，若温度持续偏低，管线结晶严重时就会造成空冷管束堵塞，严重时会导致装置停工。

若塔顶温控阀开度过大，塔顶抽出量过大时溶剂再生塔的压力也势必会降低，当塔压降低时再生塔温度也将相应降低，而再生塔温度是保证贫胺液合格的重要因素。因此在生产操作过程中，若溶剂再生塔塔顶开度过大，为保证富胺液的解析效果，则必然要增加装置的蒸汽用量，进而造成装置蒸汽能耗的增加。与此同时，当塔顶抽出量大时也将会有更多的水蒸气被抽出，为保证酸性气中的水含量合格，则需要用更多的能量去将其冷却。随着过多回流液的产生，回流罐的液位也将上涨，回流泵所做的功也将增加，这也间接增加了装置的能耗。

在日常操作中，溶剂再生塔的回流量是反映塔顶抽出是否合理的一个重要指标，装置的蒸汽用量与其有直接的关系，回流量增加装置蒸汽用量也明显增加，如图4所示。根据操作经验，当回流量为富胺液来量的2.0%～2.8%时，塔顶开度为合理的抽出量；当回流量低于1.8%时贫胺液就可能不合格；当回流量大于富胺液量的3%时装置单耗将会明显上升。

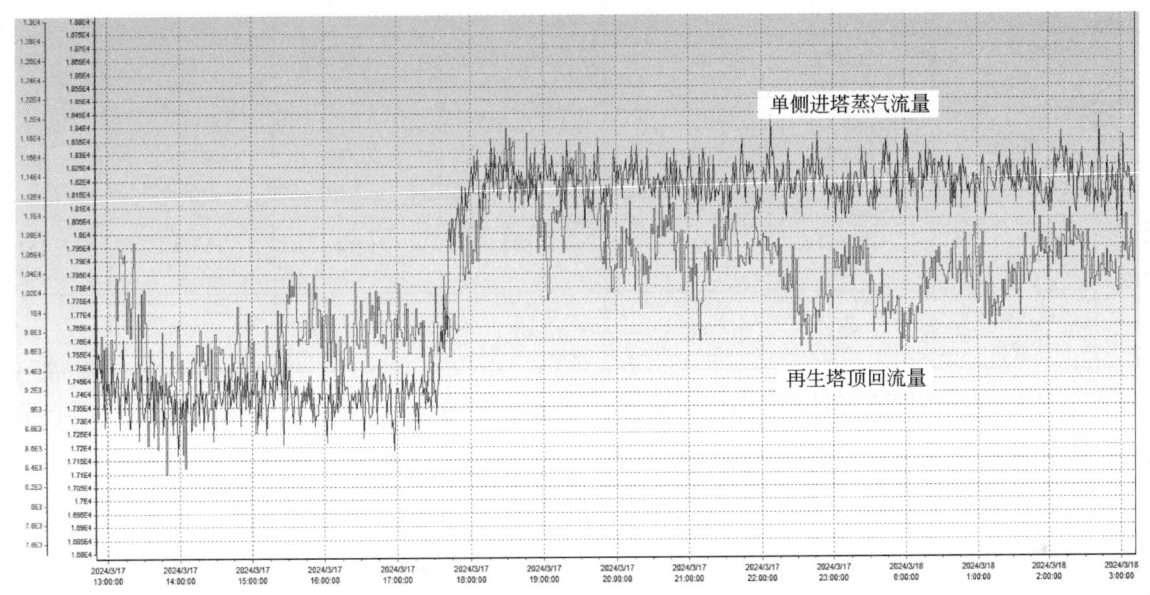

图4　装置回流量与蒸汽用量的关系

3.4　贫液 H_2S 含量

溶剂再生装置的主要作用是输送贫胺液至上游装置吸收 H_2S，贫胺液在上游装置吸收 H_2S 后变为富胺液再返回至溶剂再生塔。在塔内，富胺液被加热解析出其中的 H_2S 后变为贫胺液，再送至上游装置吸收 H_2S，因此 H_2S 含量是贫胺液的重要质量指标，通常行业内普遍控制的贫胺液 H_2S 含量为小于1g/L。由于进塔的富胺液是被蒸汽加热解析出其中的 H_2S 后变为贫胺液的，因此在同样的条件下，蒸汽用量越大，贫胺液中的 H_2S 含量也就越低。

目前700t/h溶剂再生装置外送贫胺液流量约为500t/h，其中上游蜡油加氢装置用量约为260t/h，占到了装置外送量的近52%。贫胺液送至蜡油加氢装置主要是脱除循环氢中的硫，但由于其催化剂在硫化状态时活性最好，因此还需要保证循环氢中 H_2S 含量不小于300mL/m³。当加工高含硫原油时，含硫的原料就可以为蜡油加氢催化剂提供足够的 H_2S，此时蜡油加氢的循环氢中可以允许没有 H_2S 存在。由于公司长期加工高含硫油，鉴于此装置可适当提高贫液 H_2S 含量，将其控制在0.7～1g/L之间，以降低装置蒸汽用量。通过装置2023年12月的分析数据可以看出，在贫胺液中H_2S含量控制在0.7g/L以上时仍然可基本脱除蜡油加氢循环氢中的H_2S，如表3所示。而通过采样数据也可以看出，若贫胺液只供蜡油加氢装置使用，其H_2S含量还可以控制得更高，但为保证全厂其余装置的脱硫质量，仍需要控制贫胺液中H_2S含量小于1g/L，因此装置也尽量将指标向上线靠拢，以达到节约蒸汽的目的。若有单供渣油加氢或其他加氢装置的胺液系统，完全可以将贫胺液的H_2S含量控制在$1\sim1.5$g/L之间，以此达到降低蒸汽用量的目的。

表3 贫胺液及循环氢硫含量情况

	项目日期	2023.11.1	2023.11.8	2023.11.15	2023.11.22	2023.11.29	2023.12.6
贫胺液	硫化氢 g/L	0.77	0.77	0.87	0.77	0.76	0.95
	浓度 %	32.08	32.64	31.13	32.09	33.13	33.79
循环氢	脱硫前硫含量 mg/m³	3036	6072	4554	1214	1518	1518
	脱硫后硫含量 mg/m³	30	未检出	61	6	未检出	3

另外，目前很多炼厂为保证硫黄烟气二氧化硫排放合格，都配置了单供硫黄回收装置使用的溶剂再生装置。由于贫胺液的H_2S含量对烟气二氧化硫的影响是非常直观的，因此在生产操作中操作人员完全可以根据烟气二氧化硫排放的情况调节溶剂再生装置的蒸汽用量，以此也可达到降低装置蒸汽用量的目的。

3.5 装置加工负荷

溶剂再生装置的负荷对装置能耗也有较大的影响，该700t/h溶剂再生装置的设计操作弹性是60%～110%。如果装置的负荷低于设计值，就需要额外的蒸汽来维持生产的正常运行，这就会导致能耗上升。2024年2月13日，由于上游装置波动，导致700t/h溶剂再生装置的富胺液进量由500t/h降至了390t/h，降至设计负荷的55%，如图5所示，此时溶剂再生塔压力和温度都快速降低，在这种情况下为保证贫胺液产品质量的合格，就需要控制进再生塔的蒸汽量不能降得过低，因此装置的蒸汽单耗也相应增加。通过蒸汽用量和富胺液来量计算，溶剂单耗由波动前的0.07t蒸汽/t富胺液上涨至了波动时的0.086t蒸汽/t富胺液，涨幅达到了近23%。与此同时，溶剂再生装置都设有开工循环线，当富胺液来量过低时就需要打开开工循环线，将一部分贫胺液划入富胺液以维持各塔、各罐的液位。这种情况下有一部分贫胺液被重复加热解析，也就导致了装置蒸汽用量的增加。

另外，当装置的负荷在设计范围内时，设备可以在最优工作点附近运行，设备的运行效率也较高，这也会降低装置能耗。同时稳定的负荷还可以降低操作难度，提高装置平稳率和自控率。

4 结论

经过近些年的摸索和调整，特别是通过对

富胺液进塔温度、塔顶抽出量、贫液硫化氢含量等多项参数的优化，总结出了自己独到的经验。目前700t/h溶剂再生装置在进料量为500t/h的工况下消耗蒸汽约为35t/h，蒸汽单耗约为0.07t蒸汽/t富胺液，远低于0.14t蒸汽/t富胺液设计值。

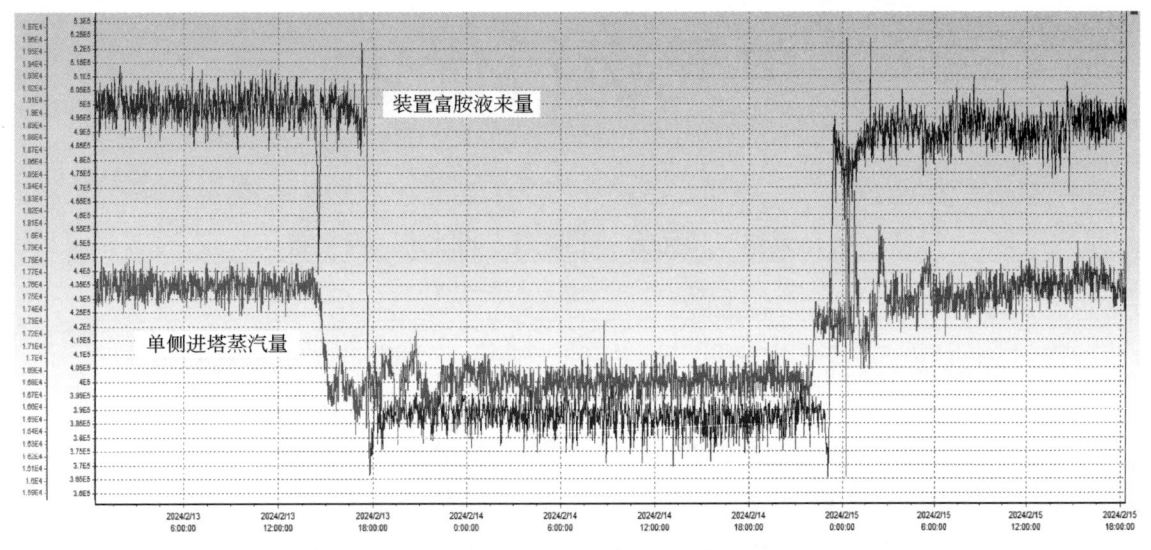

图5 上游波动时装置富胺液来量与蒸汽用量

参考文献

王清鹏，张玉显，李维进. 溶剂再生装置的生产波动调整及操作优化[J]. 化工技术与开发，2020，49（9）：65-67.

(作者：马飞，广西石化炼油四部，硫磺回收操作工，高级技师；王清鹏，广西石化炼油四部，硫磺回收操作工，高级技师；孟勇，广西石化炼油四部，硫磺回收操作工，高级技师；高飞，广西石化炼油三部，加氢裂化操作工，技师；王腾龙，广西石化炼油四部，硫磺回收操作工，技师)

基于严格模型开展丁二烯精制单元运行优化

◆ 马天翼　马元驸　于晓娟　齐国才　赖文君

广西石化 $20×10^4$t/a 橡胶生产装置（含 $12×10^4$t/a 溶聚丁苯装置和 $8×10^4$t/a 苯乙烯热塑性弹性体装置）配套 2 套 $12×10^4$t/a 丁二烯精制系统，以脱除界区原料中含有的对叔丁基邻苯二酚（以下简称 TBC 阻聚剂）、水及重组分。本文在设计院提供的工艺包基础上，利用 ASPEN HSYSY 软件对精制塔及主要流程进行模拟和研究，在保证单体达到聚合级指标的前提下，降低能耗，减少丁二烯的停留时间，控制自聚物与端聚物的形成，为丁二烯精制系统安全运行保驾护航。

1 优化背景

1.1 丁二烯精制系统运行难点

丁二烯属于热敏性物料，在运输及加工过程中极易生成端基聚合物和二聚物，堵塞管线，甚至胀坏管线设备，给安全生产带来相当大的潜在危险。该二聚反应不需要催化剂，二聚物含量与存储时间长短有直接关系，随着时间延长，二聚物含量上升速度很快[1]。因此本文将优化丁二烯精制系统的方向设定为降低能耗，控制停留时间。

1.2 精馏原理

丁二烯精馏通过液相回流，使气、液两相逆向多级接触，在热能驱动和相平衡关系的约束下，使得易挥发的丁二烯不断从液相向气相中转移，而难挥发的 TBC 阻聚剂、重组分等由气相向液相中迁移，由塔底外送至回收罐。

丁二烯精制系统流程如图 1 所示，粗丁烯罐 V-3401 接收自界区外来的原料丁二烯，汇合自丁二烯精制塔 C-3401 塔顶来凝液进行沉降脱水。水相通过自动排水器送至油水分离罐 D-5505 进行二次沉降。粗丁二烯经泵 P-3401 送入丁二烯精制塔 C-3401 以获得无 TBC 阻聚剂、水及重组分（乙烯基环己烷）的聚合级单体。水和轻组分杂质从顶部脱除，TBC 和重组分沉积于塔底，由泵 P-3403 送入废烃罐。聚合级丁二烯蒸汽从侧线采出，经由 E-3403 冷凝，进入干丁二烯缓冲罐 V-3403，再经泵 P-3404 将物料送入进料罐 D-3404，最后干丁二烯分别经泵 P-3405

和泵 P-3406 送料至 SSBR 连续生产线和间歇生产线的聚合单元。

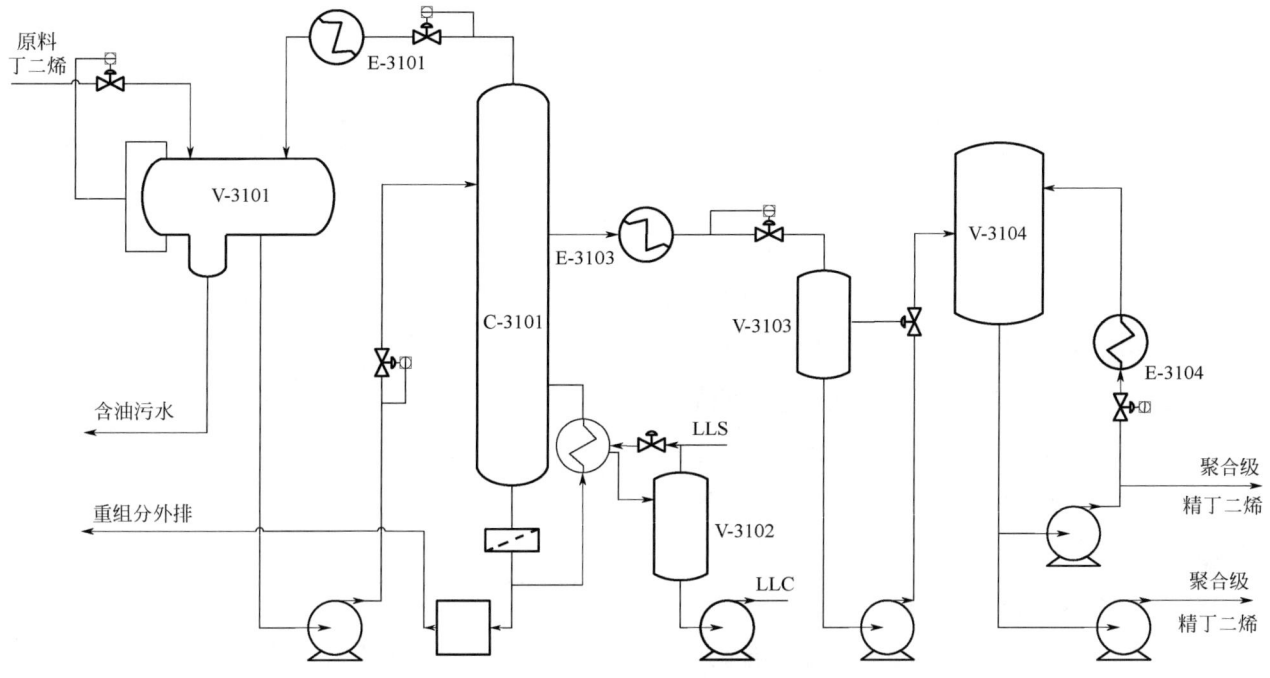

图 1 丁二烯精制系统流程简图

2 优化路径

2.1 搭建模型主流程

目前装置已完成精馏塔设计，1 层为进料塔板，20 层为抽出塔板，总塔板数 35 层。为了优化运行参数，工艺人员在设计图的基础上通过 ASPEN HSYSY 软件选用严格精馏塔模型 RadFrac 搭建了主流程，如图 2 所示。

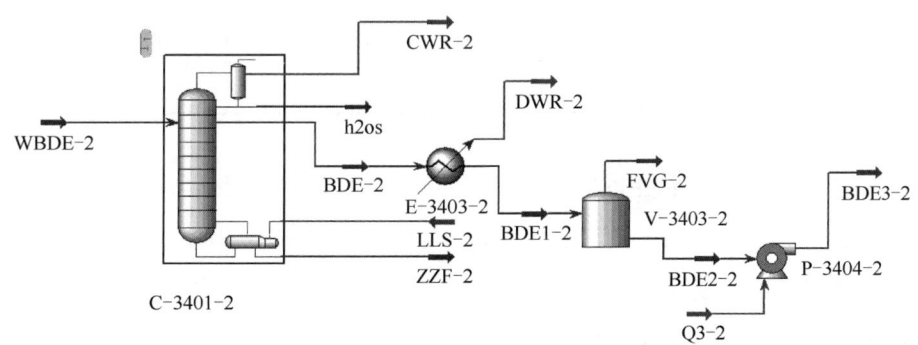

图 2 ASPEN HSYSY 主流程画面截图

虽然粗丁二烯体系为非极性体系，但含 TBC 等极性物质，考虑真实物性及精馏塔内的气液相平衡工况，本文选择 NRTL 活度系数法进行计算。如表 1 所示，选取上游装置自产粗丁二烯的数据键入组分信息。

表 1 粗丁二烯组分表

序号	组分	数据
1	1，3-丁二烯，%	97.42
2	1，2-丁二烯，%	0.8562

续表

序号	组分	数据
3	顺丁烯，%	1.6082
4	丙炔，%	0.02
5	水，mg/kg	61
6	TBC，mg/kg	105

装置设计单塔运行粗丁二烯处理量约12t/h，以此建立精馏塔液相进口流股。塔顶冷凝器选择全冷凝模式，塔底再沸器选择一次通过式再沸器（热虹吸式再沸器），选择"气液平衡条件"公式进行塔的计算。增加塔顶冷凝器、塔釜再沸器公用工程计算。

2.2 进料温度的计算

装置丁二烯精馏塔采用流量控制阀调节进料量，为确保进料量稳定，应调整进料流股为纯液相。本文通过改变压力工况，观察进料流股的气相分率，计算泡点温度如表2所示。

表2 进料流股泡点温度计算表

条件	工况1	工况2	工况3	工况4
压力，MPa	0.2	0.3	0.4	0.5
泡点温度，℃	15	26.8	36.6	44.7

由表2可知，进料流股泡点温度较低，当入口压力为0.4MPa时较接近正常工况，进料温度小于36.6℃时为纯液相。但在制定操作指标时应考虑开工等低压操作工况，本文多次调整工况，将进料压力降低到0.2MPa时（接近开工工况），进料流股的泡点温度为15℃，因此制定进料温度指标小于15℃。

2.3 负荷计算

计算采出量的前提是确保精馏后产品合格，本文在塔内增加2个设计控制侧采聚合级丁二烯、塔釜重组分产品纯度（杂质含量）。聚合级丁二烯组分指标见表3。

表3 聚合级丁二烯组分指标表

序号	组分	数据
1	1,3-丁二烯，%	≥99.5
2	羰基化合物，%	≤0.01
3	总炔烃，%	≤0.02
4	水，mg/kg	≤2
5	VCH二聚物，mg/kg	≤50
6	TBC，mg/kg	≤2

收敛后可得各组分数据如表4所示。

表4 丁二烯工况计算表

组分名称	单位	进料（粗丁二烯）	塔顶（凝结水）	塔底（重组分）	采出（精丁二烯）
温度	℃	40	40	49.544	44.446
压力	MPa	0.5	0.375	0.396	0.388
摩尔流量	mol/h	221.674	0.013	1.167	220.494
质量流量	kg/h	12000	0.237	70.324	11929.439

进料量12t/h时，单塔采出丁二烯11929.439kg/h，切塔底重组分70.324kg/h。考虑丁二烯精制系统易堵塞，切换检修较频繁，装置共两条丁二烯精制流程，处理能力为60%～110%，可切换使用。

装置SBS生产线年用丁二烯约$4.5×10^4$t/a，SSBR生产线年用丁二烯约$7.8×10^4$t/a，合计需求量约$12.3×10^4$t/a，运行时间按8000h计算，需求量为15.375t/h。单塔检修时，丁二烯最大供应量13.2t/h，装置聚合及后处理单元需及时降量至86%以下负荷。

2.4 塔顶压力变化对工况的影响

塔的设计和操作都是基于一定的塔压进行的，因此精馏塔操作首先要保持压力的恒定。本文以塔顶压力为自变量做灵敏度分析，观察塔顶回流量、冷却水用量、塔釜液相循环量及再沸器热负荷等随压力的变化情况。

如表5所示，在维持采出产品目标组分98%的前提下，伴随塔顶压力升高，塔釜液相中轻组分的含量较之前增加，气相量减少，液相量上升，装置产品采出下降，能耗逐步上升。但塔顶压力受进料量、操作温度及回流量等多因素影响，因此日常操作中压力控制应尽量靠指标下限运行，本文不做硬性规定。

表5 塔顶压力对工况影响计算表

序号	塔顶压力 MPa	再沸器热负荷 (10^4kW)	冷凝器热负荷 (10^4kW)	采出流股丁二烯质量分率	塔釜液相循环量 t/h
1	0.33	2.357	2.335	0.998	2.198
2	0.34	2.36	2.337	0.998	2.198
3	0.35	2.364	2.342	0.998	2.199
4	0.36	2.367	2.341	0.998	2.199
5	0.37	2.371	2.349	0.998	2.2
6	0.38	2.374	2.353	0.998	2.2
7	0.39	2.378	2.358	0.998	2.201
8	0.4	2.381	2.362	0.998	2.201
9	0.41	2.385	2.366	0.998	2.202
10	0.42	2.388	2.371	0.998	2.202

2.5 回流比变化对工况的影响

将精馏塔回流比作为自变量，做灵敏度分析，观察分离效果的变化情况。

如表6所示，当回流比不大于0.3时，水含量过高无法满足聚合级丁二烯指标要求，其余回流比产品均合格。观察2~5组数据，回流比越大，分离效果越好，但冷凝器和再沸器的热负荷均会上升。在满足侧采产品质量合格的条件下可通过降低回流比，优化装置用能情况，在本文条件下，最优回流比为0.3。

表6 回流比对工况影响计算表

	回流比	1,3-丁二烯 %	水 mg/kg	二聚物 mg/kg	TBC阻聚剂 mg/kg
1	0.2	99.64	3	11	0
2	0.3	99.71	2	8	0
3	0.5	99.74	2	7	0
4	0.7	99.78	2	7	0
5	0.9	99.81	2	6	0

2.6 停留时长控制

装置丁二烯不涉及储存环节，有两个丁二烯进料罐V3104和V3404，TBC含量小于2mg/kg。V3104体积为37.8m^3，液位控制为30%~60%，温度控制小于26.5℃。如表7所示，根据物料平衡计算，精丁二烯进出此罐流速约5.62t/h，计算可知停留时间最长3.36h。V3404体积为39m^3，因兼供间歇线和连续线，为保供安全日常液位控制在30%~60%，计算可知停留时间最长2.4h。

表7 停留时长计算表

罐号	TBC含量 mg/kg	体积 m^3	液位控制 %	温度控制 ℃	流量控制 t/h	停留时间 h
V3104	<2	37.8	50	<26.5	5.62	3.36
V3404	<2	39	30~60	<26.5	9.75	2.4

3 优化方案

（1）温度控制的影响。进料温度控制在靠下限15℃，可有效维持进料量稳定及系统操作平衡。当进料温度过低时，提馏段液相流量将增加，再沸器热负荷不能承受时将引起提馏段温度下降，釜液中轻组分上升，为保持塔釜液位，加大重组分采出会减少热源致使全塔温度下降，打破平衡造成损失。

（2）压力控制的影响。通过控制较低的精馏压力，可平衡系统蒸馏与回流能耗。当工况异常时，塔顶压力升高，则气相中重组分减少，气相量减少造成侧采量下降。因此，精馏操作压力控制应向下维持稳定，将压力平衡作为调整其他参数的前提。

（3）回流比控制的影响。设置回流比串级调节，用采出量控制回流量进而稳定轻关键组分，优化采出量及产品组分，降低能耗。

（4）塔底重组分采出控制的影响。控制塔底重组分采出可有效降低自聚物和二聚物的产生。经计算，丁二烯精制系统塔釜采出量较小仅为70kg/h。调研兄弟装置为降低轻组分损耗，采取周期性定时切重操作。但由于塔径较小，操作时若采出流速过快，会造成塔釜液面降低，再沸器循环量下降，高温处生成的自聚物增加。但釜液面控制过高，则会造成停留时间加长，从而生成二聚物。

（5）进料量控制的影响。通过合理控制进料量，可有效减少干丁二烯停留时间，降低二聚物堵塞管道风险。干丁二烯（精制塔后流程）仅含微量TBC阻聚剂，易随着停留时间的增长发生自聚，因此不建议长期低处理量运行。为防止后路聚合反应单元断料，装置优化了采出—进料串级控制系统，根据聚合单元需求量进行衡算，反向控制精馏塔进料量。

4 优化

4.1 工艺条件

根据流程模拟结果，计算出装置丁二烯精馏塔优化条件如表8所示。

表8　优化工艺条件表

序号	参数名称	单位	指标
1	进料温度	℃	15
2	单塔运行负荷	%	86
3	塔顶压力	MPa	0.33
4	回流比		0.3
5	停留时长	h	3.36/2.4

4.2 节能计算

选取产品组分合格时不同工况下能耗进行模型计算（本文仅统计再沸器、冷凝器热负荷），单线精馏节约能耗最大值为17.85kgEO/t。

5 优化总结

本文通过流程模拟的严格精馏塔模型RadFrac提出了5项优化丁二烯精制单元运行控制的方法及参数，可在降低装置能耗的同时，优化生产负荷，防止丁二烯物料长时间停留等因素造成自聚物、二聚物增加，延长生产线的检修周期。

（作者：马天翼，广西石化PMT4，橡胶装置操作工，技师；马元驷，广西石化PMT4，工程师；于晓娟，广西石化PMT4，橡胶装置操作工，高级工；齐国才，广西石化PMT4，橡胶装置操作工，技师；赖文君，广西石化PMT4，橡胶装置操作工，技师）

氢气回收装置原料气工艺优化改造

◆ 雷锡峰 焦敬雯 高 飞 崔 海 韩杰彪

某炼油厂中有多股含氢量较高的尾气，平均氢气含量大于60%，氢气回收装置是通过膜分离技术将尾气中高附加值氢气完全回收，氢气产品在油品升级、结构优化、提质增效、绿色低碳等方面起到重要作用，回收炼厂尾气中的氢气后，尾气作为燃料气热值提高，密度变化较小，加热炉燃烧稳定。氢气回收装置每年可回收氢气约20000t，有效降低制氢装置负荷，为企业带来可观的经济效益和环保效益。然而，氢气回收装置自开工运行以来，由于原料气中组分较多且携带杂质，氢气回收装置每运行2～3个月就需要停工处理，为保证装置长周期运行，需要对原料气工艺进行优化和改进。

1 工艺现状

氢气回收装置处理规模为50000m³/h，年开工时数8400h，操作弹性60%～110%。全厂轻烃回收干气、PSA1解析气、汽油加氢净化气、渣油加氢脱硫干气、高压放空回收气、渣油加氢脱硫后富液闪蒸气共6股来料混合后经过原料气压缩机升压至2.9MPa，进入膜分离器组，渗透气作为产品氢气出界区进入PSA1装置或全厂氢气管网，非渗透气作为尾气出界区进入燃料气管网。膜分离设施的工艺流程可分为预处理和膜分离两部分。原料气进入膜分离装置后，首先进入气液分离器，除去大部分可冷凝的液体和粒子—液位变送器对气液分离器的液位实行液位指示、报警及联锁。气液分离器出来的气体进入两个串联的凝结型过滤器，以进一步除去油雾及大于0.01m的粒子。经膜前加热器将原料气加热至83℃，使原料气远离露点，不因氢气渗透后滞留气烃类含量升高冷凝形成液膜而影响分离性能，用蒸汽调节阀与温度变送器联合实现原料气温度的调节、指示、报警及联锁。加热过的气体进入膜分离器组进行分离，得到产品氢气，经膜后冷却器冷却后进入PSA1装置进一步提纯或者送至氢气管网，高压侧的非渗透气经冷却后送至燃料气管网。氢气回收装置工艺流程图如图1所示。

2 问题分析

（1）原料气压缩机入口过滤器压差上涨较

快，压差达 80kPa，最高达 100kPa，超过了滤芯的设计压差，导致原料气压缩机入口压力不足，压缩比增大，排气温度高，压缩机偏离设计工况运行。原料气压缩机入口过滤器存在堵塞问题，堵塞后，造成原料气压缩机不能稳定运行，装置只能停工处理。装置停工后，对原料气压缩机入口过滤器拆检发现，过滤器有较多黑色粉末状物质附着聚集在过滤器过滤网上。由于上游装置操作异常波动，PSA1 解析气携带的吸附剂粉尘，高压火炬气和渣油加氢脱硫干气携带的 C_5 以上重烃类和固体杂质导致原料气压缩机入口过滤器堵塞。

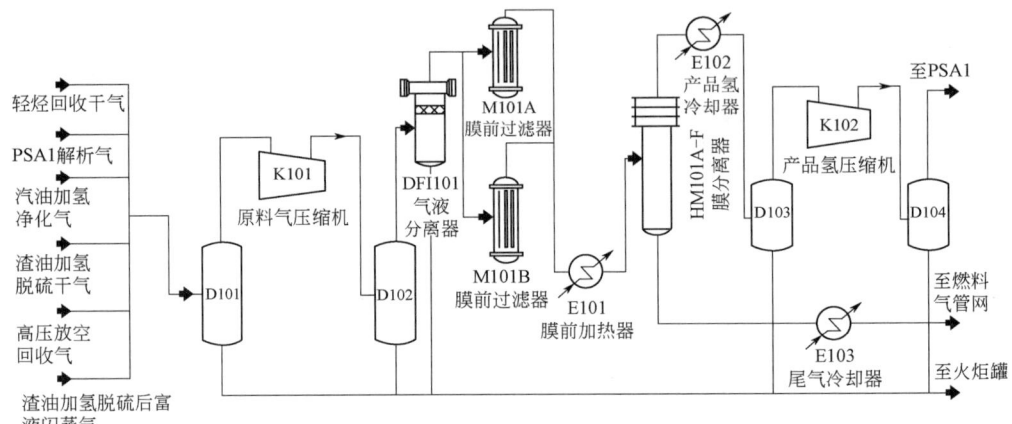

图 1 氢气回收装置工艺流程图

（2）膜前加热器 E101 压差上涨，膜前分离压力低于设计压力，存在堵塞问题，因分离压力不足，影响膜分离效果。严重时，需停工处理。对膜前加热器拆检后发现，管束入口有黑色及黄褐色等污垢，如图 2 所示，导致大部分管束堵塞，对污垢进行化验分析发现为铵盐结晶所致。

图 2 膜前加热器 E101 内部图

（3）对原料气进行采样分析，发现原料气中含有氨气，原料气经过膜分离后，产品气中也含有氨气，进入重整 PSA1 装置后出现结盐现象，影响装置平稳运行。原料气中含有的氨气和粉尘杂质对装置长周期运行影响较大。

3 改造实施

首先，在原料气压缩机入口处增加一组过滤器，如图 3 所示，以便压差高时可在线进行切换清洗，有效减少停工处理的次数，保障了装置长周期运行。

其次，对氢气回收装置增加原料气水洗系统设施，改造后流程如图 4 所示。将富含氢气的原料气混合后送入原料气水洗塔。在水洗塔内，原料气与水逆流接触。水吸收原料气中的微量碱液气体组分氨气，氨气易溶于水中。当水中溶解一定量的氨气后，需要对水洗水进行更换。水洗处理后的原料气在塔顶部经过组合纤维与翅片凝聚分离内件脱除气体中 99% 的液滴。原料气经过脱液处理后进入原料气入口分液罐 D101。塔底的水洗水经过水洗循环泵（P102A、P102B）升压后返回塔继续洗涤原料气。装置运行过程中需要定期外排一定量的水洗水，同时通过新鲜水加压泵

（P103A、P103B）补充同样多的水进入塔内。

图3 原料气压缩机入口过滤器

最后，增加水洗及过滤设施。经过水洗，氨气含量几乎为零，黑色粉末状杂质也被水洗水脱除，水洗后NH_3含量及水洗水氨氮（蒸馏—滴定）化验分析如图5所示，脱除原料气中的氨气和粉尘杂质，解决PSA1铵盐结晶问题、原料气压缩机入口过滤器和膜前加热器堵塞问题。原料气经过水洗及过滤后，原料气中的颗粒杂质和氨气组分得以脱除，达到装置平稳的长周期运行。消除本装置对下游装置的影响，增加氢气产量，进一步弥补全厂氢气缺口。

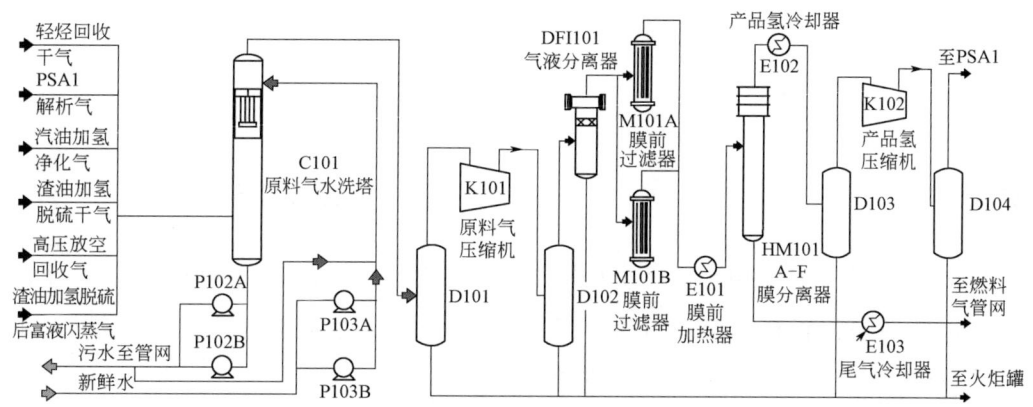

图4 氢气回收装置改造后流程图

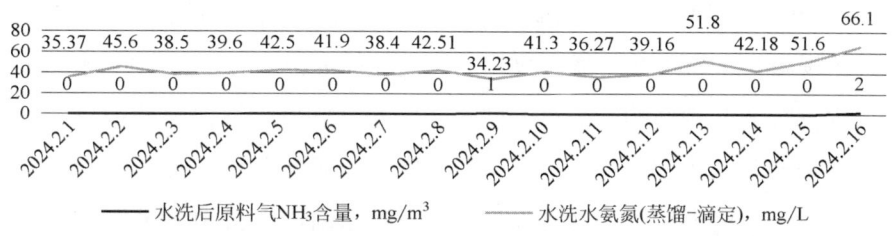

图5 水洗后NH_3含量及水洗水氨氮（蒸馏-滴定）化验分析趋势图

4 效果结论

通过对氢气回收装置优化改造，目前原料气量为40000m³/h左右，可回收氢气约1.5t/h。运行时原料气中的氨气和粉尘得到了有效脱除，产品氢气中氨气含量为零，PSA1进料结盐问题、原料气压缩机入口过滤器和膜前加热器堵塞问题得到有效解决，减少了装置停工次数，实现长周期运行，提高了装置的氢气回收率。

（作者：雷锡峰，广西石化炼油三部，汽油煤油柴油加氢装置操作工，高级技师；焦敬雯，广西石化炼油三部，汽油煤油柴油加氢装置操作工，技师；高飞，广西石化炼油三部，加氢裂化装置操作工，技师；崔海，广西石化炼油三部，工程师；韩杰彪，广西石化炼油三部，工程师）

电动执行机构视窗模糊修复自主创新与应用

◆ 满雪 赵亮 朱金平 李昊 闫少恒

1 现状分析

广西石化自投产建设至今，电动执行机构服役已超过15年，因地理位置处于亚热带季风气候，全年平均降雨量在2100～2300mm，雨水中含有酸性物质，对有机玻璃的腐蚀影响较大，截至目前420台电动执行机构的视窗已丧失功能。

电动执行机构的视窗为有机玻璃材质，采用套嵌式连接方式，内部分为两种结构：A为丁腈橡胶复配10mm普通玻璃片压盖密封；B为有机玻璃整体铸模压盖密封。所用电动头均为进口厂家生产，并且厂家不提供视窗单独更换服务。现供货厂家对于视窗模糊的改善建议为：更换整套电动执行机构密封，造价1650元/套，全部更换需增加成本693000元。在现有安装区域中322台位于一级、二级重大危险源区域内，98台位于重质油罐区及相应泵区中。因视窗模糊，直接导致现场阀门状态失控，操作人员无法通过视窗判断阀门开闭时的具体阀位，形成操作安全隐患，增加误操作的风险。

2 技术思路

由于更换整套密封成本较高，工艺条件受限等原因，秉承提质增效理念，项目小组成员对其进行优化。

2.1 普通清洁思路

采用牙膏、砂纸、有机玻璃清洁剂等常见方式进行维护。维护初期的周期较长，需要投用大量人力物力。维护中期因重大危险源安全要求，导致一部分产品不能使用。维护后期因气候、降雨等原因，视窗相继发生模糊现象，维护周期5个月后停止常见维护方式。

从图1和图2的对比中可以看出，维护仅恢复视窗部分观察功能，未对整体外观进行改善。

2.2 创新修复方式

第一阶段：更换视窗的材质，用普通玻璃片替换有机玻璃片，从基础材料应用方面降低腐蚀发生的概率。

第二阶段：因电动执行机构套嵌结构特殊，定制需要对玻璃铸模，根据市场调研中的线上、线下反馈统计得知，如采用整体铸模方式将增加成本及定制难度，故自主设计采用306不锈钢作为套模，内嵌普通玻璃片，采用这样的方式既可以秉承提质增效理念，又可以在后期方便更换内部玻璃片，延长铸模的使用寿命。

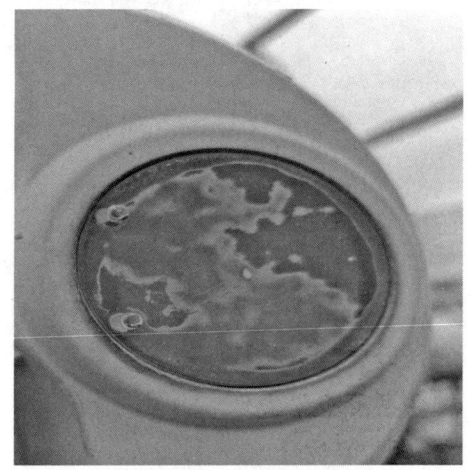

图1 维护前

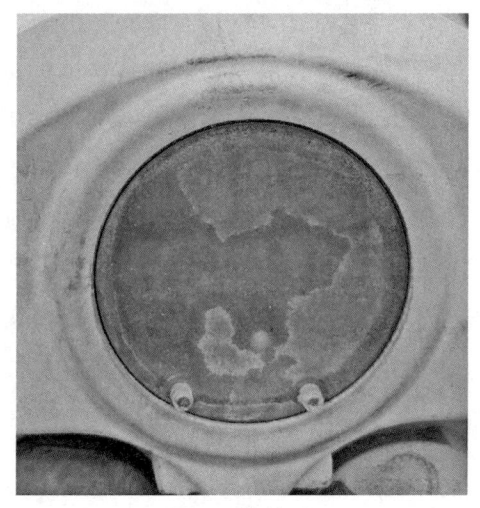

图2 维护后

第三阶段：根据电动执行机构的外壳尺寸定制新的套模，更换A类内部套嵌有机玻璃片，沿用原密封方式，在不破坏原内部设计的基础上完成外部更换；采用新设计套模更换B类内部整体铸模结构，用防爆防水胶和丁腈橡胶作为密封方式。

3 提出方案并实施

3.1 研究视窗替代产品

经内部实验确定玻璃片厚度为2mm，可满足现设备运行条件，在不损坏原外壳的基础上，将有机玻璃片更换为普通玻璃片，其优点为：

（1）透明度高。具有很高的透明度，对光线的透过率接近100%，不会阻挡光线的传播，可以让阳光充分照进室内，营造一个明亮的可视化操作空间。

（2）硬度高。表面硬度很高，不容易被刮花，抗压性能也很好，在常温常压的电动执行机构中不易破损。

（3）耐腐蚀。硅酸盐复盐的化学性能相对稳定，不会被空气、水等物质侵蚀，因此可以长时间保持透明度和光亮度。

3.2 探索视窗密封方式

采用306不锈钢作为套模，内嵌普通玻璃片，可满足现设备外观条件，并符合关于限制点火源能量的相关要求。其次结合玻璃片自身特性，最大限度降低了产品的自身风险。最后考虑到延长应用周期等问题，此设计可在后期根据需要更换内嵌式玻璃片，持续降本增效。

3.3 防水防尘改造

根据电动执行机构外壳尺寸定制新的套模，更换A类内部套嵌有机玻璃片，沿用原密封方式，丁腈橡胶NBR（Nitrile-Butadiene Rubber）是由丁二烯和丙烯腈经乳液共聚而成的聚合物，以其优异的耐油性而著称，同时还具有良好的耐磨性、耐老化性及气密性。能满足生产实际应用场景的需求，并保证自身不可燃。采用新设计套模更换B类内部整体铸模结构，用防爆防水胶和丁腈橡胶作为密封方式。在实验阶段分别采用玻璃胶、丙酮结构胶等常见的密封胶，根据实验结果得出，以上胶类除受大气温度、空气中含水量、受用面积平整度等客观因素外，还会根据环境温度的变化影响黏合时长，如外界温度高于40℃时，胶体变软见水后出现脱胶现象。经过多层材料筛选，选定无影胶，无影胶对环境空气无污染，防水、无溶剂，可燃性低。固化速度快，几秒至几十秒即可完成固化，有利于自动化生产，提高更换进度率。无影胶室温即可固化，节省能源，固化后即可进行安装以及搬运，节约空间。因本次设计适用的环境及光照特性，能在最大限度实现更换需求。两种模型进入实验阶段，根据电动设备规范的相关要求，在恒温35℃的5L水中加入配比20%浓度的酸，整体浸泡72h后，内部无渗水、结垢、脱胶现象。

图3 原电动执行机构视窗

图4 现电动执行机构视窗

4 应用结果和效果

在冬季雨季来临前，将016-P505泵HV5047电动执行机构作为试点，内部结构为B类，采用新套件及密封方式，实体监测至次年3月长期持续潮湿天气结束，完成防水密闭外部环境实验。拆机检查确定材料稳定性良好，结构密封完整，防水性能通过实体监测。

通过图3和图4的现场实际投用对比结果可以看出，改造前电动执行机构视窗模糊，丧失观测功能。改造后视窗功能恢复，外部306不锈钢母件在耐腐蚀和光老化等方面，解决原产品存在的问题；内部玻璃片为子件，套件设计可实现单独后期更换，产品使用效果稳定，经济效益显著提升。

采用自主设计套件替换原有有机玻璃视窗，使维护成本从单台1650元降至119元。已更换98台电动执行机构，共节约15万元。后期将持续对322台电动执行机构进行更换，可节约49.3万元。

5 结论及认识

该产品降低了人员维护的劳动强度，修复电动执行结构运行工况，保障了罐区的安全运行系数，确保了电动执行机构的完整性，延长了电动执行机构的使用年限。该产品在设备中的应用，大幅度降低了设备的维护成本。

新套件设计适用于同批采购的电动执行机构，打破进口设备维护壁垒，覆盖面积较广，值得大面积推广应用。

（作者：满雪，广西石化储运一部，油品储运操作工，技师；赵亮，广西石化储运一部，油品储运操作工，技师；朱金平，广西石化储运一部，油品储运操作工，技师；李昊，广西石化储运一部，油品储运操作工，技师；闫少恒，广西石化储运一部，油品储运操作工，技师）

催化裂化装置烟机出口膨胀节应用分析及优化

◆ 王彦新　史光辉　王宝鹏　付　冲　李海生

烟机的运行情况直接关系炼化装置的能耗与经济效益，常见的催化裂化装置烟气轮机结构如图1所示。烟机转子属于悬臂结构，如图2所示，轮盘部分较重，整个转子稳定性差，因此易产生振动。高温及含有催化剂粉尘的苛刻工况条件下，以及烟机的薄壁结构特性，进出口管嘴受力要求严格，因此，在烟机出口处安装膨胀节，成为唯一的解决方案。

图2　烟机转子

广西石化使用的压力平衡型膨胀节产品，波纹管刚度小，可实现重量自平衡、压力推力自平衡，避免了膨胀节和烟机出口（包括天圆地方变径组件）以上部件的重量作用在烟机，且现场安装方便，因而在烟机出口处得到了较为广泛的应用。

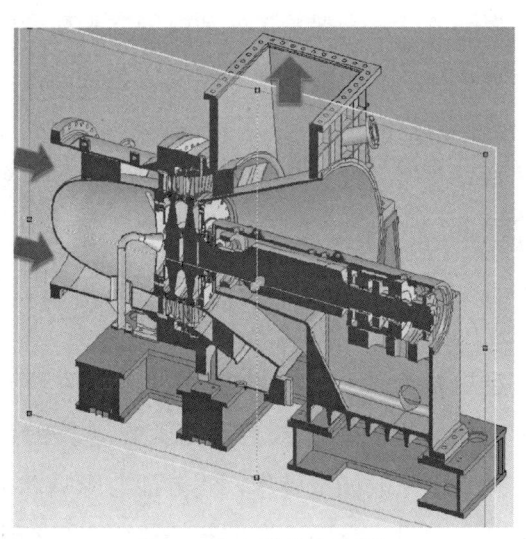

图1　烟机结构示意图

但是根据行业间技术交流及调研，膨胀节应用不当而引起的烟机振动超标或波纹管腐蚀失效等问题，已成为制约烟机能量回收及影响设备长周期运行的重要因素。

1 不当应用分析

1.1 三通支撑板固定方式不恰当

如图3所示，膨胀节自身的重量通过受力弹簧、拉杆传递到膨胀节三通组件上，再通过三通组件上的4个支撑板传递到专设的钢结构固定支架，如图4所示，从而确保自身重量不会作用在烟机上，并有利于烟机出口更换零部件。

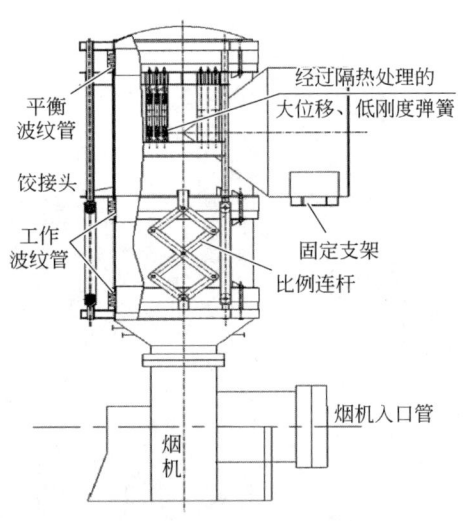

图3 自重量平衡压力平衡型膨胀节

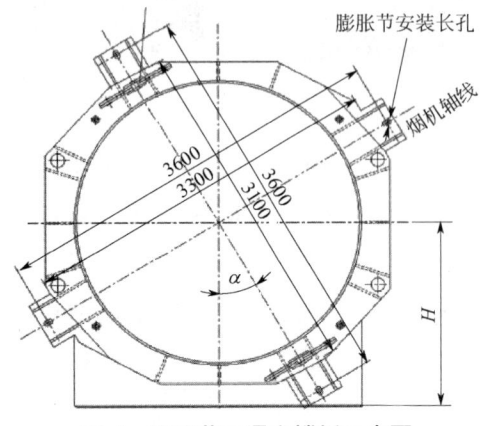

图4 膨胀节三通支撑板示意图

一般膨胀节厂家均会要求4个支撑板与专设的土建桁架采取螺栓安装固定。一方面可避免膨胀节因烟机振动出现偏移，另一方面也有助于高温下膨胀节径向膨胀量的释放。

如果在膨胀节安装时，未采取有效固定，则极易导致膨胀节因约束不足而产生振动，并引发烟机管口受力超标，导致装置故障。

若对烟机出口膨胀节的四个支撑板与土建桁架直接焊接，同样会导致膨胀节在高温作用下产生的径向膨胀无法释放。当径向热位移与其他方向的位移叠加后，也会引起烟机的异常振动。

1.2 比例连杆销轴脱落

比例连杆的作用有两点，一是传力作用，将中间管的重量传递给三通和端管组件，二是保证两组波纹管变形协调。但如果烟机出口管线设置不当，将导致膨胀节的工作波纹管存在与比例连杆所在平面不一致的横向位移，并造成比例连杆销轴发生脱落，造成工作波纹管过度拉伸（压缩）而提前失效。

1.3 装运固定件未拆除

膨胀节厂家为保护工作波纹管、平衡波纹管在运输途径、起吊安装中的结构完整性，通常会采取两种措施：

（1）每个波纹管两端均设置装运杆，并采用螺母固定。

（2）工作波纹管处的受力拉杆设置固定螺母，以约束拉杆偏转。

以上螺母约束零件均需在膨胀节安装到位后，完全予以去除，或后退至厂家建议的位置处。如果不采取如上操作，一方面会影响烟机平面的调平；另一方面，还容易造成实际运行中烟机受力不均，而呈现"跑偏"的状况。

2 服役失效分析

2.1 波纹管腐蚀失效

基于降低烟机管嘴位移反力的目的，烟机出口膨胀节波纹管多采用双层的薄壁结构。某炼化企业应用的膨胀节波纹管材料为Incoloy800，在中期检修时产生了再生烟气的露点腐蚀，造成波纹管内层腐蚀穿孔，继而腐蚀性液体通过腐蚀性孔洞流入波纹管两层之间，管线在升温过程中温度升高，液态酸性溶液汽化，当温度持续升高时，气体膨胀，波纹管出现爆裂。

2.2 烟机异常振动

烟机出口膨胀节受力拉杆的连接焊缝在正常运行时出现开裂，现场解剖和观察后，最终判断为烟机异常振动导致的膨胀节失效。后经系统优化，这一问题得到妥善解决。

2.3 弹簧拉力过大

膨胀节的弹簧集中布置在弹簧箱内，作为一个组件。弹簧箱设置在侧面两根拉杆之间，其上部固定在三通组件的端板上，下部固定在弹簧连接板上，弹簧连接板与拉杆固定连接。弹簧在膨胀节制造厂内进行预拉伸，预拉伸量根据膨胀节作用到烟机管口的载荷确定。若弹簧刚度选型不当，可能会造成烟机"上提"的状况。

3 优化升级方法

3.1 比例连杆结构优化

GB/T 12777—2019《金属波纹管膨胀节通用技术条件》中的比例连杆多为"平面式"结构，烟机出口膨胀节的比例连杆结构亦沿用了此种设计理念。鉴于实际应用中可能存在的多个方向横向位移并存的补偿要求，可优化采用"平面连杆+万向环"的结构形式，如图5所示，以降低销轴振动脱落、工作波纹管提前失效的风险。

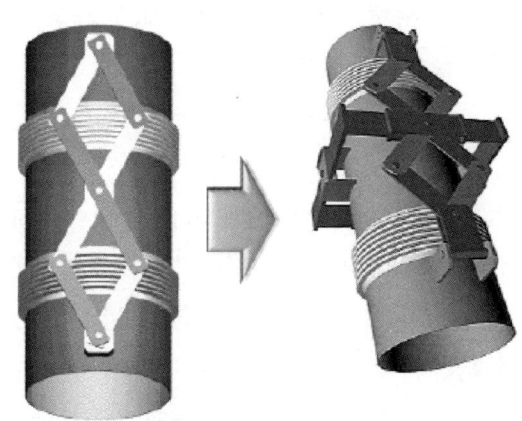

图5 比例连杆结构优化示意图

3.2 波纹管焊缝结构优化

考虑到停车检修时，烟气与水蒸气冷凝形成酸性腐蚀介质，造成波纹管腐蚀的问题，可在与波纹管组焊的筒体止口部位，增设圆周均布的排液孔，如图6所示，并在波纹管直段处增设护环予以加强。

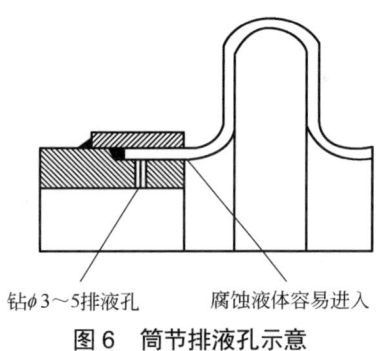

钻φ3～5排液孔　　腐蚀液体容易进入

图6 筒节排液孔示意

对于竖直向上安装，其极易出现积液的膨胀节，还可考虑不采用波纹管外套结构。

3.3 精准调整弹簧拉力

当前，智能管控逐渐成为炼化行业提升设备管理水平的一种重要方式。随着采集传感技术的不断发展，可在膨胀节适当位置设置位移传感器和力传感器，以实时监测波纹管的补偿位移和弹簧弹力。之后，通过综合考虑工作波纹管、中接管、端部组件、比例连杆等的重量，以及膨胀节的实际工作刚度，精准地调整膨胀节弹簧弹力，消除烟机管口受力过大问题。

4 结论

本文基于烟机出口膨胀节的复杂性和重要性，并结合某制造厂的专利型产品在安装过程中可能出现的不当应用以及失效问题进行了较为详细的分析，希望给业内同行提供帮助，避免在同类产品应用中出现类似状况。同时，还从比例连杆和波纹管焊缝结构优化、弹簧弹力智能化控制等方面，提出了一些改进思路，希望能提供一定借鉴。

参考文献

李中为. 催化裂化装置烟气轮机出口压力平衡型膨胀节的设计应用 [J]. 石油化工设备技术，2017（5）：10-13.

（作者：王彦新，广西石化炼油一部，催化裂化装置操作工，高级技师；史光辉，广西石化炼油一部，高级工程师；王宝鹏，广西石化炼油一部，高级工程师；付冲，广西石化炼油一部，高级工程师；李海生，广西石化炼油一部，催化裂化装置操作工，技师）

基于夹点技术的汽油加氢精制装置换热网络优化

◆ 王文波　陈克念　王爱民　马立朋　张　乐

石油化工企业是能量密集型单位，节能、降耗、减排历来是石化企业关注的焦点，也是国家石化行业发展的重大战略。现在已进入过程系统节能的时代，过程集成已成为行业发展的重中之重。在节能降耗各种措施中，换热网络优化是炼油装置节能降耗的重要方法，而夹点技术是换热网络优化应用最广泛的过程能量综合方法，具有简单实用、直观灵活等特点。夹点技术实现过程系统能量利用与回收的优化配置，通过对装置内的换热网格进行优化，增加系统换热效率，最优化利用系统内外部冷热量，从而实现外部能耗最低，减少装置的年总成本，降低碳排放，促进碳中和。

某炼油厂120×10⁴t/a汽油加氢精制脱硫装置由汽油精制脱硫单元和汽油加氢脱硫单元组成。其中汽油精制脱硫单元为汽油预处理单元，主要是对原料汽油进行轻重汽油的分离和脱硫处理。此装置内配置的冷热交换设备较多、温差较大，如果能够对换热网络进行有效的梯级利用，可降低装置的总体能耗和生产成本，因此，对该装置的换热网络进行系统优化具有非常重要的现实意义和经济价值。文中利用夹点技术问题表法，对该装置的换热网格进行节能分析，对其不合理的换热匹配提出优化方案，并通过实际生产检验达到节能降耗的目的。

1　汽油精制脱硫单元工艺简介

120×10⁴t/a汽油精制脱硫单元，是对催化裂化装置来原料汽油进行加氢处理，以脱除汽油中的硫醇，降低二烯烃含量，同时实现轻、中汽油的分离。该工艺可代替常规的催化裂化汽油脱硫及脱硫醇工艺，也为汽油深度加氢脱硫创造条件。

如图1所示，汽油精制单元原料汽油进入原料罐，经进料泵升压后在原料/中汽油换热器中与塔底中汽油产品换热后至加氢蒸馏塔。原料汽油进塔温度保持在139℃，塔底设重沸器，底温由出口凝结水流量控制实现。塔顶油气经塔顶空冷器部分冷凝、冷却到60℃后进入回流罐，在回流罐内进行气液分离，液体作为回流通过回流泵返回塔内。回流罐内的不凝气体进入塔顶后冷器经循环水进一步冷却，冷凝液自流回到回流罐中，不凝气体放空排入低压瓦斯管网。

轻汽油产品从加氢蒸馏塔顶部催化剂床层上面的升气塔板侧线抽出，进入到轻汽油空冷器冷却至60℃后，再经轻汽油后冷器进一步冷却到40℃送出装置。

塔底中汽油产品由中汽油产品泵抽出，首先经原料/中汽油换热器回收热量，然后分别经中汽油产品空冷器和中汽油产品后冷器冷却至40℃送入汽油加氢单元。

加氢蒸馏塔塔底重沸器热源由3.5MPa蒸汽提供。

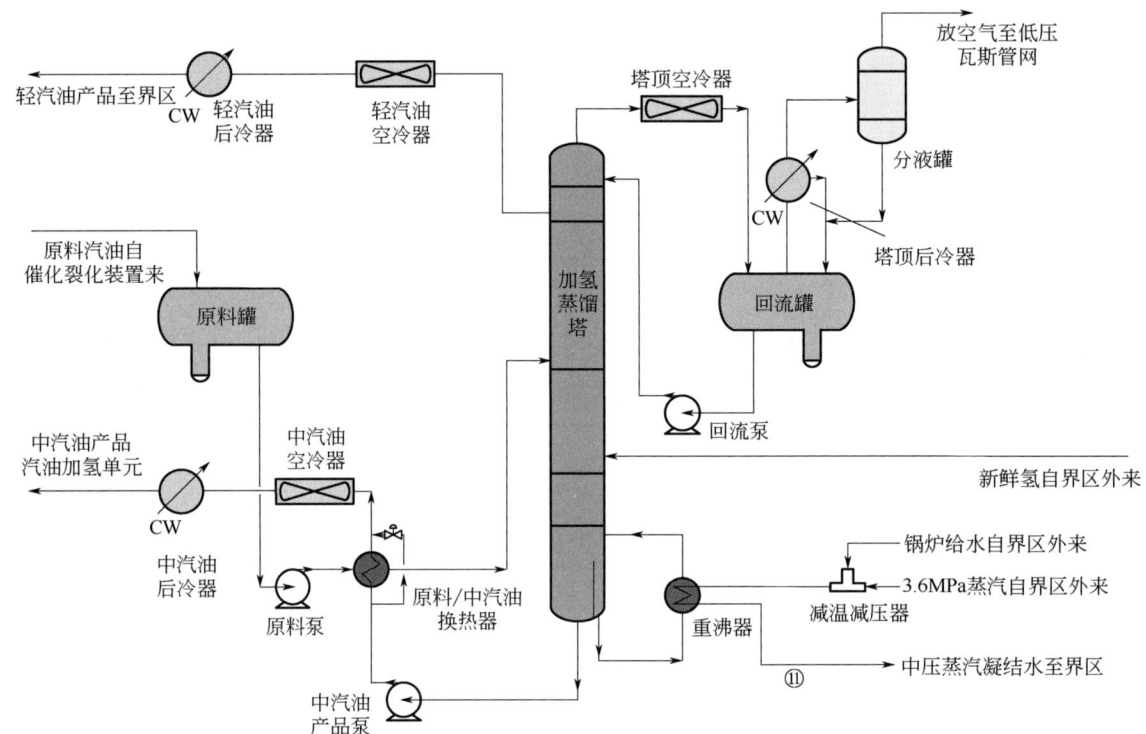

图1 汽油精制单元原则流程图

2 汽油精制单元工艺物流数据

本文根据汽油精制单元的实际生产工况，对生产流程进行分析，换热网络共有热物流10股，冷物流6股。利用原料汽油评价数据及汽油精制单元工艺流程数据，借助AspenPlus过程模拟软件对汽油精制单元流程进行模拟，提取汽油精制单元各产品的换热相关参数（初始温度、目标温度、热容流率等），如表1所示（表中H1～H10为热物流，C1～C6为冷物流）。该换热网络公用工程为蒸汽、冷却水、空冷器及减温减压器。

表1 装置冷热流股工艺数据

序号	物流名称	对应换热器	初始温度 ℃	目标温度 ℃	热容流率 CP kW/℃
C1	循环水	塔顶后冷器	34	44	14.07
C2	循环水	轻汽油后冷器	34	44	12.44

续表

序号	物流名称	对应换热器	初始温度 ℃	目标温度 ℃	热容流率 CP kW/℃
C3	循环水	中汽油后冷器	34	44	19.18
C4	原料汽油	原料/中汽油换热器	40	139	101.05
C5	中汽油	重沸器	189	194	174.97
C6	锅炉给水	减温减压器	104	245.9	6.33
H1	3.5MPa过热蒸汽	减温减压器	410	245.9	1.92
H2	减温后蒸汽	重沸器	245.9	200	19.06
H3	中汽油	原料/中汽油换热器	194	103	67.77
H4	中汽油	中汽油空冷器	103	60	67.77
H5	塔顶油气	塔顶空冷器	82	60	31.67
H6	轻汽油	轻汽油空冷器	82	60	31.67
H7	中汽油	中汽油后冷器	60	40	67.77
H8	轻汽油	轻汽油后冷器	60	40	36.73
H9	塔顶油气	塔顶后冷器	59	40	6.5
H10	塔顶油气	塔顶后冷器	59	40	3.94

3 换热网络用能现状分析

目前汽油精制单元主要问题在于部分温度控制点没有达到设计要求，换热网络匹配度不够，造成过多的能源消耗。特别是重沸器蒸汽使用上存在着设计缺陷，3.5MPa过热蒸汽要通入锅炉给水经减温减压器冷却到245.9℃后再进入重沸器进行加热，不但增加了锅炉给水用量，也降低了蒸汽使用效率。温度控制偏差如表2所示。

表2 温度控制偏差数据表

项目	物料名称	设计数值 ℃	现控制数值 ℃	偏差 %
原料进装温度	原料汽油	90	40	55.55
原料汽油进塔温度	原料汽油	139	132	5.04

续表

项目	物料名称	设计数值 ℃	现控制数值 ℃	偏差 %
中汽油出装温度	中汽油	100	40	60.00
塔底蒸汽温度	蒸汽	245.9	410	-66.73

3.1 换热网格分析

3.1.1 原料汽油进装温度

正常生产期间，催化裂化装置的稳定汽油全部作为汽油精制装置的原料，进料的设计温度为90℃，压力为0.55MPa，实际温度为催化裂化装置吸收稳定产品汽油出装冷却后温度40℃。

3.1.2 原料汽油进塔温度

原料汽油进入装置原料罐后，经进料泵升压和原料汽油/中汽油产品换热器与塔底中汽油产品换热升温后进入加氢蒸馏塔,进料设计温度为139℃,现控制温度132℃。

3.1.3 重汽油出装温度控制

汽油精制脱硫单元加氢蒸馏塔塔底中汽油经塔底中汽油泵升压,经中汽油空冷器与中汽油后冷器降温到40℃后直供送至汽油加氢脱硫装置。根据汽油加氢脱硫装置的进料设计要求,中汽油温度最高可达100℃,实际出装温度40℃。

3.1.4 汽油精制塔底热源供给

汽油精制脱硫单元塔底设计为压力3.5MPa、温度410℃的中压过热蒸汽作为热源,由于热量过剩,进入塔底重沸器之前需进入减温减压器通过注入锅炉给水降温至245.9℃后进入塔底重沸器,每小时大约需要注入7～8t的锅炉给水。

3.2 换热网络夹点分析（问题表法）

3.2.1 最优传热温差 ΔT_{min} 的确定

ΔT_{min} 是指换热设备中冷、热物流在逆流条件下冷端和热端之间的最小温差,反映了投资与能耗的权衡关系。

夹点温差 ΔT_{min} 越小,可回收热量越多,所需的加热或冷却公用工程用量越少,但是换热面积会增大,从而导致设备投资费用增大,反之亦然。最优 ΔT_{min} 的确定需要综合考虑设备投资和操作费用的相对大小,取年总费用最小时对应的温差为最优夹点温差。文中选取换热网络 ΔT_{min} 为18℃。

3.2.2 根据 ΔT_{min} 为18℃划分温区

对冷流体：区间温度 = 原温度 +18/2

43℃,49℃,53℃,113℃,148℃,198℃,203℃,254.9℃。

对热流体：区间温度 = 原温度 -18/2

31℃,50℃,51℃,73℃,94℃,185℃,191℃,236.9℃,401℃。

所有冷热流体平均温度从大到小排列,整个系统可以划分为16个温区,如图2所示。

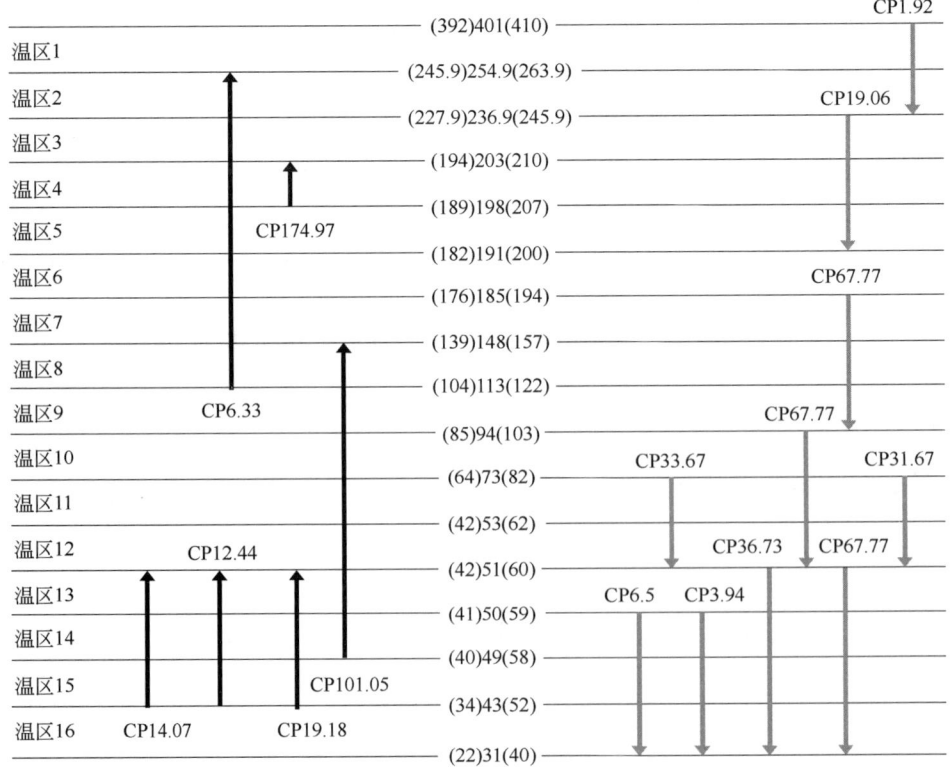

图2 温区划分图

3.3 温区内焓变计算

温区焓变公式：

$$\Delta H_i = (\sum FCP_C - \sum FCP_H)(T_i - T_{i+1})$$

式中 ΔH_i——第 i 区间所需外加热量，kW；

$\sum FCP_C$——该温区内冷物流热容流率之和，kW/℃；

$\sum FCP_H$——该温区热物流容流率之和，kW/℃；

T_i、T_{i+1}——该温区的进出口温度，℃。

ΔH_i 为负值表示该温区有剩余热量。

通过上面热平衡计算公式进行温区内热平衡计算。

如表 3 所示，无热量输入时，装置最小亏欠热量为 571.661kW，将亏欠热量带入后，在温区 10 处输出热量为 0kW，温区 11 处输入热量为 0kW，此处即为夹点。装置最小加热公用工程用量为 571.661kW，最小冷却公用工程用量达到了 1922.34kW。

表 3 温区内热平衡计算

温区	ΔH_i, kW	累计热量，kW			
		输入	输出	输入	输出
温区 1	-280.512	0	280.512	571.661	852.173
温区 2	79.38	280.512	201.132	852.173	772.793
温区 3	-431.547	201.132	632.679	772.793	1204.34
温区 4	811.2	632.679	-178.521	1204.34	393.14
温区 5	-89.11	-178.521	-89.411	393.14	482.25
温区 6	37.98	-89.411	-127.391	482.25	444.27
温区 7	-2273.28	-127.391	2145.889	444.27	2717.55
温区 8	1386.35	2145.889	759.539	2717.55	1331.2
温区 9	632.32	759.539	127.219	1331.2	698.88
温区 10	698.88	127.219	-571.661	698.88	0
温区 11	-601.2	-571.661	29.539	0	601.2
温区 12	-60.12	29.539	-30.581	601.2	661.32
温区 13	42.2	-30.581	-72.781	661.32	619.12
温区 14	31.8	-72.781	-104.581	619.12	587.32
温区 15	-415.5	-104.581	310.919	587.32	1002.82
温区 16	-919.52	310.919	1230.439	1002.82	1922.34

3.4 Aspen 数据代入进行数据确认

将提取出的冷热流股数据输入到 Aspen Energy Analyzer 进行每个温区热平衡计算，并通过绘制冷热流组合曲线图分析，如图 3 所示。经分析在确定 ΔT_{min} 为 18℃ 的情况下，夹点温度为 73℃，即热流股的夹点温度为 82℃，冷流股的夹点温度为 64℃，与问题法求得数据一致。

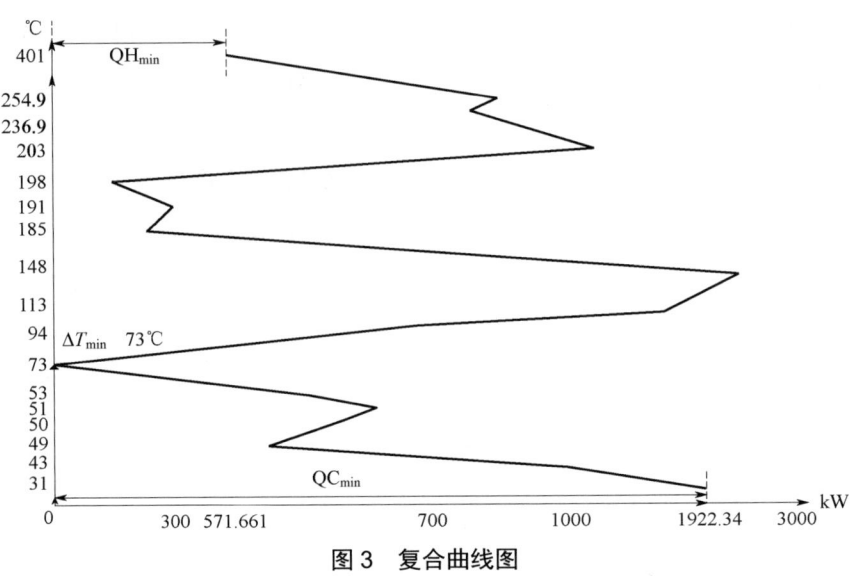

图 3 复合曲线图

4 换热网格优化方案及经济分析

根据夹点技术设计的 3 个原则来分析装置用能的不合理之处：

（1）夹点之上不应设置任何公用工程冷却器；

（2）夹点之下不应设置任何公用工程加热器；

（3）不应有跨越夹点的传热。

利用夹点温度来指导换热网络优化能够最大限度地回收系统的能量，最大限度降低公用工程的消耗。并利用 Aspen HYSYS 建立生产优化方案模型，事先进行量化操作模拟，得出可量化、可执行的工艺优化调整方案。

研究分析催化裂化装置与汽油精制，以及汽油精制与汽油加氢装置之间的热量平衡，从能耗的影响因素出发，推算出各个耗能因子与总能耗的关系。通过分析比对历年能耗数据，找出相关规律，详细计算热进热出数据对装置能耗的影响，为汽油加氢装置热进料提供数据支撑。3 套装置的换热网格流程图如图 4 所示。

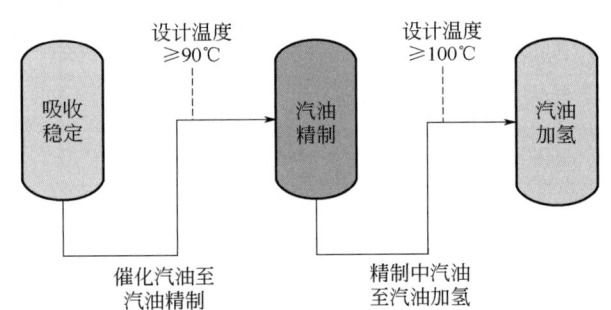

图 4 3 套装置换热网格流程

4.1 中压蒸汽供给改造

通过分析发现汽油精制单元塔底重沸器热源供给为压力 3.5MPa、湿度 410℃的高品质中压过热蒸汽，在作为热源进入重沸器之前，通过注入锅炉给水的减温器降温至 245.9℃，减温器属于冷换设备，锅炉给水温度为 104℃，高于装置测定的夹点温度 73℃。根据夹点之上不应有任何公用工程冷却器的夹点温度设计的原则，此热源供给需要进行技术改造。根据塔底温度设计要求，可将高品质的中压过热蒸汽改为低品质的中压饱和蒸汽，其压力 3.5MPa、温度 246℃，符合精制塔塔底热源供给要求。投用后停用了锅炉给水，可节约装置外来 7～8t/h 的锅炉给水，每年创效

14.7万元。技改流程如图5所示。

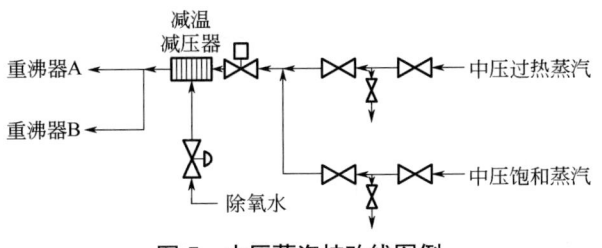

图5 中压蒸汽技改线图例

4.2 原料汽油进装、预热及塔底温度优化

汽油精制脱硫单元现进装温度为40℃，通过比对工艺设计及原料罐设备属性要求，温度可提高至90℃以上，实现装置间的温度梯级利用。方法是通过将催化裂化装置吸收稳定产品汽油出装冷却器的旁路阀开大，提高稳定汽油至汽油精制的进料温度至90℃以上。同时在满足轻汽油中的硫醇硫含量不大于13mg/kg的条件下，降低加氢蒸馏塔塔底温度，由控制200℃降低至190℃左右。并将汽油精制加氢蒸馏塔原进料要求132℃调整至139℃，每小时可以减少汽油精制加氢蒸馏塔塔底热源中压蒸汽的消耗量2.5t。每年可创效252万元。

4.3 优化中汽油出装温度降低水、电及燃料气消耗多产低压饱和蒸汽

为了实现装置间的温度梯级利用，并根据汽油加氢脱硫装置的进料设计要求，中汽油温度最高可达100℃，优化中汽油至汽油加氢脱硫单元的换热网格，提高中汽油出装温度至90℃，节约换热造成的水耗及电耗，并降低汽油加氢脱硫单元燃料气消耗，多产低压饱和蒸汽。

4.3.1 停运中汽油产品后冷器优化循环水消耗

停运汽油精制脱硫单元加氢蒸馏塔塔底中汽油产品后冷器（跨线流程），停用循环水，每小时可节约142t循环水。每年可节约1192800t循环水，一年可节约21.47万元。

4.3.2 停运中汽油产品空冷器优化电力消耗

停运汽油精制脱硫单元加氢蒸馏塔塔底中汽油产品空冷器2台，每小时节约电耗37.4kW，每年可节约16.34万元。

4.3.3 中汽油出装温度优化降低燃料气消耗

中汽油出装温度提高后，汽油加氢脱硫单元在相同的塔底热源温度（340℃）要求下，塔底加热炉负荷降低，燃料气消耗量从2680m³/h降低至2540m³/h，每小时可节省燃料气140m³。每年可节约226.97万元。

4.3.4 中汽油出装温度优化多产低压饱和蒸汽

由于提高了汽油加氢脱硫单元原料进料温度至90℃，流程上原料中汽油进入加氢脱硫塔前与塔顶气相换热温度同样控制在250℃下，降低了塔顶气相经冷却量，过剩气相量转移至塔顶蒸汽发生器，每小时多产低压饱和蒸汽2t/h，每年可创效201.60万元。

4.4 优化换热网络成效统计

优化换热网络取得的成效如表4所示。

表4 优化换热网络取得的成效

项目	数量	单价 元	年创效金额 万元
中压蒸汽	2.5t/h	120	252
循环水	142t/h	0.18	21.47
锅炉给水	8t/h	7	14.7
电	31.416×10^4kW·h	0.52	16.34
燃料气	140m³/h	1.93	226.97
低压蒸汽	2t/h	120	201.6
年合计 万元	733.08		

燃料气消耗与碳排放如表5所示。

电耗和蒸汽消耗与碳排放如表6所示。

表5 燃料气年消耗量与碳排放

化石燃料燃烧二氧化碳排放当量统计表					
燃料名称	消耗量 t，10⁴m³	含碳量 tC/t，tC/10⁴m³	低位发热量 GJ/t，GJ/10⁴m³	单位热值含碳量 tC/GJ	碳转化率	二氧化碳排放当量
燃料气 t	3903.06	0.8381	46.05	0.0182	0.99	11874.29

表6 电耗和蒸汽消耗与碳排放

间接二氧化碳排放当量统计表					
序号	项目	单位	年		
			净外购（或净输出）量	CO_2排放因子	排放当量
1	电	MWh	314.16	0.5271	165.59
2	蒸汽	GJ	12625.2	0.11	1388.77
年合计 t			1554.37		

5 总结

（1）利用 Aspen Energy Analyzer 软件对汽油精制装置工艺的换热网络进行网络模拟，得出汽油加氢装置的 t-h 温焓图和总负荷曲线图。经分析可知，该装置最小加热公用工程量为 571.661kW，最小冷却公用工程用量达到了 1922.34kW，夹点温度为 73℃，最小传热温差为 18℃。优化后，减少热加热工程用量 315.072kW·h，冷却公用工程用量 229.2kW·h，优化比例分别降低冷、热消耗 11.93% 和 55.11%。

（2）基于夹点设计规则分析现有换热网格不合理的环节，根据用能和工业实际情况对汽油脱硫各装置间的换热网络提出优化方案。该方案在现有设备不变动的基础上，利用 Aspen HYSYS 建立生产优化方案模型，事先进行量化操作模拟，得出可量化、可执行的工艺优化调整方案，通过工艺优化调整，降低生产成本，提高经济效益，降低了碳排放。

（3）优化后每年节约水、电、汽及燃料气总计约 733.08 万元，节约电耗和燃料气消耗，年可降低碳排放 13428.66t，加快推进了公司绿色低碳发展，建设"清洁、高效、低碳、循环"的新型炼化企业。

（作者：王文波，广西石化炼油一部，气体分馏装置操作工，技师；陈克念，广西石化炼油一部，催化裂化装置操作工，特级技师；王爱民，广西石化炼油一部，气体分馏装置操作工，特级技师；马立朋，广西石化炼油一部，催化裂化装置操作工，技师；张乐，广西石化炼油一部，催化裂化装置操作工，技师）

间歇调整及停运循环水冷却塔的节能实践

◆ 王天启　赵文荣

炼油企业循环水系统是用水量大、耗电量高的公用工程系统，提高循环水系统的实际运行效率，对于企业经济效益来说至关重要。

本文所述循环冷却水系统是广西石化 $1000×10^4$t/a 炼油企业的配套公用工程，因其地处西南地区，采用"半敞开式冷却塔＋塔底水池＋集水池＋冷水泵＋管网系统＋生产装置换热器"工艺技术。循环水源来自净水厂，总设计循环量为 68000m³/h。采用逆流式机械通风冷却塔工艺，经工艺装置及辅助生产设施单元的冷换设备换热后的循环热水（水温 44℃，压力 0.20～0.25MPa）至冷却塔，通过蒸发散热、接触散热和辐射散热三个过程而得以冷却，温度从 44℃降至 34℃，落入塔底集水池，由循环水泵加压输送至循环冷水管网供各工艺装置的冷换设备循环使用，以及全厂换热设备使用。

该循环水场选用混凝土结构半敞开式辐流冷却塔，单间冷却塔设计处理量为 4000m³/h，采用风机冷却方式，出水均匀，实际供回水温差为 10℃。在系统热负荷基本稳定的情况下，冷却塔的冷却能力主要取决于四个季节的环境温度变化，操作人员根据温度变化自行启动和停止冷却塔风机，从而覆盖较大的节能运行范围。

1 技术思路

1.1 现阶段问题分析

（1）设备及技术老化：工厂循环水系统中的冷却塔因为使用年限或者环境等影响，导致散热效果下降，不能达到其设计的冷却能力，给系统增加额外的能耗。

（2）水质及内部结构影响：受水质、环境以及不合理使用等的影响，会出现塔体老化及填料损坏、布水不均匀等问题，从而导致冷却能力下降，能耗增大。

（3）电机为工频设备，无调节能力：现冷却塔风机选用的电机均为工频电机，无法进行变频调节，导致系统功耗高，且在很长的一段时间内无改造计划。

1.2 技术思路

循环水系统一直是工厂的能耗大户，现有的

循环水系统采用半敞开式冷却塔，冷却塔利用风机抽风来带走水表蒸发潜热起到为水体降温的作用。本项目所在地为西南沿海地区，夏季干球温度34.8℃，温球温度29.1℃，冬季平均温度为14.0～21.0℃，冬季极值温度是3.5℃。

按上述温度情况分析，夏季若能提高单间塔冷却效率，同时通过精细调整适度停运风机可以实现减少电耗，以及降低蒸发量的节水效果；冬季优化水体流态，让它在各塔间分布更均匀，增大水体和冷空气接触面积来增大自然换热面积，同样可以实现节电、节水的目的。通过长时间的摸索、记录与总结规律，加上合理的统计与对比，按季节及温度变化精细操作，间歇式交替调整运行方式，以追求用电效率最大化、水电损耗最小化，达到提质增效的目的。

1.3 技术操作调整要点

（1）关注循环水系统进出流量，及时按照负荷做出操作调整。

（2）风机调整的重点是风量控制，即风机叶片角度。

（3）关注填料的性能及调整流态，即保障填料填充均匀，流体不偏流短路。

（4）保障配水的均匀度，即关注配水系统完好性。

2 具体措施

间歇调整及停塔降能耗操作法是结合装置冷却塔运行情况及数据总结出来的，各项措施需要结合使用，做到互相配合。按照现有企业用工情况及工种任务分派，由内操（操作DCS系统的员工）进行数据统计，经分析后下达调整指令，由外操（现场操作人员）来进行设备启停及阀门开度调节、设备设施维护与运行检查。

实质性的调整是充分结合实际运行环境及气候情况进行的，详实记录数据并统计，进行对比，实现节能的同时为效果验证积累有效数据，便于总结及固化操作方法。

3 效果

本案例以轻油装置循环水系统为实践范围，该循环水系统的设计规模为28000m^3/h，供给连续重整、石脑油加氢、轻烃回收、汽油加氢、气体分馏、汽油精制分馏、制氢、芳烃抽提等装置用水，采用半敞开式机械通风式冷却塔，主要通过风机消耗水体潜热、水气接触直接换热、集水池及沿程管网自然冷却降温。

夏季高温时段循环水与大气温差相对较小，降温速率主要取决于风机工作数量。原操作方式为循环水体均匀分布在各冷却塔，按工艺运行要求和生产实际所需调整风机运行数量。经整理分析日常运行数据和能量计算，将总水量按设计值分配至每个单间冷却塔，使得冷却塔均在最佳工况点工作，充分利用风机带走水体蒸发潜热起到降温作用，提高单间塔冷却效率，既可以精准启停运风机节电也可以降低冷却塔风吹损失。

冬季以及循环水与大气温差大的时段，调整循环水上水压力及流态分布，通过塔内的填料均匀配水、布水、淋水效果，利用大温差、增加接触面积和换热时间的方式，增大自然换热面积可替代风机的部分工作，提升了热传递效率，以达到低能耗降温的目的，实现节水降电耗的目标。

经实践，间歇调整及停塔可实现降能耗的目的，如图1所示。轻油装置循环水系统累计全年停用1台冷却塔及1台冷却塔风机（额定功率为110kW），附属小流量冷水泵P005A季节性停用。

在日常工况下每间冷却塔风机运行时的风吹及蒸发损失约为 30～45m³/h，每台风机额定功率为 110kW。经计算，此方法的运用，预估创效达 100 万元/年。

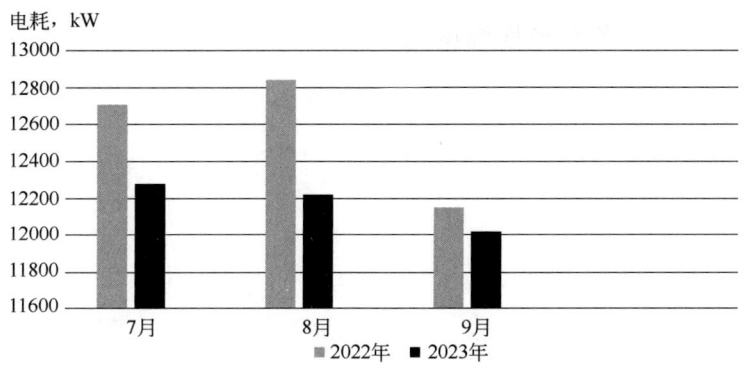

图 1　轻油装置循环水系统 2022 及 2023 年度 7～9 月电耗对比

4　结论

间歇调整及停塔降能耗操作的核心是了解循环水系统的运行方式，进行细致监盘记录并分析，做出细致的调节操作决定，内操、外操精细配合，做好对比并总结，是典型的通过创新提升操作标准实现节能降损，达到提质增效目标的案例。

此操作技巧性不强，通用性强，实践证明适用于热带及亚热带沿海地区炼油企业中，采用半敞开及敞开式循环冷却水场。在通常循环水场节能首先技改循环水泵的情况下，为循环水场节能降耗提供新思路，可以在同类的各循环水系统进行推广。

（作者：王天启，广西石化 PMT5，工程师；赵文荣，广西石化公用工程部，循环冷却水操作工，技师）

轻汽油醚化催化剂换剂处理工艺改造

◆ 张 乐　李明刚　李亮亮　陈克念　王文波

广西石化某千万吨炼厂重油催化裂化装置采用常规催化裂化＋汽油加氢＋醚化的汽油加工生产路线，利用 FCC 汽油生产国Ⅵ汽油。轻汽油醚化装置可以将大量低价值的甲醇转换为高价值的汽油产品，经济效益显著。甲醇与轻汽油在磺酸型二乙烯苯交联的聚苯乙烯结构的大孔强酸性阳离子交换树脂催化剂（以下简称强酸性阳离子树脂催化剂）作用下发生反应，将催化汽油的烯烃含量降低 29%，辛烷值（RON）提高 2～3 个单位，蒸气压下降 10～12kPa。强酸性阳离子树脂催化剂使用寿命为 1 年，到期换剂时将 1 台切出系统，对催化剂进行置换处理后更换新剂。原设计催化剂置换方式有过热低压蒸汽（表压力为 1.0MPa，温度为 250℃）和除盐水（表压力为 0.40MPa，温度为 40℃）两种，但在初次换剂前置换处理时发现两种置换方式存在损坏设备、置换效果差等弊端，严重影响换剂安全和装置运行。

1 确立改造方案与实施

1.1 选用合适的置换介质

经过查阅工艺设计说明掌握醚化反应器和催化剂性能。醚化反应器为绝热固定床反应器，采用 0Cr18Ni10Ti+Q345R 复合板材料，设备规格为 $\phi3400mm \times 19000mm$，反应器内部设三段催化剂床层，由于催化剂颗粒极小，在支撑栅板的上方铺了 3 层不锈钢丝网。催化剂采用强酸性阳离子交换树脂，其性能指标满足相关标准，具体性能指标如表 1 所示。操作介质为轻汽油、甲醇和 TAME。

表 1　强酸性阳离子交换树脂催化剂性能指标

项目	指标
外观	深灰色或黑褐色不透明球状颗粒
质量全交换容量，mmol/g	≥ 5.20
含水量，%	50.00～58.00

续表

项目	指标
湿视密度，g/mL	0.70～0.85
湿真密度，g/mL	1.15～1.28
范围粒度，%	（粒径 0.355～1.250mm）≥95.0
下限粒度，%	（粒径≤0.355mm）≤1.0
耐磨率，%	≥95.00
最高耐热温度，℃	120
出厂型式	氢型

甲醇为无色透明、易挥发、高度极性液体，能与水、醇和醚相混溶。相对分子质量32.04，蒸气压12265.6Pa，沸点64.5℃，闪点12.2℃。轻汽油为无色液体。40℃时密度为631kg/m³，饱和蒸气压为123kPa，极易挥发。根据反应器内介质性能和强酸性阳离子交换树脂最高耐热程度，对应本装置公用工程介质规格表，确认采用热媒水来代替蒸汽和除盐水。

1.2 现场实施改造

确定新的置换介质后，对现场展开精准排查，找到安全系数高、施工难度小、耗材用料少的位置进行流程改造。改造后工艺流程如图1所示。最终确定在界区热媒水进装置阀后增加一条总长5m的管线到公用工程至醚化反应器阀组。改造耗材2个闸阀、4个垫片、5个弯管。有效利用公用工程阀组至反应器原有的流程，整体改动简单，投资少。

2 实施效果

2.1 安全方面

从置换介质本身的安全角度来看，原设计所使用的低压过热蒸汽温度为250℃，温度较高，所含能量较大，在使用时如果操作人员引汽不规范存在水锤、烫伤等风险。改造后的热媒水温度适宜，在110℃左右，所含能量相对温和。从设备安全角度来看，使用低压过热蒸汽进行置换时，如果温度超过120℃会使强酸性阳离子树脂催化剂发生脱酸反应，形成的酸液会对反应器内部格栅、抽出口丝网、内壁、管道造成严重腐蚀，降低设备本身的安全系数，影响装置安全运行。从换剂作业人员安全角度来看，使用除盐水作为置换介质时，催化剂的置换效果差，多次置换后的废剂仍然存在可燃气含量不合格的情况，容易造成人员伤害，相反，如果使用热媒水进行置换后可以使废剂中可燃气浓度小于0.2%，切实有效保障卸剂人员的安全。

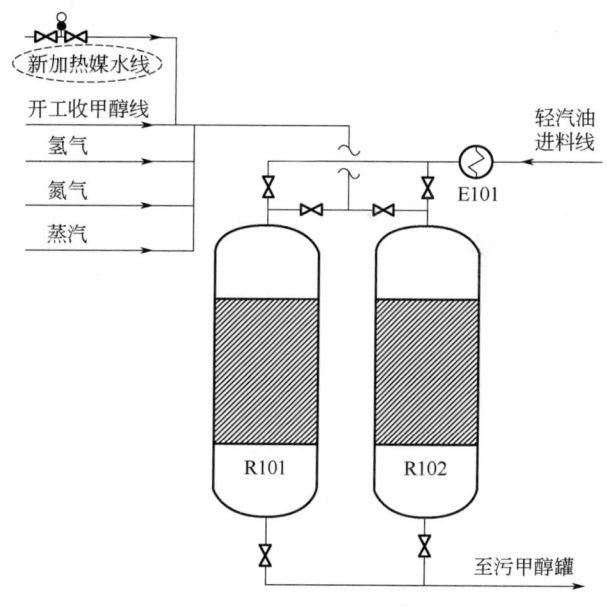

图1 改造后工艺流程

2.2 环保方面

原工艺置换介质除盐水温度太低，导致置换效果不佳，置换处理后的废剂气味大，在卸剂过程中污染环境，同时废剂的处理存在很大风险。要想达到理想的置换效果就需要进行多次大量置换，置换产生的污水甲醇含量低，经甲醇回收系统处理后仍有大量的污水排至污水处理厂。工艺改造后使用了温度相对较高的热媒水作为置换介质，在降低置换次数的同时提升了置换效率，保障了废剂中 VOCs 的合格，置换污水中甲醇含量高，经回收系统处理后大大降低了污水外排量。

2.3 效益方面

改造后的工艺置换介质采用热媒水，温度适宜，置换效果明显，与使用除盐水置换对比，每次换剂可以节约除盐水 2800t，减少污水排放量 2000t，共计可节约 3.9 万元左右。与使用低压过热蒸汽相对比，每次置换可以节约低压过热蒸汽 700t，节省费用 8.5 万元左右。

同时，采用热媒水置换除可以降低设备维护成本，提高工作效率，减少工作时间。使用蒸汽置换，脱酸造成的设备腐蚀，增加了设备维护成本，改用除盐水置换后延长了设备使用寿命。换剂处理时，采用原设计工艺介质置换所需时间在一周左右，改用热媒水置换后将时间缩短到了 3 天，节约了 60% 的工时成本。

3 总结

对轻汽油醚化催化剂换剂处理工艺流程改造前，低压过热蒸汽换剂处理工艺流程存在一定风险，低温除盐水换剂处理工艺流程置换效果不佳，多次置换后产生大量污水。改造后的热媒水置换流程避免了反应器内部设备设施的腐蚀，保证了设备本身的安全，提高了置换效果，保证废剂中 VOCs 合格，有利于后期废剂处理，在缩短了换剂置换工期的同时取得 10 万余元的经济效益。此项工艺改造为部门提质增效做出了贡献、为装置"安、稳、长、满、优"运行奠定了基础。

（作者：张乐，广西石化炼油一部，催化裂化装置操作工，技师；李明刚，广西石化炼油一部，催化裂化装置操作工，技师；李亮亮，广西石化炼油一部，催化裂化装置操作工，技师；陈克念，广西石化炼油一部，催化裂化装置操作工，特级技师；王文波，广西石化炼油一部，气体分馏装置操作工，技师）